动物毛皮质量鉴定技术

高雅琴　王宏博　主编

中国农业科学技术出版社

图书在版编目（CIP）数据

动物毛皮质量鉴定技术／高雅琴，王宏博主编．—北京：
中国农业科学技术出版社，2014.12
ISBN 978-7-5116-1874-0

Ⅰ．①动… Ⅱ．①高…②王… Ⅲ．①毛皮－质量检验
Ⅳ．①TS564

中国版本图书馆 CIP 数据核字（2014）第 267693 号

责任编辑　闫庆健　杜　洪
责任校对　贾晓红

出 版 者　中国农业科学技术出版社
　　　　　北京市中关村南大街 12 号　邮编：100081
电　　话　(010) 82106632（编辑室）　(010) 82109702（发行部）
　　　　　(010) 82109709（读者服务部）
传　　真　(010) 82106625
网　　址　http://www.castp.cn
经 销 者　各地新华书店
印 刷 者　北京富泰印刷有限责任公司
开　　本　787 mm×1 092 mm　1/16
印　　张　19.75　彩插　8 面
字　　数　501 千字
版　　次　2014 年 12 月第 1 版　2014 年 12 月第 1 次印刷
定　　价　60.00 元

前　言

　　《动物毛皮质量鉴定技术》是农业部动物毛皮及制品质量监督检验测试中心（兰州）全体工作人员经过多年的市场调研、检测分析、科学研究等工作的积累，并总结、学习、借鉴国内外有关毛皮质量鉴定方面的相关知识，编辑出版的一部内容丰富、图文并茂、极具参考价值的著作。

　　本书共分十章五大部分。第一部分主要介绍了国内外毛皮业生产、贸易发展的历史、现状及趋势，阐述了我国毛皮动物的分布和各类毛皮动物及其皮张特征并分析了影响毛皮质量的主要因素；第二部分通过大量的试验研究，展示了51种毛皮动物的毛纤维显微结构及超微结构图，详细描述了动物毛皮的构造及毛纤维组织结构特点及几种毛皮种类鉴别方法；第三部分主要介绍了动物毛皮初加工及鞣制技术要求和方法并举出实例，从动物毛皮加工入手，论述了毛皮加工生产过程中应注意的污染问题及提倡的环境保护技术；第四部分重点介绍了10余种毛皮及制品的质量要求及评价方法；第五部分重点是毛皮物理机械性能指标及化学物质含量测定方法。书的最后附有主要毛皮动物名称与商品名对照表、部分毛皮动物中、英、拉丁文对照表及我国主要野生毛皮物种识别检索表等。

　　书中的毛皮动物纤维显微和超微结构图，是农业部动物毛皮及制品质量监督检验测试中心人员从河北、浙江、北京、山东等地毛皮交易市场或毛皮动物养殖场的50多种动物毛皮上取得的毛纤维，在制作的3万多张图片中挑选的具有一定代表性、比较清晰的图片，供大家参考。因技术原因，绒毛的制片图像仍不很理想，有待进一步探索。

　　本书供相关毛皮检测机构、公安部门、农林、纺织服装行业和高等院校同仁参考。

　　在本书的出版之际，谨向为本书提供出版资助的农业部畜产品风险评估专项和中国农业科学院牦牛资源与育种团队表示谢意，同时对本书所引用的动物图片的版权单位和作者表示诚挚的谢意。

　　由于编者水平有限，错误之处在所难免，诚请读者指正。

编　者

2014年10月

目　　录

第一章　毛皮贸易发展史、现状与前景

第一节　我国毛皮业发展史

　　动物毛皮，又称裘皮，在商代的甲骨文中即有"裘之制毛在外"的解说，"毛在外"也是目前裘皮服装的基本特征之一。制作裘皮的历史可以追溯到新石器时代中期，那时人们已经在使用由骨针缝制的毛皮衣服御寒。公元前 2500 年左右，出现了硝面发酵法加工裘皮，加工的裘皮皮板轻软，有伸展性，但常因细菌侵蚀而掉毛、变臭，遇水返生（俗称"走硝"）。纵观世界制裘史，从古巴比伦王国（公元前 1894—前 1595 年）时期的印度虎皮到罗马帝国时代如同黄金一般珍贵的黑貂皮、豹皮，我们便可知裘皮在人类文明诞生之初便存在。据史料记载，中国传统的制裘工艺早在 3 000 多年前商朝末期就形成了，当时丞相比干曾在山东大营一带为官，那里遍地荆棘，野兽肆虐，于是比干贴出告示鼓励民众打猎食肉，而将大小不一、色泽相异的兽皮收集起来，经反复泡制和试验，终于发明了熟皮技艺，使生硬的兽皮变得柔软，进而分类制作成华丽的狐裘大衣，所以，北方一直习惯称做"裘皮"。他将这一技艺传授乡里，造福庶民，为人乐道，被奉为"中国裘皮的鼻祖"。唐代诗人李白名篇《将进酒》中的"五花马，千金裘，呼儿将出换美酒"从一个侧面反映了裘皮的弥足珍贵。秦始皇曾下旨赐封枣强大营为"天下裘都"。明朝嘉靖年间，大营皮额定为"土贡"，郑和下西洋时名扬海外，大营裘皮以皮板柔软、毛眼遂适、色泽协调时尚而进入欧洲上流社会。清道光年间，英、俄、日、荷等十多个国家的客商在大营设有皮货栈。

　　我国裘皮得以制成衣服并形成风尚是在清朝，并且不同裘皮种类穿着等级森严。地方的进贡是清朝廷皮货的重要来源之一，如顺治十年（1653 年）3 月，就有黑龙江中下游的赫哲、费雅喀等少数民族，初次进贡貂皮 217 张；黑龙江省郭薄儿屯伦布弟吴墨泰进贡貂皮百张的记载。乾隆二十三年（1758 年）规定唐努乌梁海每贡户为貂皮 3 张。据乾隆年间内务府奏销文件记载，唐努乌梁海进贡的皮货数量虽不固定，但是毛皮的种类却很固定，为貂皮、猞猁狲、水獭、狼皮、扫雪貂皮、黄狐皮、沙狐皮、灰鼠皮等。

　　清代毛皮服装的穿着是按寒暑更替次序进行。从隆冬貂皮衣起，然后是黑风毛袍褂，如玄狐、海龙等；再换白风毛，如狐皮、猞猁、倭刀之类；再换羊灰鼠、再换灰鼠、再换银鼠、再换寒羊皮，皮衣至此而止。行走宫廷之间的文官官员一律恪遵，不容稍有混淆，否则要受到处分。清初对皇帝及官员的服制就有明确规定，皇室成员、王公大臣都有各自不同级别的毛皮服饰。天聪六年（1632 年）2 月皇太极更定衣冠制度"凡诸贝勒大臣等，染貂裘为袄，缘阔披领及菊花领，概行禁止。衣服许出锋毛及白毡帽即可"。同年十二月，再次强调服式之制以辨等威。诸贝勒"冬月入朝许戴元狐大帽，居家戴尖缨貂帽及貂鼠团帽，春秋入朝许戴尖缨貂帽""黑狐大帽大臣不得自制，唯上赐许戴"，黄狐大帽以及皮棉齐肩褂外套在城不许服用，外出才可穿。按照清律，玄狐只有皇帝能穿，特许都察院总宪左都御史穿。文官三品以上、武官二品以上才有资格穿貂褂子，"五品以下唯编检、军机章京准穿貂，翰林多清贫不能制，则有一种染貂，俗所谓翰林貂也。"因貂褂动辄好几百两，一般的穷翰林就以几十两置办一件"翰林貂"，其实就是以猫皮染成的，巧手工匠也能仿照底绒枪子让人真假难辨。

清初禁止老百姓服用皮裘，到乾隆时期毛皮服饰之盛，里巷妇孺皆穿轻裘。毛皮种类之丰富，从乾隆年间惩办官员的抄家档案亦可见一斑，仅以乾隆二十二年（1757 年）为例，总督为正二品官员，巡抚、布政使为从二品，其查抄家产中各色皮货可谓一应俱全。在《乾隆朝惩办贪污档案选编》中还记载了王燧家产清单，毛皮服饰也有数百件，而王燧仅仅为四品道员身份。乾隆二十二年（1757 年）查抄的毛皮多为貂皮、猞猁狲皮、乌云豹皮、银鼠皮、天马皮之类，而到了乾隆四十五年（1780 年），抄家清单中还出现了猿皮、虎皮，各色羊皮（1 154 张），可见，服用毛皮的种类愈见丰富。清中叶以后，社会以冬季服饰来判定贫富，上流社会必有狐裘，中流社会必有羊裘，下流则唯有木棉。可见此时毛皮服饰已经成为社会贫富的象征，而不是社会阶层贵贱的标志。此外裘皮服饰也开始向美化和实用化发展，出现了一种裘服上下两截为异皮的情况：上截之皮必逊于下截，袖中之皮亦必与上截同，以下截为人所易见，可以自炫也，其名曰罗汉统，又曰飞过海。上截恒为羊，下截则猞猁狲、貂、狐、灰鼠、银鼠皆有之（6 184～6 187 张）。晚清上层社会生活极其奢华，裘皮服更盛，据珍妃的侄孙唐鲁孙回忆：有一种称为"珍珠毛"的羊皮，是为胎羊已经生毛，不等降生就把母羊剖腹取出的小羊所有。取胎羊的时间要掐算准确，太早仅生茸毛，稍晚毛长不曲，都不值钱，只有茸毛卷起像一粒粒米星珠子时取胎才算上品。珍珠毛在天已凉气未寒时穿用，时间不过短短十来天，剖胎取羊真可谓竭泽而渔了。清朝对羊皮的穿用可谓极讲究，清代官员衣服制度，在各部署引见时，冬裘不得用羊皮，"恶其近丧服也"。国丧则入临皆反穿羊皮褂，余日元青褂，至奉安始止。故而朝服中只有海龙、猞猁狲、貂、灰鼠、银鼠皮而无羊皮。据说在德宗病重之时传各堂官入内，都御史张英麟以为皇帝驾崩，就反穿羊皮褂，结果被某王呵斥而出，当时传为笑谈。清朝定制凡是列入品级的职官，逢到国殇临哀吊祭都要反穿紫黑外褂参加叩拜，因此黑紫羔（现在的卡拉库尔羔皮）被视为不祥的丧服，即便是讲究收藏皮货的人家，也是不收藏黑紫羔的。黑紫羔是属于羊皮的一种，毛头黑亮，在日光下一晒表里都泛出殷殷深紫颜色。青海、宁夏、新疆都出产紫羔，其中以新疆库车的最为著名，毛头细短，卷曲韧密。一般遇大殇都是现做现卖，除服赏人，皮货庄借此大批出笼染色羊皮，早年染色技术欠佳，霜雪一沾顺手掉色。

到了民国初年，北平（现北京）风行过一阵黑紫羔，绅士用以做帽子或大衣的领子，淑女则用做反穿大衣、手笼子，一时间供不应求，甚至少数皮货庄用染色的沙羊皮（疑似滩毛皮）以冒充紫羔，可是黑不反光，光芒差。然而由于制裘技术的落后，黑紫羔纵然反穿，从雪地走进有炉子的屋子会有轻微的臭味，因此热闹一阵之后穿紫羔的风气也就烟消云散了。

此外，还有一个传说，人死了以后死者家属拿皮服入葬，死者会堕入畜生道。据晚清女官德龄回忆，慈禧太后下葬时陪葬了大量的衣物，而太后生前的皮衣服竟独独免于其难了。土葬的习俗是清代满人融合了汉族的观念形成的，早期满人袭金俗，实行火葬，当时对于毛皮服装似乎并无随葬禁忌。崇德六年（1641年），察哈尔国固伦额驸和硕亲王额哲孔果尔二十病卒，上闻之恸悼。特命备具祭物，按蒙古之礼令喇嘛讼经，又仿汉人之礼令僧人诵，并焚化"黑狐貂等帽，貂镶披领，蟒表貂朝衣，貂裘、貂狐等褂……"至今我国众多地方仍保留了不以皮衣下葬的习俗。

中国还有一个很古老的传说：小孩和年轻人是不适合穿裘皮和丝绸的，因为它是好东西，所以要留给年纪大一点的人来穿，如果年纪很小的人穿了会折寿。到20世纪30年代上海人用裘皮充当围脖、暖手筒，将服装边缘点缀裘皮装饰。人们把穿着裘皮视为是在享受荣华富贵，也就是说把穿着裘皮服装看成是人生幸福的最高点。

随着社会不断进步，人们具有平等的消费权，穿与不穿裘皮只基于3点理由：一是喜欢，二是消费者偏好，三是要有一定的经济基础。人们的生活日益优越，处在不同经济基础可选择不同原料的裘皮服装。裘皮时装是一种流行趋势，这种趋势被不断地推向高潮，时装的魅力在于有着变化多端的特性，而不断更新的裘皮加工工艺和细节的变化打破了传统裘皮多年不变的风格，更多地体现了裘皮的多变、多样、多色彩、多风格的时尚性，通过与创意的完美衔接，裘皮以全新的面貌给人们带来丰富多彩的物质生活。裘皮是奢华与摩登的混合体，它柔软温暖如丝般娇滑，有着丝绸般的尊崇质感，那种难以掩饰又无以复加的尊贵奢华，散发着精美绝伦的美感。正是人们对裘皮这种物质和精神上的双重追求，才促使当今裘皮养殖业、加工业、贸易业的不断繁荣和发展。

第二节　毛皮生产现状

一、世界各国毛皮动物养殖现状

毛皮动物由野生变为驯养起源于19世纪末的美国，20世纪初传播到了欧洲以及亚洲。主要的养殖种类为水貂和狐狸，同时还包括少量的海狸鼠、青紫蓝兔、麝鼠、紫貂和貉子等。目前，世界水貂皮的年产量在3 550万张左右，其中，丹麦的水貂产量达到大约年产2 000万张，占世界产量的60%左右。其次是芬兰、荷兰以及美国，每年大约共产水貂皮200多万张。水貂皮在俄罗斯及中国的产量没有准确的统计数字，但据估计其数量达到500万~600万张。在其他少数欧盟国家，阿根廷和南非也有少量的水貂皮出产。狐狸皮的世界产量目前大约在500万张。芬兰是最大的狐狸皮生产国家，每年产量达到约270万张。其他的产量大国分别为：挪威、俄罗斯和丹麦，共计年产量约60万张。俄罗斯在毛皮动物养殖上拥有丰富的经验，毛皮动物养殖种类约50种，包括水貂、北极狐、银黑狐狸、火狐、雪貂、黑貂。俄罗斯农业部畜牧司和俄罗斯毛皮协会，主管毛皮动物的生产和产品质量，俄罗斯有庞大的毛皮动物养殖科研所，进行动物收集、养殖等方面的基础科研。我国农业部有3~4家部级动物毛皮质检中心，主要进行动物毛皮质量评价。中俄互为近邻，又是主要生产消费大国，本着优势互补原则，并可建立中俄毛皮动物产品质量安全评价实验室，在毛皮动物养殖、毛皮质量检验及毛皮种类鉴别等方面进行全面合作研究，将会促进和全面提高我国毛皮业的健康稳定发展。

二、中国毛皮动物养殖现状

我国毛皮动物养殖业始于 1956 年。当时由国家外贸部畜牧进出口总公司从前苏联引入狐（银狐和北极狐）、水貂和海狸鼠等毛皮动物，先后分别在黑龙江、辽宁、北京、山东和吉林等地设场养殖，并请苏联专家来华进行技术讲座和指导。总的饲养数量看规模不大，主要目的是对外出口，用毛皮换取外汇，支援国家经济建设。

20 世纪 50 年代末至 60 年代初，由于国际上彩貂的品种和数量大增，使得大毛细皮（狐和貉皮）处于劣势，狐皮出不了口，加之我国正处在 3 年困难时期，使我们不得不将繁殖起来的银狐和北极狐及自己驯养繁殖起来的貉子几乎全部淘汰掉，仅剩下部分水貂，这是我国毛皮动物养殖业遇到的第一次冲击。1979 年，改革开放后，银狐和北极狐又重新从北美、北欧及前苏联引入，貂也增加引入咖啡色貂、银蓝貂、蓝宝石貂和白貂等。此时除国营养殖场外，出现了大批个体养殖户。从 1980 年末到 1990 年初，国际上水貂皮产量超过 4 000 万张，出现供大于求的局面，使我国毛皮价格大幅下降，出口受阻，极大地挫伤了养殖户饲养毛皮动物的积极性。1990 年以后，毛皮动物养殖逐渐复苏、升温，1996 年达到第一次养殖高峰。当年年底，全国毛皮动物存栏种兽近 150 万只，其中狐达到 80 万只、水貂 50 万只、貉 20 万只。但由于发展过快，加上亚洲金融危机的影响，各种毛皮价格大幅下跌至年初的 1/3 ~ 1/2，使得养殖者受到严重冲击，一些中小养殖企业特别是个体养殖户纷纷下马。但狐存栏仍保持有 40 万只、貂 40 万只、貉 10 万只，这种局面一直持续到 2000 年初。2000 年下半年，随着亚洲金融危机后经济回暖，我国毛皮动物养殖业也开始复苏，各种毛皮价格大涨，如 2002 年貉皮最高价达 700 元/张，水貂皮最高 420 元/张。在高利润的驱使下，一些握有资金的人纷纷上马毛皮动物养殖业，2006 年达到第二次养殖高峰，当年年底全国毛皮动物种兽存栏种狐（北极狐和银狐等）200 万 ~ 300 万只、种水貂 200 万只、种貉 200 万只。由于发展迅猛，超出需求的有限量，2007 年便出现各种毛皮价格微落下滑之势，加之 2008 年国际金融危机对中国经济的冲击，更使已下滑的毛皮产业雪上加霜，成为灾区。此次受冲击最大的要算貉皮和狐皮，如 85 ~ 90 规格的貉皮原为 450 元/张降至 160 ~ 180 元/张；改良北极狐皮由原来的 400 元/张降至 210 ~ 230 元/张；水貂皮略好些，只降至 180 ~ 340 元/张。这次大的冲击使大部分中小养殖者纷纷下马。2011 年上半年国产蓝狐价格在 1 000 ~ 1 100 元/张，养殖户成本 280 ~ 330 元/张，此价格为高风险期，银狐价格在 2011 年创下 1 200 元/张的历史新高，其养殖成本在 180 ~ 200 元/张，利润空间较大，且受到半成品加工厂和中间商的欢迎。按当前市场价格看，银狐仍处于较高价位状态，并且有潜在攀升态势。当前貂皮价格，国产公貂 300 ~ 350 元/张，丹麦貂种公皮约 600 元/张，已接近较高价位状态，趋于稳定。公貂养殖成本在 150 ~ 180 元/张，丹麦水貂养殖成本在 200 ~ 220 元/张左右，大厂成本还要高些。貉子皮处于中低温和状态，价格趋于中性平稳，320 ~ 350 元/张，貉子皮养殖成本基本在 150 ~ 180 元/张。獭兔冬季一等皮价格在 50 ~ 55 元/张，一般价格在 40 ~ 45 元/张，夏季皮价格在 20 ~ 30 元/张，其价格处于低价位状态，獭兔皮现处于减量求质状态。国内毛皮动物的养殖数量一直受到毛皮市场行情的影响。

我国毛皮动物的养殖主要集中在山东、河北、辽宁和黑龙江等地，养殖的品种主要有水貂（标准貂和彩貂）、貉（乌苏里亚种）、狐狸、獭兔等。年产水貂皮 600 万张、狐狸皮200万张，其中狐狸皮占世界总产量的35%、水貂皮占世界总产量的12%。中国毛皮动物养殖业由当初的外贸国营养殖，发展到目前的国有、集体及个体共同发展，并且绝大多数以个体为主；养殖数量由当初的几千只，发展到目前的几千万只；饲养品种由当初的一种，发展到目前的水貂、狐狸、貉子多品种养殖；管理模式由当初的统一型，发展到目前的分散自主经营；产品贸易方式由当初的统购统销，发展到目前的自由交易；中国由当初的原料出口国转变为现在的原料进口国，已经成为一个名副其实的毛皮动物养殖大国。根据国际毛皮协会中国办公室的资料，2010年直接从事毛皮动物养殖的人员就达690万人，惠泽了2 000万人的生活。毛皮动物养殖业已成为相关地区农民增收致富的支柱产业。

目前，全国范围内毛皮动物养殖方式主要有3种：①庭院式养殖：指在养殖户住宅的庭院里建舍养殖，普遍养殖环境及配套设施较差，采用此方式的多为散户（49%）；②场区式养殖：建有专门的养殖场区，经营及加工较为规范，采用此方式的多为独资或股份合资型企业（39%）。③统一规划小区式养殖：政府或龙头企业牵头，规划养殖集中的小区，配备相应的硬件条件，从业人员在指定的小区内独立饲养（12%）。饲料方面，我国毛皮动物饲料资源丰富，大型养殖场用自己加工的鲜饲料，中小养殖户选用饲料厂提供的颗粒饲料、配合饲料。防疫方面，国产疫苗保护率较好，接种率达90%，防疫工作在养殖区很受重视，多年来没有大的疫情发生。皮张销售多以原皮为主，规模以上的养殖企业，一般有较稳定的客户、承销渠道，而大多数养殖户坐等皮货商上门收购。在动物福利方面，我国作为世界裘皮大国，是动物福利方面最受关注的国家。目前，规模以上养殖企业重视动物福利问题，尤其在2005年国家林业总局下发《毛皮野生动物（兽类）驯养繁育利用技术管理暂行规定》后有很大改善，但庭院方式养殖户还有待规范。

第三节 我国毛皮市场现状

历史上，宗彝分析过各种毛皮部位的价值，并对何种毛皮适合作何种服装进行了叙述：“貂皮以脊为贵，本色有银针者尤佳。普通皆染紫色，不过有深浅之分。次则貂膝（即下颏皮），次则腋（俗称曰肷），次则后腿（前腿毛小且狭，不佳），下者貂尾（毛粗而无光彩）。若干尖、爪仁、耳绒，皆由匠人缀成为褂，此小毛便服。狐与猞猁、倭刀皆以腋为上，后腿次之，膝次之（俗称青颏、白颏），脊则最下，只可作斗篷用。猞猁有羊、马之别，羊猞猁体小而毛细，马猞猁既大而毛粗，故行家皆以羊为贵。倭刀佳者多黄色，闻有红倭刀，珍贵无比，然未见之也。狐肷名目极多，有天马肷（即白狐）、红狐肷、葡萄肷（即羊猞猁）、金银肷、青白肷等。不胜记矣。海龙虽名贵，只可做外褂，非公服所应用。其下者，如乌云豹、麻叶子，虽大毛之属，士大夫不屑穿矣。中毛较大毛衣不贱，真羊灰鼠与灰鼠脊子尤昂贵，自昔已然也。若云狐腿、玄狐腿二种，不恒见，其价尤贵，二种皆带银针，有旋转花纹间之，极好看。而海龙尾冠虽然珍贵，却不入正式服装之列。”如此翔实的描述为当今市场毛皮的开发利用起到了很好的借鉴作用。目前，我国市场仍以整张毛皮交易为主。俄商除整张的毛皮外，常常将毛皮按照不同的部位分割销售，以取得更多的利益。

中国食品畜产品进出口商会近期发布了《中国毛皮产业报告》，这是中国毛皮行业的第一个系统产业调查报告。该报告显示，经过50余年的发展，中国已成为毛皮动物养殖与裘皮加工大国。目前，毛皮动物养殖分布于山东、辽宁、河北、黑龙江、吉林、内蒙古自治区、山西、陕西、宁夏回族自治区、新疆维吾尔自治区、安徽、江苏、天津、北京等14个省市区，面积跨度约为467万 km²。裘皮服装加工企业主要分布于浙江、广东、河北、山东等地，产量占80%以上；裘皮鞣制生产在河南聚集产量占比达80%。

随着国内毛皮行业的迅速发展，现已建有十余处毛皮交易市场。

一、河北尚村皮毛市场

河北省肃宁县尚村镇素有"皮毛之乡"的美誉，在历史上就是远近闻名的皮毛集散地，有着400多年的历史，中国尚村皮毛交易市场位于肃宁县工业区内，是国内最大的原料皮交易市场，省级示范市场。先后被评为"最具影响力市场"及"全国十大畜产品交易市场"，"中国竞争力百强市场"和"市级农业产业化重点龙头企业"的荣誉称号。中国尚村皮毛交易市场占地12.4万 m²，建筑面积11万 m²，总投资1.25亿人民币，建有商住楼300余套，市场内露天交易场所占地3.6万 m²，5个露天交易大棚共4 500m²。尚村皮毛交易市场作为全国最大的国产裘皮集散地，主要经营貂、狐狸、貉、獭兔、家兔等生皮、熟皮、半成皮等裘皮制品，以及皮张鞣制、硝染、加工等所需的各种机械、辅料、化工原料等，市场集工、商、贸相结合，收购、加工、销售服务为一体，基础设施配套完善，是目前国内规模最大、现代化水平最高的裘皮服装原料交易市场。皮毛市场交易分两种情况：一是市场露天交易，市场内露天交易场所分为熟细皮、生细皮、粗杂皮和獭兔四大交易区，来自全国各地和部分国外地区的客商根据交易的品种分别到专门的交易区进行交易。市场主要经营水貂、紫貂、狐狸、黄狼、獭兔、灰鼠、艾虎、旱獭、猸子、牛、羊、马等生皮及熟皮；牛皮革、羊皮革、皮装、皮件、裘皮制品；以及皮张鞣制、硝染、加工等工序所需的各种机械、辅料、化工原料。交易日客流量冬季达4万人，交易量达12万张以上，夏季日客流量达1万人，交易量在3万张以上，全年成交皮张7 000万张以上，占全国交易量的70%以上，2009年交易额达80亿元人民币；二是市场门店交易，此类交易全天候进行，入住商户来自欧美、日本，韩国，中国香港、东北及河北等地区，以裘皮原料的购销为主，销售各种硝染的裘皮及半成品、化工原料等，大部分是先购进生皮，经过硝染和加工后销往国内外各地，一般这样的都有固定的客户群。除了日常交易外，市场还具有货物储存、信息服务、物流配送、银信服务等功能，此外市场还设有管理委员会、治安办和物业公司等机构，为客户提供了优质的服务。目前全县貂、狐、貉等珍稀皮毛动物年出栏达105万只，獭兔年出栏156万只，成为全国重要的特种动物养殖基地。总投资1.25亿元的尚村皮毛市场年交易额达35亿元，成为世界原皮交易的"晴雨表"，裘皮原料集散中心的地位日益巩固。

二、河北留史皮毛市场

河北省保定地区蠡县留史镇是我国北方最大的皮毛市场之一。留史镇总面积57km²，位于京津石三角腹地，距京九铁路站15km，距京广铁路、京深高速50km，距首都机场200km，交通便利，通讯发达。留史镇一带，为蠡县、高阳、肃宁三县交界的中心点，依潴龙河北岸，历史上有直下天津的水运码头，陆路、水路交通均较方便，故很早以前即形成重要集市，以物资交流种类多、范围广、客流量大著称。皮毛购销、皮毛皮革加工在留史有悠久的历史，起源于春秋，发展于明清，繁荣于改革开放的今天。相传春秋时期越国大夫范蠡助越吞吴，功成引退来此地经商，著名作家梁斌因此题词"自从范蠡过留史，天下皮毛第一家"。

留史皮毛市场是亚洲最大原料皮集散地，牛皮、羊皮、生皮货栈200余家，有进口狐皮专业村（留史、刘营）；国产狐皮专业村（留史、刘营、正南庄等）；进口貂皮专业村；国产貂皮专业村（东口、西口等），应该说这几村的商户几乎控制全国貂皮的数量，全国的貂皮都要经他们的手转到深加工单位以及日本、韩国、俄罗斯等市场；另外还有国产貉皮业村（刘营、周营、齐庄等），貉皮每年的储备量占全国的30%～40%以上，出口到韩国、日本等国；还有国产獭兔专业村（魏家佐、留史等）；这些专业村中有许多上万张囤积大户，囤量很大。留史皮毛专业市场，每逢集日，上市人员多，成交额大，上市皮毛既有马、牛、驴、猪、羊、兔、狗等一般粗毛皮及猪鬃、马鬃、马尾，又有貉子、紫貂、水貂、水獭、旱獭、猞猁、黄鼬元皮、元皮、狐狸、黄鼠狼、香鼠、水鼠、狸子等珍贵细毛皮，还有皮革、裘皮、裘革服装以及马蹄毛、山羊尾、牛耳毛、羊绒、驼绒等绒毛，皮毛类品种120多个，约占全国有价值皮毛大类的80%。20世纪90年代初，经商业部、国家计委批准，在留史建立国家级皮毛批发专业市场，建设了"中国留史皮毛城"，高峰时日上市原皮近20万张。在留史设立购销皮毛、皮革和出售原材料的有内蒙古自治区（以下称内蒙古）、陕西、宁夏回族自治区（以下称宁夏）、甘肃、青海、新疆维吾尔自治区（以下称新疆）、西藏自治区（以下称西藏）、山东、浙江、江西、湖北、四川、广东、云南、上海、北京、黑龙江及省内客商187家，其中，有74家外贸出口单位从留史购买皮毛原料，销往50多个国家和地区，日本、韩国、澳大利亚、美国、德国、俄国、独联体、荷兰、英国客商及我国的港、澳、台胞、海外侨胞经常来留史进行实地考察，并在这里建厂、经商或寻觅合作伙伴。留史皮毛市场的兴盛，带动与促进了周围部分乡（镇）、村皮毛及专业市场的形成与发展。

三、河北大营皮毛市场

位于河北省枣强县，大营皮毛市场是以深加工为主业，主要聚集貂皮服装厂、深加工褥子为主项。另外，也是家兔皮的集散地及深加工基地，特别是兔皮褥子规模最大。这里有裘皮工业园区；家兔褥子专业村（西黄浦、胡新庄等）；狐狸皮专业村（老官营等）；黄狼褥子专业村（井村等）；貂皮专业村（新屯）等。大营皮毛市场其皮毛产品包括原料皮、裘皮褥子、裘皮服装、裘皮饰品、裘皮编织品、毛领帽条、羊剪绒、工艺品、裘皮手包、毛革手套等十大系列1 600多个品种已远销日本、韩国、俄罗斯等国外市场。主打产品有：

（一）皮毛褥子

产销量居全国之首，加工皮毛褥子是大营裘皮产业的传统强项。在大营周边村庄里几乎家家户户都有加工皮毛褥子的手艺。现在每天都十几个集装箱的兔皮生皮从法国、西班牙、意利等国源源不断地发运到大营，又被迅速地加工、销售。现在大营加工的兔皮褥子占到全球70%以上的市场份额，除销往浙江崇福、广州、深圳和香港等地外，还远销韩国、日本等国。

（二）编织产品

产销量居全国之首。皮草编织是大营的另一大特色，其产品主要有围巾、披肩、皮草包、服装、胸花等，这里的皮草编织制品以规模大、花色品种全而闻名，款式设计不断推陈出新，融入了许多时尚元素。现在大营的皮草编织厂家和业户达到2 000余家，其产品一部分被国内消化，另一大部分通过外贸渠道销往国外。

（三）毛领帽条

产销量居全国之首。如今皮草配饰越来越受到人们的喜爱，它使得服装具有高贵典雅、活泼飘逸的风格。大营加工的毛领帽条在全国拥有绝对的市场份额，它们大多被输送到了全国几大服装生产基地，进入了当地的服装辅料市场。同时，来自国外的订单数量也颇为可观。

（四）裘皮服装

是出口俄罗斯的最大基地。大营生产的裘皮服装在国内外有着很大的影响力，其中，以水貂服装为主，主要出口俄罗斯。北京雅宝路、黑龙江的黑河、绥芬河等中俄边贸市场的服装大部分产自大营。而在莫斯科的唐宁街，大营生产的裘皮服装更是占据了70%的份额。大营是名副其实的出口俄罗斯的最大基地。

（五）其他皮草产品

除以上几项之外，大营的皮张在国内也占据重要位置，上市的品种主要以狐狸、貉子、獭兔为主，被输送到全国各地。

目前，大营有裘皮加工企业及业户14 000家，从业人数达到15万人。大营裘皮加工业以辐射到周边5市、县和300多个村庄，形成以大营为中心方圆百里的经济圈。

四、浙江崇福毛皮市场

位于浙江嘉兴市的桐乡崇福镇，那里以上海为龙头、长江三角洲经济特区为依托，特别是在上海、江苏、无锡、南通、杭州、海宁等城市分别有我国主要的裘皮服装厂、羽绒服装厂等。另外崇福市场是进口和国产蓝狐、银狐、乌苏里貉皮等品种的主要销售市场，也是家兔、毛皮褥子的销售市场。

五、河北辛集皮毛市场

辛集皮毛市场位于河北省辛集市，以皮革业、毛领、帽条深加工业为主项，是蓝狐、银狐、貉子皮的主要销售市场，其皮革服装、毛领、帽条等深加工产品出口俄罗斯市场，有一批规模较大的毛皮企业。

六、北京大红门市场

大红门市场位于北京木樨园在南三环、四环之间，聚集大量的毛皮、皮革深加工企业，以皮毛深加工为主要特点。大红门市场主要是进口蓝狐、水貂、国产狐狸、国产貉皮的销售市场，也是蓝狐、乌苏里貉皮毛领、帽条的专业批发市场，主要辐射北京、天津的深加工毛皮企业。

七、北京雅宝路裘皮市场

雅宝路裘皮市场位于北京雅宝路，主要针对俄罗斯裘皮市场，其主要经营种类是裘皮制品、编织制品、水貂皮服装、水貂皮等，主要由俄罗斯客商直接购买。

综上所述，中国七大皮毛市场的分工和特点虽不同，但是，它们之间又有着内在的关联，主要表现在：就水貂而言，我国水貂有三个品种，金州黑水貂，黄骅、蓬莱等地产水貂，然后就是普通黑貂。水貂主要是由全国养殖企业聚集到留史皮毛市场，由东口貂皮专业村辐射到大营皮毛市场，深加工成貂皮大衣。再由北京雅宝路市场，直接出口给俄罗斯客商或由黑河、绥芬河口岸销往俄罗斯市场。我国蓝狐根据品种分为芬兰原种、改良种和地产蓝狐；按产地分为东北产蓝狐、河北产蓝狐、山东产蓝狐。特点表现在：东北蓝狐以其毛绒丰厚、毛质较长为特点，用于帽条路加工，缺点是容易出现结毛等。山东蓝狐以其毛绒松散、毛针灵爽的特点，用于领子路加工，但是，容易出现毛空、弱肚等现象。东北蓝狐由东北养殖企业聚集到尚村（生皮）皮毛市场，然后销往留史（熟板）皮毛市场，然后再辐射到辛集、崇福市场或北京正天兴市场，山东蓝狐皮由尚村皮毛市场销往留史皮毛市场，然后辐射给辛集（毛领加工厂）或崇福市场。同等尺码的东北蓝狐皮要比山东蓝狐皮价格高出 30～50 元/张。貂皮分为东北貂皮、唐山貂皮、山东貂皮。东北貂皮以其毛绒丰厚见长，主要用作帽条路加工，唐山、东山貂皮以其毛绒松散、毛针灵爽见长，主要用作毛领路加工。貂皮主要由全国养殖企业聚集到留史，然后辐射到辛集、崇福、北京大红门。

除以上七大毛皮市场之外，还存在一些规模较大的毛皮市场，如山东文登毛皮城、朗霞裘皮市场等。

八、山东文登毛皮城

文登的毛皮动物养殖可追溯到 20 世纪 50 年代，当时文登从俄罗斯引进了水貂进行繁育养殖。水貂具有生长周期短、用工少、收益高等特点。以水貂为主的特种毛皮动物养殖逐渐成为文登广大农村的主要产业之一。在文登侯家、泽库、张家产、宋村、高村、米山等乡镇随处可见以家庭为单位的养貂场。据统计，到 2011 年，文登市拥有特种毛皮动物养殖场 8 600 多家，其中，水貂、貉子、狐狸等的出栏量在万只以上的养殖企业达 300 多家，全市毛皮动物总存栏量达到 1 200 多万只，年产各类珍贵毛皮 800 多万张，产量已占国内裘皮原料市场的 30% 以上。近年来，山东半岛蓝色经济风起云涌，文登市做出了海路统筹联动发展的科学战略决策，将特种毛皮动物养殖作为重点发展的十大产业之一，全力建设产业关联度大、技术水平高、带动能力强的重大产业项目，建成了集养殖、饲料、加工为一体的相对完善的产业链条。

九、浙江朗霞裘皮市场

浙江余姚裘皮业发端于 20 世纪 70 年代。1978 年，正值中国改革开放的肇始之年，由港胞干如良先生投资 60 万元，在朗霞西干村成立了余姚第一家裘皮生产企业——西干裘皮厂。1979 年，朗霞镇引入港资，合资组建了余姚市毛皮制品厂，在当时成为余姚引进外资和技术的先进企业。企业的原料来自于香港，产品也全部销往香港，是一家典型的来料加工企业。在市场经济环境越来越宽松的 20 世纪 80 年代中期，这家村办集体企业进行转制时，原来在企业工作的一部分人开始了自己的创业之路。如今，大大小小的裘皮制品厂星罗棋布列在 329 国道两旁，形成了长达 2km 左右的余姚裘皮一条街，并成为浙江省特色块状经济之一。裘皮生产遍及以原西干村为中心的杨家村、干家路村、天华村等地，年产值达十多亿元的规模，使这里成为国内闻名的裘皮制品集散地之一，已有200余家裘皮、皮革服装经营户及100余家国内外裘皮服装知名品牌落户裘皮城。经营产品以水貂皮服装为主，同时经营各类裘皮服装、皮革服装、毛皮和毛皮制品、箱包手套、皮带、票夹、皮革工艺品等各类裘皮、皮革制品。

第四节　毛皮贸易状况

一、毛皮贸易史

世界毛皮贸易历史悠久，可以追溯到石器时代，当时的人类穿着毛皮服装来遮挡和御寒。罗马帝国的商人们就曾经从俄罗斯的游牧族那里获得毛皮。随着社会的发展，穿着毛皮的目的不再仅仅是为了保暖，而是一种重要的地位象征，"是上层阶级行头中不可缺少的一部分"。但在人类的肆意捕杀下，欧洲的毛皮动物来源逐渐枯竭，而上层的需求却与日俱增，英王亨利八世的一件紫貂皮长袍，曾用去了350张皮子。1424年，苏格兰国王被迫下令禁止貂鼠皮的出口。1534年，法国探险家卡蒂埃在圣劳伦斯湾探险的时候，就曾经同印第安人进行过毛皮交易。后来在北美出现了毛皮贸易，当时毛皮贸易中最重要的商品是海狸皮，其次是貂皮、狐狸皮和熊皮，不过，海狸皮贸易是整个毛皮贸易的核心，在交换的过程中，它是最基本和最重要的毛皮，其他动物的毛皮和交换的商品都要换算成海狸皮来计算。一张成年的海狸皮通常可以抵得上下列物品的价值：3张貂皮；2张普通的水獭皮；1张狐狸皮；2张鹿皮；1张麋鹿皮；10磅羽毛；1张小熊皮；2张狼獾皮；8只麋鹿蹄；而1张优质的黑熊皮则通常可以换得2张海狸皮。

在白人刚刚踏上美洲时，北美的动物资源异常丰富，北美毛皮交易的最主要产品是海狸皮，这种动物分布在南到墨西哥湾、北到哈得逊湾，从阿巴拉契亚山直到落基山约2/3的北美土地上。在欧洲人刚到时，北美约有1 000万只海狸，每平方英里10~50只不等，年繁殖率20%。其他毛皮动物如狐狸、貂、狼、熊等也种类繁多，数量惊人。白尾鹿和野牛数量也异常丰富。在欧洲人到达北美时，整个北美有4 000万只白尾鹿。在17世纪的新英格兰，1英里范围内有100只，甚至草原地区多达500~1 000只白尾鹿。当北美大陆刚刚开发之际，欧洲的毛皮动物严重短缺，而上流社会对动物毛皮的需求却有增无减，自16世纪后期开始，海狸皮制作的毡帽成为欧洲上流社会追逐的时尚。用美国历史学家沃尔特·奥莫拉（Walter O'Meara）的话说："拥有一件上好的海狸皮制品就是一名男人或女人的上流社会地位的证明"。正是在这种时尚的带动下，海狸皮贸易成为当时牟利丰厚的行当。一张海狸皮运到欧洲市场上甚至可以得到200倍以上的利润。因而在1670年，英国就授权成立了著名的哈得逊湾公司。此外，毛皮贸易的盛衰完全依赖于欧洲大陆的市场，不会与母国之间形成竞争关系，也是它受到各国青睐的一个重要原因。

按照发展阶段，毛皮贸易可划分为以下几个历史时期：从16世纪初到1763年，是欧洲列强尤其是英法在北美争夺毛皮控制权的时期，争夺的区域主要集中在草原以东的美洲，重点是大湖周围和哈得逊湾沿岸；从1763年到1840年代是第二个时期，主要是英属北美毛皮公司同美国毛皮公司之间为控制西部的毛皮资源而斗争的时期，争夺的范围从草原以东发展到落基山和太平洋岸边；1840 年以后，是毛皮贸易的尾声，这时期，北美的毛皮资源已经大量减少，而且欧洲的海狸皮热也已经过时，毛皮的重要性大大降低，不再在北美历史上占据重要地位，毛皮贸易作为一种经济形式退出历史舞台。

200 多年的毛皮争夺中，白人殖民者获得了丰厚的利润，这是支撑整个毛皮帝国生存的根本动力。毛皮贸易的丰厚利润是新法兰西存在的基础，每年从蒙特利尔运出的毛皮数量随着欧洲市场上的价格而变动。在法国政府接管了新法兰西以后，毛皮的输出量增长很快。1675～1685 年，新法兰西每年输出的毛皮是 89 588 镑，按每张海狸皮 1.5 镑计算，大概相当于 6 万只海狸；1685～1687 年，每年输出 14 万镑。18 世纪后，由于法国采取了许多有效措施，如建立据点、开拓新的毛皮产地等阻止英国人的竞争，新法兰西的毛皮产量稳定增长，1733 年产值达最高峰。

1743 年，法国与加拿大进行毛皮贸易的重要港口——拉罗谢尔就进口了 127 000 张海狸皮、3 万张貂皮、12 000 张海獭皮、11 万张浣熊皮和 16 000 张熊皮。同样，毛皮贸易也为北美十三州带来了不菲的利润，新英格兰的商人不仅把毛皮贸易输往欧洲市场，甚至还开辟了中国市场，把美洲的毛皮和人参运到广东，结果赢得了意想不到的收益。毛皮贸易的收益是新英格兰工业发展原始资本积累的一条重要的途径。连南部的鹿皮贸易也非常繁荣，"在 18 世纪的南部，鹿皮与奴隶是最上等的商品"。从 1690 年代到 18 世纪初，每年仅从查尔斯顿和弗吉尼亚运出的白尾鹿皮就多达 8.5 万张。1707 年，有 12 万张鹿皮被运离查尔斯顿；到 18 世纪 40～50 年代，查尔斯顿每年平均运出 17.8 万张鹿皮；此后，萨凡纳成为白尾鹿皮的主要运输港口，平均每年运出 10 万～15.3 万张。1760 年，一位英国的管理者声称，每年从他的手下运出的鹿皮就不下 40 万张。有的研究者认为，在贸易的盛期，每年大概要屠杀 100 万只鹿。哈得逊湾公司原来一直满足于"睡在冰冷的海上"，对于开拓内地的兴致不大，虽然一度被讥讽为"饿肚子公司（hungry belly company）"和"坏孩子俱乐部（horny boys club）"，每年收获的毛皮利润也都相当可观。在海湾公司成立的前 20 年里，每年向股东支付的股息达到 98%。1742 年，仅仅约克贸易站就交易了 13 万张海狸皮和 9 000 张貂皮。甚至到了毛皮贸易已经衰竭的 1854 年，在伦敦市场上仍然交易了 50.9 万张海狸皮。

1793 年 7 月 22 日，受雇于西北公司的亚历山大·马更欣终于从陆上横穿北美大陆成功，比温哥华船长早一个月，到达加拿大西北海岸的贝拉库拉河湾。经过数代人的不懈努力，毛皮贸易的领地终于扩张到了太平洋岸边，加拿大历史上第一个横贯大陆的经济体系最终形成了。

毛皮贸易脆弱性的表现为这种经济形式无论从生产，还是从销售和运输等各个环节来看，都建立在一个非常不稳定的基础之上，其中的任何一个环节出现问题，整个体系都会垮掉。北美大陆的毛皮动物的持续存在是毛皮贸易能够维系下去的前提，可是，在疯狂的捕杀下，毛皮动物资源很快就枯竭了。而欧洲市场上的海狸皮帽热是这种贸易得以生存的基础。海狸皮帽在当时的欧洲是一种时髦的高级奢侈品，需求弹性不大。欧洲市场上这种消费时尚的一举一动和价格的稍微变化都会引起整个链条的变动。例如，在 17 世纪 90 年代，由于欧洲市场的缩小，一种莫名其妙的新时装要求在流行的毡帽上加一道小边，并且要求一种仅能用兔毛或秘鲁的美洲羊驼毛与海狸的细软绒毛混合制成的织品。到了 1693 年，新法兰西的货栈里就塞满了价值不下于 350 万镑的皮货。1700 年，蒙特利尔的货栈里 3/4 的毛皮由于欧洲市场的积压而不得不烧掉。在同期的巴黎，刚刚从"拉玛农号"商船上卸下来的 10 万磅毛皮也被付之一炬。而在北美西部，"海狸皮的价格上升一次，就意味着向更西发展"。然而，越往西部伸展，毛皮贸易所需要的内陆运输线路就越长，运营成本就越高，所需要的印第安人猎手和中间商就越多，再加上激烈的竞争，维持这条线路就越困难。

法国人在同英国人争夺毛皮资源的过程中，都有自己的印第安人盟友。早在尚普兰时期，法国人就同休伦人（他们自称温达特人，"休伦人"是白人对他们的称呼，意为易怒的，毛茸茸的）结盟。1609 年，法国人帮助休伦人袭击了易落魁人的一个部落，从此与强大的易落魁人结仇，后者则与英国人联盟。休伦人是法国人在毛皮贸易中的第一批猎手和中间贸易商。随着毛皮贸易产地的不断深入内地，法国人的猎手和中间商也不断西移。1640 年代后，随着休伦人的灭绝，渥太华人、奥吉布瓦人、达科塔人、曼丹人直至最西部的部族，大部分都卷入毛皮贸易之中，不是变成猎手，就是中间人。虽然都与土著人结盟，但相比较而言，法国人和后来的加拿大人要比英国人同印第安人的关系密切得多。

中俄毛皮贸易在清代比较频繁，中俄贸易是清代皮货的一个重要来源。康熙二十八年（1689 年）中俄签署尼布楚条约，协议俄国商队到北京进行皮毛贸易，1728 年中俄贸易总额将近一千万法郎，商队卖出一百多万张松鼠皮，20 万张银鼠皮，15 万张狐皮，10 万张貂皮。当时皮货贸易的繁荣很快使京城的皮货销售出现了供大于求的现象，康熙五十六年（1717 年）5 月理藩院就皮货赊销以及停止征税问题在致俄的公函中提及："本国打牲各地，前来出售皮张等物者颇多。如今集市皮张积压，亦被虫蛀，岂可再迫使我商人购买……既然本国皮货过多，尔等嗣后应隔数年再来贸易，方能有人购买。若频繁往来，我地商人之货物尚且积压，何况尔等之货物？"至康熙五十八年（1719 年）四月再次致函俄，暂不准俄商来京贸易："如今因我属各处边界虞人增多，各种皮货甚为丰足。况广东、福建等沿海地方，每年又有西洋等国商船前来贸易，诸凡物品甚足，无人购买尔之商货。皮货乃寒冷季节需用之物，内地暑热，而且所来皮货又甚多。小康人家购买貂、鼠皮张缝制衣服，一件衣服将穿多年。富有之人虽然愿买，而尔属之人又抬高物价，因此，不能卖出。"加之遇有内库购买各种皮货时，俄商高抬物价，暗中私自赊给无名商贩，在境内任意逞强等诸多因素，"所有尔大商人隔几年贸易一次，以及由原来所走尼布楚城之路前来，于边界地方贸易各节，待其迅速定夺并复文后再议"。据俄中两国外交文献汇编记载，到 1722 年康熙的国库里面已经堆满貂皮。

二、现代毛皮贸易状况

目前，产自养殖场的毛皮（主要是水貂、狐狸、獭兔和貉子）是毛皮贸易的主要交易对象，大约占总交易量的 95%，只有 5% 来源于野生动物之皮。国际毛皮贸易大都通过国际性的拍卖行进行交易。自拍卖行开始，毛皮经过硝制、染色、设计和制衣，最终到达消费者手中。毛皮贸易是一个复杂而国际化的贸易领域，世界范围内毛皮贸易行业的从职人员多达 100 万人。

20 世纪 80 年代，世界毛皮原皮贸易部分由私人进行交易，大部分都通过拍卖行。大约 95% 的貂皮通过拍卖行出售。当时西德是世界上毛皮原料皮及半涂饰毛皮最大的用户。西德既是传统毛皮制造者又是毛皮皮货的最大市场，也是世界上毛皮最大的出口者。西德

1980 年比 1979 年进口增加 33%，1981 年比 1980 年进口增加 6.7%，1982 年出口额达 285.6 百万马克，比 1981 年增加 5.6%。世界上毛皮皮衣用户的名次：第一是瑞士，1982 年达 6.410 万马克，第二是奥地利，1982 年达 5.680 万马克；第三是法国，3.290 万马克；第四是意大利，1.590 万马克；第五是荷兰，1.580 万马克。1981 年德国毛皮制造厂商在其国内的销售营业额达 28.330 万马克，国外营业额达 50.0 万马克。

毛皮拍卖在国际上已有超过 300 年的历史，拍卖会集中了世界各国的主要皮草商、服装加工厂家和中间商。皮张经整理分级后成捆或成批销售，购买者在拍卖开始前可以仔细查看被拍卖皮张的品质，皮张的售价在竞投中也得以提高。毛皮拍卖会不但为服装厂提供了方便，更主要的是保障了饲养者的利益，且为饲养者提供了长期、稳定和直接的销售渠道。世界著名的毛皮拍卖行分别位于：丹麦的哥本哈根，它是全世界规模最大的毛皮拍卖行，以水貂皮为主；芬兰赫尔辛基，主要进行狐狸皮的拍卖，每年举行 4~5 次；挪威奥斯陆，主要拍卖狐狸皮、阿富汗和南非的波斯羔皮；加拿大多伦多的北美毛皮拍卖行（NAFA），是世界上野生皮张供货最多的拍卖行；美国西雅图，主要拍卖美国水貂皮；俄国圣彼得堡，主要拍卖俄罗斯的水貂皮、紫貂皮和灰鼠皮等；中国香港，主要经销中国裘皮。

中国已经成为世界上最大的毛皮贸易国及深加工大国，是世界上最大的毛皮买家，芬兰、丹麦拍卖会 40% 的皮张销售给中国。世界的毛皮贸易结构在发生着潜移默化的变化，经济结构由欧洲向亚洲转移，中国外贸是世界经济的推动力，由贸易大国向贸易强国升级。作为最大的原料皮进口国，中国的原料皮总进口额从 2001 年的 1.72 亿美元增加到 2010 年的 6.18 亿美元，增长率超过 259%；作为最大毛皮服装生产国和出口国，中国的毛皮服装生产和出口约占全球的 70%；作为最大的消费国之一，2010~2011 年，全球毛皮制品零售总额为 150 亿美元，其中中国占了总额的 1/4。2011 年哥本哈根皮草全球销售额 15 亿美元，其中中国市场贡献了其中的 70%。肯尼斯·洛贝格认为，"在中国市场，皮草拥有不可估量的市场潜力。以保守估计，2011 年中国市场一年销售的貂皮大衣约为 85 万件，以每件貂皮大衣零售价平均两万元计算，一年零售总额高达 170 亿元"。然而，在这个数字背后所呈现的销售分布，不再只是钟情皮草的东北地区的专属，而是呈遍地开花之势，中国皮草的普及和购买力正在逐年增强。中国海关总署发布的 2011 年全年累计出口未缝制的整张水貂皮约 324 万 kg，累计金额 2.6 亿美元，出口国主要为俄罗斯、德国和韩国。预计 2015 年中国将成为世界最大的毛皮服装消费国，毛皮服装总需求量约为 174 万件。单从俄罗斯市场来看，当地人对裘皮及皮衣的青睐及需求是很高的。俄罗斯拥有约 1 亿人的庞大消费群体，每年的裘皮消费量达到 1 000 万张，在俄罗斯穿着各式各样的裘皮服装是非常普遍的，低收入阶层同样穿着便宜的中国裘皮。由于俄罗斯经济上升迅速，个人平均收入有所增长，在社会各个阶层都可以找到不同的购买者，这也使俄罗斯成为一个拥有无穷潜力的裘皮消费市场。

俄罗斯毛皮工业的主要生产厂家——琐优兹普希里拉，是世界毛皮供应厂商是之一，创建于 1931 年，出口毛皮原料皮、涂饰毛皮及毛皮服装原料，供应俄罗斯 6 500 多个毛皮企业的毛皮原料皮。每年收集黑貂、狐、海狸鼠、貂等野生动物皮 1 600 万张，向圣彼得堡拍卖行提供约 70%~80% 的毛皮，三年举行一次毛皮拍卖。圣彼得堡毛皮拍卖行仅出售最珍贵的黑貂及山猫毛皮。近年来十多个国家参加圣彼得堡毛皮拍卖，由蒙古、朝鲜提供野生动物毛，波兰提供海狸鼠，阿富汗提供波斯羔羊，挪威提供海豹皮。现在俄罗斯每年大约进口 500 万～700 万张毛皮，俄毛皮及其制品的进口在俄市场上占到 70%，俄毛皮制品市场的容量为 15 亿～20 亿美元。2011 年国内银狐产品主要销往俄罗斯，虽然银狐皮的价格达到了 1 200 元/张，但是俄罗斯市场对银狐皮的需求照样经久不衰。国际毛皮协会（IFTF）主席安德里亚·林哈特介绍说："即使是在经济衰退的时候，毛皮销售的表现也令人刮目相看，尤其是来自俄罗斯和中国这些新兴经济体的强劲需求。在这些国家，即便三线城市的商店和精品店都有销售毛皮服装。"

世界毛皮服装制造中心之一的香港，曾在美国纽约举行首次国际毛皮展览。展览会上展出香港毛皮商收集的 16 种适合冬季穿着的最好的式样。香港毛皮商也曾在德国法兰克福办展览，正好与法兰克福毛皮展览时间吻合。香港毛皮原料主要来自中国大陆，大陆供应香港 63% 的毛皮原料（主要是貂皮）。此外，英国、澳大利亚、朝鲜、丹麦和法国也是香港毛皮原料的主要供应国。质量上乘是香港毛皮工业发展的有利条件，十年来香港已由少量生产毛皮的消费城市发展成为毛皮制造中心并出口到世界 28 个国家。

三、哥本哈根毛皮拍卖会介绍

作为皮草行业的大腕儿，哥本哈根皮草公司的拍卖行有 80 多年历史，是全球最大的毛皮拍卖行，拍卖超过 2 000 万张水貂皮及数量可观的狐狸皮、羔皮、獭兔皮等，占国际毛皮拍卖市场份额半数以上。哥本哈根皮草公司每年举行 5 次世界级的毛皮拍卖会，第一次拍卖会的时间是 12 月份，也就是新毛皮收成后；最后一次拍卖会于翌年 9 月举行，将毛皮全部售完。5、6 月的拍卖会是行情最好的，因为这个时段，既能够购入新皮，又能够在一个较短的资金周期中，将毛皮制成成品，进行销售。每次拍卖会都会吸引来自世界各地的近 500 位客商。拍卖锤敲定最高出价者，同时也奠定世界貂皮市场价格。每次拍卖会销售高达 450 万张的貂皮以及许多其他种类的毛皮。在仅仅 5 天的拍卖中，哥本哈根皮草的销售额高达 1.3 亿欧元，相当于每秒钟 1 500 欧元。在拍卖会正式开始之前，买家会有 4～5d 的验皮时间。在拍卖会程序中，验皮是十分重要的一环，因为拍卖会现场不再展示毛皮，买家依靠的是销售目录和他们自己在验皮期间所做的笔记。验皮期间，买家检验和评估示范捆，示范捆是从数百万张的待拍皮张中抽选出来的，完全能够准确代表待拍皮张的质量。

到了拍卖会正式开始的日子，哥本哈根自然成为世界瞩目的中心。汉语、希腊语、俄语、英语、德语、韩语和日语，以及其他语言在这里此起彼伏。拍卖师在台上熟练地敲下小锤，一环扣一环的交易令人目不暇接。买家举着牌子，全神贯注地投入拍卖。忙碌的场面让人想起哥本哈根国际机场，而不像是一家位处幽静住宅区的丹麦公司。拍卖师连叫三次再无他人出更高的价格，这捆毛皮就属于喊价最高的买家。

拍卖会的制单员迅速地将这笔订单的货号、价格等信息交到买家手上。之后买家只需将钱汇入账号，即可提货，或委托拍卖会将货物发往指定地点。拍卖会上最引人注目的是"头把皮"。一般是该次拍卖各类目中品质最好的一把皮。往往会拍出高于实际价值十几倍、几十倍的价格。拍卖会会为拍下"首把皮"的买家颁发奖状，注明届次、毛皮名称和公司名称，并在数据报告中向全球公布这批公司。这对于刚崭露头角的新公司和知名度不高的小公司而言，是个创名牌的好机会。因此，许多买家都愿意为了"头把皮"一掷千金。

哥本哈根毛皮拍卖会所属的公司拥有严密的组织机构，从毛皮养殖业、先期人才培养，到拍卖过程以及后期信息归纳、发布，整个流程有一个比较完善、目光长远的经营机制，真正体现公平、公正、公开的交易原则，造就了北欧毛皮井然有序、利益共享、多方共赢的规范市场。

哥本哈根皮草每年的营业额高达 42 亿丹麦克朗（约合 8.8 亿美元）。拍卖会也给丹麦的毛皮养殖业提供极大的指导和帮助。毛皮养殖业是丹麦第三大畜牧产业，丹麦商务部将毛皮贸易纳入丹麦经济生活中最具特色和竞争力的 29 种产业集群之一，毛皮每年出口额约为 40 亿丹麦克朗（约合 7.08 亿美元）。毛皮是丹麦对中国大陆和中国香港的最大出口产品。哥本哈根皮草销售的毛皮产品 90% 的是水貂皮，其次是狐皮、青紫蓝兔皮、海豹皮、紫貂皮和卡拉库羔皮。有 1 700 余家丹麦水貂农场（即毛皮养殖协会会员）为其供货，貂皮年供应 1 800 万张，占世界市场份额 50%。毛皮养殖协会会员有义务每年为公司供应毛皮（也可以将貂皮售往其他买家），每次拍卖前，养殖户和公司之间商定底价。公司通过拍卖方式代为销售会员提供的毛皮，但皮草价格的市场波动及其带来的市场风险由养殖户承担。拍卖有利于养殖户根据市场变化及时调整饲养规模和品种结构，降低交易成本和市场风险，最大限度保护养殖场的利益，解除了专业化、标准化、规模化生产模式的后顾之忧，刺激了养殖业的进一步发展。拍卖为农场主保证了销售渠道，其经营重点不再是如何将毛皮销售出去，而是如何提高毛皮质量以期更高的盈利。哥本哈根皮草通过常年行业情报的累积，在拍卖毛皮的同时也为农场主和饲料供应商营造了一个信息量巨大的数据库。农场主通过这个数据库获得了广泛的毛皮价格、营养和基因方面的信息。所有环节的生产数据，从繁殖、饲养到最终的拍卖价格，都被收集起来。每个农场主都有一套自己的关键数据，可以与行业大势做比较。这种方法可以使农场主看到自己的生产与其他农场的对比情况，而电脑软件可以帮助其分析应该采取哪些措施以改进生产，协助农场的日常运作。

养殖户生产出毛皮后，将产品送往哥本哈根皮草行进行拍卖。所有皮张在这里集中分拣，保证每一捆里的所有皮张品质如一。这一环节至关重要，因为即使是再小的色差，在制成成衣后都会呈现出明显的瑕疵。毛皮分类、分级有一套统一标准。首先，按照品种和性别区分皮张。其次，再根据尺寸细分。下一步进行颜色深浅的分类、分级：这一过程大部分的工作量都是通过计算机系统完成。按颜色分类、分级之后，由业内专家做品质评级。每一步分类、分级都要求极其精准，同时对上一道工序进行复检。最后，皮张被分为捆或把，每捆都有相应的品质等级标签和产品号码。

哥本哈根皮草行拥有自己的质量商标体系，包括四个质量等级商标。全球最佳品质的毛皮被定名为哥本哈根皮草紫色等级，其次分别是哥本哈根皮草白金等级、哥本哈根皮草酒红等级和哥本哈根皮草象牙白等级。运作毛皮拍卖会需要大量的专业人才，除了毛皮分拣的专业人员、品质评级的专家、拍卖场上驰骋风云的拍卖师，还有统计数据分析人员、养殖场技术人员、皮草加工人员等。哥本哈根皮草行在注重培养本国专业人才的同时，也愿意为其他国家的技术人员进行培训。一是扩大拍卖行的影响，推广哥本哈根皮草的质量等级体系；二是加强沟通交流，减少买卖中因缺少理解造成的不愉快。人才因素，在哥本哈根皮草产业链中占据重要一环。

拍卖会从拍卖开始到拍卖结束，甚至日常工作中，都将客户摆在首要位置。拍卖会开始前，老客户会收到拍卖会的诚挚邀请，并附上最新拍卖目录。拍卖会开始之前的一周就已经召来了大批客商及各厂家的技术人员，这更证明了验皮这一环节的重要性。拍卖会为一些资深老客户提供一些金融服务，根据公司规模资历等各方面因素可以提供一定的透支额度。拍卖会价格在互联网上实时播报，买家和毛皮养殖户都能通过互联网查询各自的交易信息。当交易成功后，拍卖会的服务并没有结束。拍卖会为已售出的毛皮提供 7～10d 的免费仓储期。通常拍卖会上有硝染厂商招揽生意，传统上，意大利和希腊拥有庞大的硝染行业，但现在绝大部分的硝染处理在亚洲东部地区完成。经过硝染的毛皮就可以用来缝制了。客商可以委托拍卖会通过物流将购得的毛皮直接发往硝染地。拍卖会现场准备了足量的饮料和茶点，常常也会举办烧烤、体育竞赛等庆典活动，使客商们在愉快的心情下享受交易的过程。拍卖会之间相互联通，人性化地制订各个拍卖会时间，往往是芬兰拍卖会结束后间隔一天左右丹麦拍卖会开幕，正好给买家时间足以赶到下一个拍卖会会场。拍卖会结束后，本次拍卖数据会制成精致的小册子寄到买家手上，同时也网上公布，为业内人士提供参考。

四、我国毛皮贸易中应予重视的国际贸易技术壁垒

可持续发展战略已成为世界经济发展的主题。一方面人们越来越关注保护人类赖以生存的生态环境，另一方面世界上发达国家作为保护本国利益的主要贸易手段，国际市场上"绿色壁垒"的设置速度正在加快，设置力度也在加大，许多已证明对环境和人体有害的化学物质被列入禁止目录。近年来提得比较多的是消费品的生态问题，绿色成了少污染或无污染的代名词，人们也越来越重视皮革制品在使用和穿着过程中，是否会对消费者的安全和健康以及生态环境产生不利影响，皮革及其制品面临越来越严格的生态、环保要求。除了偶氮类（AZO）、甲醛、六价铬、五氯苯酚（PCP）外，又有越来越多的新项目被国际买家列入采购标准的限制项目中，如烷基酚聚氧乙烯醚（APEO）、短链氯化石蜡、邻苯二甲酸酯类增塑剂、有机锡化合物、PFOS（全氟辛烷磺酰基化合物）等。为使企业更好地了解国际技术壁垒，及时采取应对措施，现对涉及皮草行业主要的技术壁垒进行介绍，以期引起相关企业的高度重视。

（一）甲醛

甲醛是一种极易挥发的化学物质，对人体感官有强烈的刺激作用，严重的可致人头痛、失明、呼吸困难。目前甲醛已经被世界卫生组织确定为致癌和致畸形物质，是公认的变态反应源，也是潜在的强致突变物之一。欧盟委员会指令 2002/233/EC 禁用甲醛，欧盟 REACH 法规实施后，禁用甲醛指令将被纳入到 REACH 法规中，规定像甲醛这样的高风险物质，必须经授权后才能使用。

（二）偶氮染料

染料分子结构中，凡是含有偶氮基（－N＝N－）的统称为偶氮染料。其中偶氮基常与一个或多个芳香环系统相连，构成一个共轭体系作为染料的发色体，几乎分布于所有的颜色，广泛用于纺织品、皮革制品等染色及印花工艺。目前使用的偶氮染料有 3 000 多种，其中有少数偶氮结构的染料品种，在化学反应中可能产生 24 种致癌芳香胺物质（特别是联苯胺系列产品）属于欧盟禁用的。这些禁用偶氮染料染色的服装或其他消费品与人体

皮肤长期接触后，会与代谢过程中释放的成分混合，并产生还原反应，形成致癌的芳香胺化合物，这类化合物会被人体吸收，经过一系列活化作用使人体细胞的 DNA 发生结构与功能的变化，成为人体病变的诱因。

欧盟禁止生产和使用在还原条件下能够分解出 24 种芳香胺的偶氮染料（名称详见第十章），这 24 种禁用的偶氮染料品种仅占全部偶氮染料的 5% 左右，而并非所有偶氮结构的染料都被禁用。

（三）重金属

欧盟委员会限制使用的重金属主要有 Pb 盐（常用的是醋酸铅，俗称铅糠）、Hg、Cd 及化合物、As 及化合物；限制使用含 Cu、Cr 和 Ni 的金属络合染料。

金属铅盐会影响中枢神经、致癌，在各类皮革制品中都不能含有；六价铬离子对人体和水生生物的危害很大，而且又不容易生物降解，世界各国都对排放的铬含量进行了严格限制，对皮革制品也进行了严格限制。

欧盟规定纺织染料中重金属含量不能超过下列值（单位为 mg/kg），不包括作为染料分子结构组成部分的金属：Ag 100、As 50、Ba 100、Cd 20、Co 500、Cr 100、Cu 250、Fe 2 500、Hg 4、Mn 1 000、Ni 200、Pb 100、Se 20、Sb 50、Sn 250、Zn 1500。

（四）蓝色素

欧盟委员会认定"蓝色素"具有很高的水生毒性，而且不易被降解，若随废水排出，将对环境造成大影响。欧盟委员会指令 2003/3/EC 禁用"蓝色素"，规定各厂商禁止在皮革制品或纺织品上使用"蓝色素"，并禁止市场上销售含"蓝色素"的皮革制品及纺织品。

（五）APEO 及其表面活性剂

APEO 是烷基酚聚氧乙烯醚类化合物的简称，主要包括 NPEO（壬基酚聚氧乙烯醚）和 NP（壬基酚）、OPEO（辛基酚聚氧乙烯醚）和 OP（辛基酚）。这些是一类常用的非离子表面活性剂，有良好的润湿、渗透、乳化、分散、洗涤等作用，在纺织、洗涤剂、护理用品、造纸、石油、冶金、农药、制药、印刷、塑料、制革及皮革化学品等行业广泛运用。

在制革过程中，APEO 有时单独用于皮革和毛皮的浸水、脱脂等，更多的时候是作为合成皮化材料的组分之一，如利用其渗透性能复配时用在浸水助剂、浸灰助剂、鞣剂、渗透剂及其他助剂当中；利用其乳化效果用在脱脂剂、加脂剂、涂饰树脂、硝化棉乳液、手感剂中；利用其分散性加入匀染剂、流平剂、颜料膏当中。氨基硅油、甲基硅油、羟基硅油和含氢硅油的乳液，有的也使用了烷基酚聚氧乙烯醚作乳化剂。

由于 APEO 生物毒性较大、降解困难，且烷基酚聚氧乙烯醚在制造过程中由于环氧乙烷聚合时会生成二恶烷，产品中也可能存在未反应的环氧乙烷，它们都是公认的致癌物，致使烷基酚聚氧乙烯醚对人体和生物产生致变异性。欧盟专门制订了限制使用的法规指令，欧洲理事会第 76/769/EEC 号指令禁用烷基酚聚氧乙烯醚（APEO）。该指令中关于壬基酚和壬基酚聚氧乙烯醚含量的限定已于 2005 年 1 月 17 日起正式生效。线性烷基苯磺酸盐，生物降解性较差，由于毒性较大，刺激性大，又有一定致畸性，也被欧盟禁用。禁止使用的表面活性剂还有二甲基氯化铵（DHTDMAC），双硬脂酰基二甲基氯化铵（DSD-MAC），双（氢化牛油烷基）二甲基氯化铵（DTDMAC），以及乙二胺四乙酸（EDTA），二乙烯三胺五乙酸（DTPA）也被限用。

皮革行业可以从源头上控制 APEO 的引入。皮草企业避免使用 APEO 作为原料，制革企业从水洗到涂饰用的助剂都要选择好，可以说每个环节化学材料的选择都很重要。

（六）全氟辛烷磺酰基化合物

氟化有机物 PFOS 中文全称为"全氟辛烷磺酰基化合物"，在工业生产和生活消费领域有着广泛的应用。全氟辛烷磺酸盐（PFOS）被证明具有持久性、生物累积性、毒性和远距离环境迁移的能力，是目前最难降解的有机污染物之一。PFOS 及其衍生物通过呼吸道吸入和饮用水、食物的摄入等途径，很难被生物体排出，最终富集于人体、生物体中的血、肝、肾、脑中。大量的调查研究发现，PFOS 具有遗传毒性、雄性生殖毒性、神经毒性、发育毒性和内分泌干扰作用等多种毒性，被认为是一类具有全身多脏器毒性的环境污染物。

PFOS 指令即欧盟《关于限制全氟辛烷璜酸销售及使用的指令》，于 2008 年 6 月 27 日正式实施。指令规定，以 PFOS（全氟辛烷磺酸）为构成物质或要素的，若浓度或质量等于或超过 0.005% 的将不得销售；而在成品和半成品中使用 PFOS 浓度或质量等于或超过 0.1% 的，则成品、半成品及零件也将被列入禁售范围。

2000 年美国主要生产 PFOS 的厂家 3M 公司宣布停止生产和应用该类物质，2004 年的"杜邦特氟龙事件"更是将人们对 PFOS 的关注引向了一个新的高度。

丹麦在 2001 年出台了相关的 PFOS 检测监控条例；2005 年瑞典的 51 号 TBT 通报旨在全球性禁止生产和应用 PFOS。除了瑞典外，欧盟、美国、加拿大等发达国家和地区都在积极地对 PFOS 的环境和健康危害进行评价，以便确定自己国家的环境保护政策，推动在本地区和全球限制使用 PFOS 及其衍生物的活动。

（七）抗菌除臭整理剂

目前的研究证明，不少化学抗菌除臭整理剂都有不同程度的毒性、致畸性、变异性和致癌性，已禁用的品种有 2-（4'-噻唑基）苯并咪唑（TBI）、2，4，4'-三氯-2'-羟基二苯醚（THDE）、α-溴代肉桂醛（BCA）、1，2-二溴-3-氯丙烷（DBCP）等，当前虽有一些新的取代产品，但它们的毒性、致变异性、致畸性都是有争议的。水杨酰替苯胺、五氯苯酚、霉菌净（ASM、DDT）、乙萘酚等防霉剂会污染环境，造成公害，特别是五氯苯酚，虽然其在生物降解过程中比较稳定，但本身毒性大，而且其制造过程中会产生一种毒性极大的持久性有机污染物，致突变性和致癌性比已知的致癌物质黄曲霉素还要高 10 倍，因此，欧盟禁用五氯苯酚。霉菌净 ASM 的结构为 5，5'-二氯-2，2'-二羟基二苯甲烷，本身无臭味，无腐蚀性，有好的抗菌防霉效果（大约是乙萘酚的 50 多倍），但它是一种可吸附有机卤化物，毒性较大，也被禁用。富马酸二甲酯（反丁烯二酸二甲酯）分子式 $C_6H_8O_4$，简称 DMF，属二元不饱和脂肪酸酯类，是 20 世纪 80 年代国内外研究开发的新型防腐防霉剂，具有广谱、高效、抑菌、杀菌作用，并兼有杀虫作用，化学稳定性好，适用 pH 值范围较宽，对光热较稳定。但它对呼吸道、皮肤等有刺激作用，大量食用会引起咽痛、腹痛及呕吐等症状，并对肝、肾有很大的毒副作用，加上有些人接触富马酸二甲酯后会发生过敏反应，国家已禁止在食品中使用。最近在皮革行业也有用户提出所购买产品不能含该物质。

（八） 氯代烷烃

含氯化合物本身具有很强的毒性，对人体会造成严重伤害。欧盟委员会指令 2002/237/EC 禁用氯代烷烃，在毛皮制品中不得含有 C12 ~ C13 氯代烷烃。欧盟 76/769/EC 号指令的第二十次修订版本，禁止销售和使用浓度超过 1% 短链氯化石蜡的产品，或在金属加工油、皮革加脂剂中使用该物质。中链氯化石蜡也被禁用。

（九） 其他

欧盟的 RoHS 指令限制的物质种类除了铅、汞、镉、六价铬还有多溴联苯和多溴二苯醚。受限的有害物质还有六溴环十二烷、四溴双酚 A、双酚 A、二甲苯麝香、麝香酮。

欧盟明确规定二丙基锡为禁用化学物质，连同 DBT（二丁基锡）、TBT（三丁基锡）、TCyHT（磷酸三环己锡）、TOT（三辛基锡）、TPhT（三苯基锡）和 TPT（三丙基锡）等构成一个禁用的有机锡化合物系列。被禁用的还有邻苯二甲酸酯类增塑剂。

阻燃剂的毒性和致癌性也越来越为人们所认识和重视。1976 ~ 1977 年联合国卫生组织和国际卫生组织委托美国和西欧 3 家检测公司测定阻燃剂的毒性，于 1979 年前后共发出 3 份同样结论的报告，指出除了锆系和铌系阻燃剂之外，其他所有有机阻燃剂全部有致癌性。美国国会研究在本国禁止生产阻燃纺织品和禁止阻燃纺织品进入美国市场，欧盟也明确禁用阻燃剂，如常用的 TRIS、TEPA、PBDPE、OBDPE、DBDPE、TBBP-A、PBB、TCEP、TDCP、氯化石蜡等，我国生产的阻燃剂 THPC、三（2，3-二氯丙基）磷酸酯、棉织物阻燃剂 CP、阻燃剂 ZR-10、阻燃剂 TCEP、阻燃剂 TBC、氯蜡 – 70 等均属其列。所以，要引起高度重视。面对越来越严峻的生态环保压力，越来越严格的绿色壁垒，生产企业必须顾及经济、社会和环境三者的均衡点，树立起绿色生产、绿色营销的思想，使我们生产的产品更精细化、更绿色化，在企业自身发展的同时有利于环境的不断改善和人类文明的不断发展。否则，企业的持续发展也必将受到越来越严格的限制。

由于清洁化生产理论与技术的研究和实施方面的相对落后，我国经常受到发达国家各种相关指令、条款等的限制。随着生活水平的提高，人们越来越关注毛皮制品中的有害物质对人体健康的影响。中国出口的裘皮制品是否符合生态标准，质量是否与欧盟相关标准接轨也备受关注。这种倾向已构成新的贸易壁垒，也称绿色壁垒，行业界应引起高度重视。欧盟委员会有关毛皮皮革制品中有害物质的相关指令见下表。

表　欧盟委员会有关毛皮皮革制品的相关指令

序号	指令	有害物质	限量标准
1	76/769/EC	多氯联苯	0.1mg/kg
2	76/769/EC	铅砷	10mg/kg
3	76/769/EC	烷基酚聚乙烯醚	禁止使用
4	91/173/EC	五氯苯酚	5mg/kg
5	91/338/EC	镉	10mg/kg
6	2001/570/EC	有机锡	TBT 禁止使用
7	2002/45/EC	短链氯化烷烃	0.10%
8	2002/61/EC	禁用偶氮氮染料	30mg/kg

序号	指令	有害物质	限量标准
9	2002/232/EC	铅盐	禁止使用
10	2002/233/EC	甲醛	$75 \sim 150$mg/kg
11	2002/234/EC	五氯苯酚	5mg/kg
12	2002/237/EC	$C_{12} \sim C_{13}$氯代烷烃	禁止使用
13	2003/03/EC	蓝色染料	禁止使用
14	2003/53/EC	壬基苯酚和壬基苯酚聚氧乙烯醚	0.1%
15	PFOS	全氟辛烷磺酸	0.005%
16		镍	0.5mg/m^2
17		阻燃剂	0.10%
18		六价铬	3mg/kg

此外，受国际金融风暴的影响，欧美国家的贸易保护措施，将呈现多样化、综合化、隐蔽化的发展趋势。贸易保护壁垒极有可能逐渐演变为经济保护壁垒，这对我国裘皮业可能产生较大的负面影响。

国际贸易环境的恶化与中国自身的稳健发展，促使裘皮贸易的重心有一部分转移到国内市场。根据国家统计局公布的相关数据，2008 年 1 月至 11 月，我国裘皮行业规模以上企业共完成工业生产值 256 亿元，同比增长了 28.4%；裘皮产品出口 4 亿美元，同比下降了 28%；裘皮进口 44 亿美元，同比上升了 21.2%。这些数据表明，内销在这一时期拉动了裘皮行业的持续发展。可见，积极扩展国内市场是应对全球化金融危机的最好方式，我国裘皮行业本身利润水平较低，裘皮服装的销售利润率只有 5% 左右，国家政策在极大程度上左右着整个行业的发展。2007 年退税减少，狐、貂皮禁止出口政策的出台，在极大程度上影响了中国裘皮产业的格局和发展。2008 年 10 月 21 日，财政部、国家税务总局下达关于调整部分商品出口退税率的通知，将皮革服装、毛皮服装、其他毛皮衣着附件、其他毛皮制品的出口退税率由 5% 提高到 11%，以上调整自 2008 年 11 月 1 日起执行。此次裘皮服装出口退税率上调，是我国自 2006 年推出下调企业出口退税率外贸政策以来首次回调。为了缓解我国长期以来的贸易顺差，减少贸易摩擦，在 2006 年、2007 年，我国曾两次下调出口退税率，尤其在 2007 年，财政部、国家税务总局、发改委、商务部和海关总署五部委调整 2 831 项商品的出口退税政策，覆盖了海关税则中全部商品总数的 37%。裘皮服装、制品出口退税率由 13% 降到了 5%。

国家政策对裘皮行业的影响还体现在其环保要求上。裘皮加工是劳动密集型行业，我国目前的生产设备普遍比较落后，自动化程度不高，发展也存在不少盲目性。大量的小型企业蜂拥而起，由于其生产的裘皮质量相对较低，技术、管理和设备也落后于整个行业的平均水平，因而不仅抢占原材料资源，而且造成严重的资源浪费和环境污染。因此，对裘皮和与裘皮相关的行业发展构成制约的最大问题之一就是环境污染问题，这一问题得不到解决将会使皮草工业的可持续发展受到严重阻碍，裘皮和裘皮加工对环境的污染已到了非治不可的地步。我国"十一五"规划确定了主要污染物排放总量减少 10% 的目标，而皮草行业也是被严格监管的一个行业。环保要求的提高无疑会增加裘皮行业的单位成本，这将会削弱中国裘皮制品在国际贸易战中的低价优势。在其他因素不变的情况下，其国际竞争力势必减弱。

第五节　我国毛皮业发展趋势

尚普咨询公司发布的《2011—2016 年中国毛皮服饰市场调研报告》显示，全球毛皮产量已经进入了相对稳定的时期，而我国毛皮消费呈现出快速上升的趋势，已成为全球毛皮消费大国，中国巨大的消费潜力吸引力了众多奢侈品的青睐，这其中当然少不了奢侈品中的奢侈品"皮草"。丹麦哥本哈根皮草行曾在中国 7 个城市举行历时 4 个多月的"幸福代言人"选拔活动，并在北京圆满落幕。这是其进入中国市场 20 年来实施的最大规模的推广活动，足见顶级皮草商对中国市场的垂青。究其原因，自国际金融危机爆发以来，欧美国家受到的冲击较大，高端消费能力有所下降。而中国的经济运行良好，受到的打击并没有欧美大。中国市场对各行各业尤其是包括皮草在内的奢侈品行业，有很大的发展空间，而中国的皮草消费文化历史悠久，对于想掘金中国市场的哥本哈根皮草行来说，无疑具有很大诱惑。

一、标准化

标准化是裘皮行业必然的发展趋势。通过建立产品标准和规范的生产、经营程序与国际接轨，提高产品的国际竞争能力。标准化包括国家强制标准、国际通用标准和行业标准。这不仅对规范裘皮行业的发展和有效应对国际贸易壁垒有着积极的意义，而且为毛皮行业的国际化起到巨大的推动作用。对于一个企业来说，标准化的前提是规范化和法律化的技术生产。标准化的基石是高素质的标准化工作队伍，除了应具备标准化专业知识以外，还应具备其企业产品和技术知识。

二、规模化

规模化是裘皮行业发展壮大的必经之路。我国毛皮及制品行业以民营企业、小型企业为主。据统计，在规模以上毛皮及制品企业中，小型企业占 97%，大中型企业仅占 3%。近年来，在暖冬、退税危机、环保整治、金融危机等众多不利因素的接连打击之下，本身就十分脆弱的裘皮行业更显艰难。裘皮行业在 2007 年受到重创，养殖户是最基层的受害者，库存裘皮的不断贬值使不少人在 2006 年裘皮大热后的跟风性投资遭毁灭性的打击。同时，大部分中间商手中都有货物囤积，这直接导致后来的抛货，使不少人多年的利润化为乌有。加工企业和服装厂更是无计可施，据不完全统计，2007 年倒闭的加工企业占总数的 30% 以上。但这对中国裘皮行业的整体发展未必不是件好事。物竞天择，适者生存。科技含量低，生产水平能力低下的企业必然要遭到淘汰；科技创新能力强，技术标准较高的企业必定会发展壮大。行业内的企业最终会通过合并、收购和重组等一系列方式实现规模化。规模化生产最直接的好处就是生产成本、运营成本的降低，这也是企业盈亏、是否具有国际竞争能力的决定性因素之一。

三、生态化

如前所述，绿色壁垒、环境保护均已成为制约毛皮行业生存与发展的瓶颈。中国皮革协会于 2002 年就推出了真皮标志生态皮革，以帮助企业应对国内外市场对生态皮革、裘皮制品的需求。目前，生态皮革已经成为厂家的基本追求。中国毛皮业应积极推广绿色产业政策，调整产业结构、技术结构和产品结构，引导绿色消费，顺应时代潮流，或者说应使产业生态化。产业生态化是指依据生态经济学原理，运用生态、经济规律和系统工程的方法来经营和管理传统产业，以实现社会、经济效益最大，资源高效利用，生态环境损害最小和废弃物多层次利用的目的。其本质就是将资源的综合利用与环境保护相结合，所有的产业都应符合生态、经济规律的要求。产业生态化是企业破解绿色壁垒、解决环保，使其快速发展，跻身国际舞台最具实质性意义的强力助推器。

四、品牌化

中国是全球最大的裘皮及其制品的加工中心，年加工量占到全球的 75% 左右，然而本土知名品牌却很少，特别是国际知名品牌。在国际知名裘皮品牌争夺高端市场时，中国裘皮行业却一直在为他人作嫁衣，不少企业做贴牌生产。试想，一样的品质贴一个外国牌子其价格就会翻几番，何乐而不为呢。北京、河北辛集、辽宁佟二堡、浙江海宁、桐乡、余姚等地区的批发和贴牌贸易便占国内市场比重的三成左右。所幸的是，近年来越来越多的裘皮企业已意识到因短期利益而忽略品牌的树立是极不明智之举。目前，我国毛皮市场已诞生了一批有规模、有实力的明星企业和品牌，其注重品牌化运作，采用国际先进管理经验，积极参与真皮标志、中国名牌推荐工作，从多角度塑造品牌形象，并且塑造出了高端品牌，现在一步步向国际知名品牌靠拢。

受国际皮价大幅涨动及汇率等诸多因素的影响，国内仅靠价格优势从事裘皮加工的企业已无发展空间。然而，品牌附加值的发展空间十分广阔，受原料大幅涨价的影响较小，因而走品质路线打造品牌将会是一条可持续发展之道。

五、多元化

多元化战略又称多角化战略，是指企业同时经营两种以上基本经济用途不同的产品或服务的一种发展战略。裘皮业多元化战略包括产品的多元化、市场的多元化，投资区域的多元化和资本的多元化。

所谓裘皮产品的多元化，是指裘皮企业的产品应跨越并不一定相关的多种行业，且多为系列化的裘皮制品。裘皮制品在我国的应用领域正逐渐扩大，除了在服饰上的开放式应用（如与其他面料的混搭设计，裘皮围巾、鞋帽、配饰等）以外，裘皮作为时尚元素，已进入家居产品、汽车内饰等诸多领域，呈产品多元化发展的趋势。所谓市场的多元化，是指裘皮企业的产品应从较为单一固定的市场转向多个市场，包括国内市场和国际区域市场，甚至是全球市场。市场的多元化也指我国裘皮业的重心应从中低端市场向高中低全面市场的转化。所谓投资区域的多元化，是指企业的投资不仅集中在一个区域，可适当分散在多个区域甚至世界各国，这对于我国裘皮业整合有限资源以创造最大的效益有决定性作用。所谓资本的多元化，是指企业资本来源及构成的多种形式，包括有形资本和无形资本，诸如证券、股票、知识产权、商标和品牌等。这与我国裘皮业规模化和品牌化息息相关。

综上所述，标准化、规模化、生态化、品牌化和多元化是中国裘皮行业发展的必然选择，它们将是实现中国由裘皮生产大国向裘皮贸易强国的根本性转变的关键路径。

第二章　毛皮动物种类

我国地域辽阔，在自然界中，毛皮动物的种类极其丰富，而且数量也颇多。毛皮动物，系指为人类提供毛和皮，即用来制裘和制革的动物。本书所介绍的，只限于能用于制裘的毛皮动物。从提供制裘原料的毛皮动物来说，我国的种类和资源也是极其丰富的。本章限于目前已人工驯养或有驯养前途和价值的种类介绍，其中既包括我国的固有种，也包括从国外的引入种。

第一节　中国野生珍贵毛皮动物的地理分布

动物的分布与自然界的各种条件——地貌、气候、植被、水文、土壤等有着密切的关系。我国不仅地域广阔，而且自然景观复杂，由北方的亚寒带到南方的热带，有着各种不同类型的景观。因此，我国珍贵毛皮动物区系也是十分复杂的。

据研究，我国毛皮动物区系，亦如其他动物一样，分属于世界性动物分布区的古北界与东洋界两大区。在我国境内又可分成7个亚区，即古北区的东北、蒙新、青藏、华北四区和东洋区的西南、华中、华南三区。这些区域中，主要珍贵毛皮动物的分布如下。

一、东北区

本区主要包括：黑龙江、吉林、辽宁三省，也含内蒙古自治区东部一部分。本区的广大而繁茂的森林地带，为毛皮动物提供了良好的栖息环境和食物条件，蕴藏着丰富的毛皮动物资源，如食肉目的紫貂、狐、貉、青鼬、狼獾、黄鼬、艾鼬、白鼬、香鼬、狗獾、猞猁、豹猫、金钱豹、虎等；啮齿目的松鼠、飞鼠等。由于这一地带气候严寒，所产毛皮不仅种类多，产量大，而且质量亦居全国之冠。在本区范围内，又因地理位置差异，气候不同，而以大、小兴安岭所产的质量优于长白山及平原所产。

黑龙江沿岸及兴凯湖一带的麝鼠，系由北美输入前苏联，50年代，又由前苏联沿界河扩散而来，加之人为异地散放，资源较为丰富。

大兴安岭针叶林中，有些种类冬季毛色变白（如白鼬、银鼠、雪兔等），在我国其他地区罕见。

二、蒙新区

此区域包括：内蒙古、甘肃西北部和新疆，大兴安岭以西，长城及昆仑山脉以北的干旱地区。本区的毛皮兽类，以开旷地栖的种类为主。生活在开阔的草原和荒漠地带的食肉类毛皮兽有狼、狐、沙狐、虎鼬、黄鼬、香鼬、艾鼬、狗獾、沙猫、兔狲等。虎鼬是一种毛色鲜艳、色斑明显的鼬科动物，为本区特产，且数量不多。黄鼬、香鼬和艾鼬是蒙新区的主要毛皮兽，在本区分布较广，产量较多。漠猫和兔狲也属蒙新区特产，毛皮虽佳，但其稀少。兔形目和啮齿目在本区特有种类如蒙古兔和旱獭甚多。新疆北部针叶林中的河狸，为本区特产。

三、华北区

此区北临东北与蒙新两区，南抵秦岭、淮河，西起陇山，东濒黄海、渤海；包括甘肃南部、山西及陕西的黄土高原、华北平原及胶东半岛等地。西部地形为高原，东部为丘陵及平原。冬季寒冷，春季干旱，雨量集中于夏季。

此区兽类区域特点是，由于森林的破坏，林栖动物尤其大、中型兽类的种类和数量均较少。同时，田野间的小形啮齿类动物，分布的特别广泛。

在偏僻的山林荒野中，尚可见到大、中型兽类，属于毛皮兽的有食肉类犬科的狐、貉、狼、豺等。鼬科中以黄鼬、猪獾、狗獾等数量较多，分布亦甚广泛。水獭、香鼬、青鼬、艾鼬等种类虽有分布，但为数不多。猫科动物中有豹猫、金钱豹、猞猁等。而水产哺乳动物海豹在本区渤海为多。本区有不少种类系内蒙古（东北）和南方种类伸展而来的，可见本区的兽类区系受毗邻地区的影响很大。

四、青藏区

此区包括昆仑山以南及横断山脉以西的大高原，地势高峻，空气稀薄，气候寒冷，雨量稀少，富有高山荒漠景色。

此区兽类区系比较简单，仅一些适应于高山寒漠带的种类才得以生存。毛皮兽种类不多，在国内不占重要位置。本区所产食肉类毛皮兽主要有：狼、豺、猞猁、雪豹、水獭等。本区啮齿目的旱獭，是高原上产量最多的毛皮兽类。

五、西南区

此区北起青海、甘肃南部，包括昌都地区东部、四川西北部及云南北部和中部。境内山脊与河谷密接平行，南北走向。地形起伏很大，海拔 1 600～4 000m 之间；北部地势较高，山脊与谷地尤为狭窄，形成青藏高原，与藏北高原接近。复杂的地形显著地影响到该区的景观，植被分布由亚高山针叶林、直至亚热带常绿林，有极为鲜明的垂直变化。因而本区的动物区系尤为复杂，亦有相应的垂直分布的差异。

此区北部产的金丝猴，其毛皮不同于其他猴类，毛长而金黄，性柔而暖，既是毛皮兽，又是珍贵的观赏动物，是本区举世闻名的特产种类。食肉类种类繁多，犬科的有狼、狐、貉等；鼬科的有香鼬、黄鼬、獾、水獭及鼬獾等。鼬獾是东洋区的种类，不分布在北方各区；它是我国南方各地的主要毛皮兽。水獭在本区内有两种，除普通水獭外，尚产一种小爪水獭，亦为南方种类。

食肉目中的小熊猫，亦主要产于本区。猫科动物中有虎、豹、豹猫和云豹。云豹是树栖种类，只分布于南方诸省。

此区与北方各区不同的有多数灵猫科动物分布，如大灵猫、小灵猫、花面狸等，都是热带和亚热带类型的种类。

此区啮齿类种类繁多，红腹松鼠、长吻松鼠分布较多。

六、华南区

此区系我国范围内的全部热带地区及南亚热带地区的大部分，包括云南南部、广西壮族自治区（以下称广西）及广东南部、福建东南沿海，以及台湾、广东、海南省和南海诸群岛。

此区是全国范围内动物区系最繁盛的地区。食肉类毛皮兽，本区产的，种类也很繁多。鼬科动物中，有广泛分布的青鼬、黄鼬、水獭，又有主要分布在南方的黄腹鼬、猪獾、鼬獾、小爪水獭等，其中，产量最大的当属鼬獾。本区所产毛皮质量虽较北方为差，但板轻绒薄，轻便艳丽，亦有利用价值。我国的九种灵猫科动物，本区均有分布。本区所产猫科种类中，既有广布的虎、豹、豹猫，又有分布区限于热带、亚热带的原猫、丛林猫、云豹等。本区所产猫科动物色斑特别鲜艳，符合毛皮行业的要求；并且产量又较多，故在本区毛皮兽资源来说，猫科所占地位较其他地区尤为显著。啮齿类繁多的种类中，本区的特色是树栖种类多，作为毛皮兽的各种松鼠，其中，不乏特有种类，如长吻松鼠、巨松鼠，都是分布特殊的种类。南方诸省的红腹松鼠，本区内数量最多，并有数个亚种分化。本区松鼠科毛皮品质较北方为差，但巨松鼠尚较好。

七、华中区

此区包括四川盆地、长江中下游、秦岭、淮阳山地及江南丘陵。南接华南区，北为华北区、西邻西南区，邻区的野生动物无显著阻碍而大量进入本区，故本区特有种类不多。而南北类型相混和过渡现象成为本区区系的主要特点。

此区产的毛皮兽，仍以食肉类为主。犬科、鼬科、灵猫科、猫科在本区均有分布。鼬獾和黄鼬在本区毛皮业占最主要位置，本区产的鼬獾质量冠于全国。灵猫科种类不如华南区繁盛，仅大灵猫、小灵猫、花面狸和食蟹獴四种。猫科产4种，豹猫甚习见，年产量甚大。虎、豹、云豹数量不多。啮齿目的松鼠类也以南方种类为多，但华北一带的松鼠亦多见。

灵长目的金丝猴，在本区贵州北部山林和陕南宁陕、石泉一带亦有分布。

综上所述，七个区域毛皮兽类分布的概况说明各区因自然条件之差异，毛皮兽类分布亦有显著区别，其与人类的经济关系亦各不同。在珍贵毛皮动物的引种、驯养以及移地散放饲养过程中应着重研究不同种类毛皮兽的生态及分布规律，顺应其自然规律或人工创造适宜的生态条件，才能获得人工饲养的成功和好的效果。

第二节　制裘类毛皮动物及毛皮特征

制裘皮按其来源、毛型、毛绒长度、张幅大小，又可分为小毛细皮、大毛细皮、野生杂皮、家畜制裘皮和胎毛皮。以下按此分类介绍各类动物及其毛皮的特征。

一、小毛细皮类动物及毛皮特征

（一）石貂（*Martes foina*）

石貂属于哺乳纲、食肉目、鼬科、石貂属，又名"扫雪貂"、"岩貂"、"榉貂"。主要分布于中国境内的西藏、内蒙古、河北、山西、陕西、宁夏、甘肃、新疆、四川及云南等省区。石貂体形细长似鼬，体长 45～50cm 左右，尾长约 30cm，体重 1.1～2.3kg。耳短而宽圆，四肢则较鼬略长，比鼬类多四枚前白齿，脚下有毛。头部呈淡褐色，尾部和四肢为黑褐色，尾毛蓬松。针毛棕褐，绒毛丰厚，背部皮毛为灰褐色。喉胸部有一乳白色或茧黄色的不规则块斑。见图 2-1。

图 2-1 石貂

毛皮特征：

石貂皮也称扫雪皮，是珍贵的野生动物毛皮。冬季产之皮（简称冬皮）被毛黑褐色，底绒呈灰白色，颈部毛绒高，不显塌脖，毛绒整齐灵活，色泽光润，腹部毛绒灰白色，质量最好。秋季产之皮（简称秋皮）毛绒较疏短，皮板臀部青灰色，品质较差。春天产之皮（简称夏皮）毛绒光泽减退，毛梢弯曲，底绒黏结，甚至毛绒有脱落，皮板薄，枯干发红色，夏季产之皮（简称春皮）毛绒脱落，针毛稀疏、发黑红色，无使用价值。

扫雪皮经过加工、整理，做围脖、披肩等，也做装饰用品。

（二）水貂（*Mustla vison/lutreola*）

水貂属于哺乳纲、食肉目、鼬科、鼬属的小型珍贵毛皮动物。雄性体长 38～42cm，尾长 15～17cm，体重 1.6～2.2kg，雌性较小。它们的皮毛为深棕色。主要在夜间活动，吃小型啮齿类动物，也吃蛙类、蝼蛄和鱼。生活在溪流岸边的洞中或岩石缝间。野生水貂毛被呈暗褐色，养殖条件下人们把它称为标准色水貂。见图 2-2。

毛皮特征：

标准水貂的毛色基因有 21 对，彩色水貂是标准水貂的突变型，已出现 30 多个毛色突变基因（包括复等位基因），并通过各种组合，使毛色组合型增加到 100 余种。根据毛色可分为灰蓝色系、浅褐色系、白色系、黑色系等四大类。

1. 灰蓝色系

银蓝色貂：又称铂金色、白金色。是最早（1930 年）发现的突变种，呈金属灰色，深浅变化较大，两肋常带霜状的灰鼠皮色而影响品质。

钢蓝色貂：比银蓝色深，近于深灰，色调不匀，被毛粗糙，品质不佳。

阿留申貂：又称青铜色、青蓝色、枪钢色等，呈青灰色，针毛近于青黑色，绒毛青蓝色，毛绒短平美观。

图 2-2　水貂

2. 浅褐色系

褐咖啡色貂：又称烟色貂，呈浅褐色，体型较大。

米黄色貂：由浅棕色至浅米色，体型较大，美观艳丽，为我国饲养较多的色型。

索克洛特咖啡色貂：同褐咖啡色相近，体型较大，但被毛粗糙。

浅黄色貂：毛被色泽由极浅的黄褐色至接近咖啡色，色泽艳丽。

3. 白色系

黑眼白貂：又称海特龙貂，毛色纯白，眼黑色，被毛短齐。

白化貂：毛呈白色，但鼻、尾、四肢部呈锈黄色，毛被的纯白程度不如黑眼白貂。

4. 黑色系

漆黑色貂：又称煤黑色貂、漆炭色貂、呈深黑色，光泽好，我国饲养普遍。

银紫色貂：又称蓝霜貂，呈灰色和蓝色，腹部有大白斑，四肢和尾尖白色，白针散布全身，绒毛由灰至白。

黑十字貂：有两种表现型，一种毛呈白色，头顶和尾根有黑色毛斑，肩、背部和体侧有散在的黑针毛。一种肩、背部有明显的黑十字图形，其余部位毛色灰白，少有黑针。

除以上四种色系外，还有组合色型，如蓝宝石、银蓝亚麻色、珍珠色、芬兰黄玉色、紫罗兰色、粉红色、玫瑰色等。

水貂皮的季节性特点：

水貂毛被全身针毛直立，齐整灵活，富有光泽，绒毛细足而清晰，尾毛蓬松，成熟之季吹开毛绒可见皮肤呈粉红色。

（三）紫貂（*Martes zibellina*）

紫貂属食肉目，鼬科，是特产于亚洲北部的一种貂属动物。广泛分布于乌拉尔山、蒙古、西伯利亚、中国东北以及日本北海道等地。体长40～50cm，嘴尖，耳呈三角形，四肢短，尾较短。野生紫貂全身为棕黑色或褐色，家养紫貂有黑、白、蓝、黄等颜色。紫貂白天活动，以小鸟、鼠类、蛙和鱼类等小型动物和野果为食。紫貂以其皮毛而闻名。见图2-3。

毛皮特征：

图 2 - 3 紫貂

紫貂皮俗称东北三宝之一。紫貂皮毛绒细软、灵活、底绒丰足，色泽光润，在黑褐色针毛中衬托着稀疏而均匀的白色针毛，俗称"黑里藏针"，板细韧，以冬皮质量最好。冬皮：针毛高密、灵活，底绒丰厚，色泽光润，油亮，皮板白，有油性。秋皮：针毛平齐，底绒略短疏，色泽光润，皮板较厚，臀部略显青灰色，早秋皮针毛稀短，光泽较差，皮板厚硬，呈青色。春皮：早春皮毛绒虽大，但略显空疏，针毛稍显勾曲，底绒略有黏结现象，皮板发黄，色泽发暗；晚春皮，针毛稀疏而弯曲，底绒黏结发乱，干燥无光，已有脱落现象，皮板薄，呈红色。夏皮毛绒脱落，针毛稀疏、凌乱，无制裘价值。

紫貂皮经加工鞣制后，清朝多是做貂皮大褂，或袖头、领、帽，貂头、腿做成"貂龙眼""貂爪仁"大褂，为达官贵人馈送礼品。现代多是加工整张皮子出口，或做毛朝外妇女大衣、围脖、披肩和装饰品等，轻暖美观，颇受欢迎。

（四）旱獭（Marmota baibacina）

旱獭又名草地獭，土拨鼠，属哺乳纲，松鼠科，旱獭属。甘肃又叫哈拉、四川称雪猪、西藏称曲娃（藏语）、新疆叫"塔尔巴干"。是松鼠科中体型最大的一种，是陆生和穴居的草食性、冬眠性的野生动物。我国有四种旱獭：长尾旱獭、蒙古旱獭、阿尔泰旱獭、喜玛拉雅旱獭。旱獭体型肥大，体长 48～63cm，体重 8kg 左右，尾长 14～15cm，头短阔，似兔形，颈部粗短，耳壳短小，四肢粗壮。头顶部自体背棕黄色，广泛栖息于高原草甸草原，山麓平原和山地阳坡下缘为其高密度集聚区，过家族生活，个体接触密切。见图 2 - 4。

毛皮特征：

毛被呈深褐色或棕褐色，由针毛、绒毛和少量两型毛组成。针毛粗长，有三段颜色，根部色深，中段色浅，毛尖呈黑色，髓质层发达，鳞片层厚而紧密。绒毛细柔，弯曲度大。

多加工成毛朝里没脊线对折的大合板。

（五）水獭（Lutralutra）

水獭是半水栖兽类，喜欢栖息在河湾、湖泊、沼泽等淡水区。水獭的洞穴较浅，常位于水岸石缝底下或水边灌木丛中。水獭流线型的身体长约 60～80cm，体重可达 5kg。头部宽而略扁，吻短，下颌中央有数根短而硬的须。眼略突出，耳圆而短小，鼻孔、耳道有防水灌入的瓣膜。尾细长，由基部至末端逐渐变细。四肢短，趾间具蹼。体毛较长而细密，呈棕黑色或咖啡色，具丝绢光泽；底绒稠密，手感细腻，不易被水浸透。体背灰褐，胸腹

图 2-4 旱獭

颜色灰褐，喉部、颈下灰白色，毛色还呈季节性变化，夏季稍带红棕色。见图 2-5。

图 2-5 水獭

毛皮特征：

水獭、江獭是半水栖毛皮动物，经常在水中觅食，所以它的毛绒脱换不太明显，但季节变化对品质影响还是有显著差异。

1. 冬皮

针毛稠密、平齐、底绒丰厚，紧密、灵活、色泽光润，皮板洁白而有韧性。

2. 秋皮

针毛粗短、尚欠平齐，底绒显空，含有硬针，光泽较差，皮板厚，臀部青灰色，品质较差。

3. 春皮

针毛长略有弯曲，绒毛较乱，周身毛色暗淡，枯燥，皮板厚硬发红色。

4. 夏皮

毛疏绒薄，色泽暗淡，皮板呈灰黑色。

品质检验：首先观察针毛紧密平齐、底绒丰厚、灵活程度，或毛色深褐、浅褐、弹性、光泽、张幅大小、有无塌脊、塌脖、脱针掉毛等现象；皮板是洁白、细韧，或是有其他异色，这与它的生产季节和品质情况有密切关系，再看皮板是否有油烧、钩伤、刀伤、破洞等伤残，根据使用率，计算经济价值。

（六）猹子（*Melogale moschata*）

猹子又名白猹、鼬獾、山獾白鼻狸、白额狸等，属食肉目，鼬科。头大，猪鼻，头顶同面部均有明显大白点。背脊深棕色至灰棕色。脚短，有利爪，可以用嚓翻松泥土。肛门有腺体，受到威胁时就会释放臭气。平均身长 40cm，平均尾长 20cm。猹子集皮、毛、肉、药用于一身。见图 2 - 6。

图 2 - 6　猹子

毛皮特征：

猹子毛皮较好，针毛较粗，长短适中，毛干基部为白色，中间为灰棕色，有的带白毛尖；绒毛较细而柔软，密度大，呈玉白色，形成青针白绒，素雅美观。皮板致密，可制华丽精美大衣、皮帽和衣领，畅销国内外；其针毛和尾毛可制高级胡刷和油画笔。

（七）艾虎（*Mustela eversmanni*）

艾虎是鼬科鼬属的小型毛皮动物，体型似黄鼬又称艾鼬，身长 30 ~ 45cm，尾长 11 ~ 20cm。吻部钝，颈稍粗，足短。前肢间毛短，背中部的毛最长，略为拱曲形。尾毛稍蓬松，体侧淡棕色。栖息于海拔 3 200m 以下的开阔山地、森林、草原、灌丛及村庄附近。喜近木处生活，洞居，黄昏和夜间活动。

艾虎皮主要产于东北、西北、华北、四川等地区，其中，以东北地区产量较多，质量也好，背毛短平、色泽鲜明。艾虎每年脱换毛两次，毛绒成熟晚，衰退也较晚。

毛皮特征：

1. 冬皮

皮身毛绒丰厚，尾部毛绒充足，色泽光润，皮板周身白色，只有前腿内侧略带有青色痕迹，质量最好。

2. 初冬皮

皮身毛绒较充足，尾部毛绒还不够充分，皮板嗉部和后腿根部还有部分青色或黑色痕迹。

3. 晚秋皮

皮笛毛绒粗短较稀，有硬针，光泽发暗，尾部毛绒短稀，皮板臀部显黑暗，皮板嗉部和后腿根部还有大部分黑色痕迹。

4. 早春皮

皮身毛绒稍软，光泽减退，尾部毛绒较松散，皮板略厚，颈部发硬。

5. 春皮

皮身毛长显弯曲，绒毛发黏，尾部毛长而绒稀，皮板厚硬。

艾虎皮适宜制作毛朝外的女式大衣、领、帽等或做原皮带尾巴的大衣为装饰用。

（八）灰鼠 (*Sciurus vulgaris*)

灰鼠也即松鼠，属哺乳纲啮齿目的一个科，其下包括松鼠亚科和非洲地松鼠亚科，特征是长着毛茸茸的长尾巴。与其他亲缘关系接近的动物又被合称为松鼠形亚目。松鼠一般体型细小，食物主要是种子和果仁，部分物种会以昆虫和蔬菜为食，其中，一些热带物种更会因捕食昆虫而迁徙。松鼠原产地是我国的东北、西北及欧洲，除了大洋洲、南极洲外，全球的其他地区都有分布。见图 2-7。

图 2-7 灰鼠

毛皮特征：

灰鼠皮具有毛细密丰足、平顺灵活、色泽光润的特点，毛被深灰色或灰褐色，毛干上有黑灰相间的色节，绒毛浅灰色，腹部及前肢内侧为白色，尾毛长而蓬松，呈黑褐色。皮板坚韧、张幅小，保暖性强，属珍贵细皮。适宜制作翻毛服装、围巾、领子、帽子等，尾毛则适合作高级画笔，是我国重要的出口商品之一。

（九）麝鼠 (*Ondatra zibethica*)

麝鼠属啮齿目，仓鼠科，麝鼠属。别名水老鼠，俗称青根貂、水耗子，是一种小型珍贵毛皮兽。体型像大老鼠，身长 35～40cm，尾长 23～25cm，比田鼠体型大，体重 1～1.5kg。麝鼠周身绒毛致密，背部是棕黑色或栗黄色，腹面棕灰色。尾长，呈棕黑色，稍有些侧扁，上面有鳞质的片皮，有稀疏的棕黑杂毛。见图 2-8。

毛皮特征：

麝鼠毛皮针毛油润发光，绒毛丰厚柔软，皮板结实，可与海豹、貂皮媲美。由于其底绒

图 2 - 8　麝鼠

呈青灰色，人们也叫它"青根貂皮"。其制成的大衣、衣领、帽子、手套等，既美观又保暖耐用。把麝鼠皮染成浅棕色，看起来似水貂皮，亦可将其拔针、剪短，与其他皮拼配使用。

二、大毛细皮类动物及毛皮特征

（一）银狐（*Vulpes agentatis*）

银狐又称玄狐，因其部分针毛呈白色，而另一些针毛毛根与毛尖呈黑色，中部呈银白色而得名。银狐嘴尖、耳长、眼圆，四肢细长，尾巴蓬松且较长，是常见饲养的狐狸品种。原产于北美洲北部的西伯利亚东部地区，它是赤狐在野生条件下的毛色突变种。因此，它的体型外貌与赤狐相同，但毛色有极大的差异。

毛皮特征：

银狐全身被毛黑色，在背部和两侧部分有密布的白色针毛，银色的毛被是由针毛的颜色决定的，针毛的颜色其基部为黑灰色，接近毛尖部的一段为白色，而毛尖部为黑色，因为白色毛段衬托在黑色毛段之间，从而形成华美的银雾状。针毛的白色所处的位置（深浅）和比例，决定了毛被银色强度。绒毛深灰黑色，尾端呈银白色。皮板轻薄，御寒性强，是传统的高级裘皮。可做大衣、皮帽、衣领和围巾等。

（二）蓝狐（*Slopex lagopus*）

蓝狐又名北极狐，主要分布在欧亚大陆和北美洲北部的高纬度地区，北冰洋与西伯利亚南部均有分布。蓝狐吻部较短，四肢短小，体圆而粗，耳宽而圆，被毛丰厚。蓝狐体长60～70cm，尾长25～30cm，有两种基本毛色，一种冬季呈白色，其他季节毛色加深；另一种常呈浅蓝色，但毛色变异较大，从浅黄至深褐。见图2－9。

毛皮特征：

蓝狐毛被呈浅蓝色，毛绒丰厚，跖部有密毛。脊背部有明显的黑毛梢，背、腹部毛色基本一致。芬兰产蓝狐皮面积大，质量好。

（三）红狐（*Vulpes* spp.）

红狐又名赤狐、狐、草狐，是最常见、体型最大的狐狸，体长约80cm，体重4.0～6.5kg；体型细长，吻尖，耳大，尾长略超过体长之半；毛色因季节和地区不同而有较大变异，一般背面棕灰或棕红色，四肢外侧黑色条纹延伸至足面，腹部白色或黄白色，尾尖白色，耳背面黑色或黑褐色。见图2－10。

图 2 – 9　蓝狐

图 2 – 10　红狐

毛皮特征：

红狐毛色呈棕红色或棕灰色，毛绒丰厚，皮板张幅长。

红狐毛皮用于制裘，可做皮帽、衣领和装饰用。

（四）东沙狐（*Vulpes corsac*）

东沙狐又名沙狐，犬科，狐属，体型较红狐小，体长 50～60cm，体重 1.8kg 左右，是中国狐属中最小的，毛色从浅沙褐色到暗棕色，头上颊部较暗，耳壳背面和四肢外侧呈灰棕色，腹下和四肢内侧为白色，尾基部半段毛色与背部相似，末端半段呈灰黑色。夏季毛色近似于淡红色。见图 2 – 11。

毛皮特征：

背毛多带白毛梢，色泽光润，皮板张幅小。

（五）西沙狐（*Vulpes ferrilata*）

西沙狐又名藏狐，分布在青藏高原地带。中型狐类，体长 50～65cm，体重约 4.0kg，尾长 15～30cm。背部呈棕黄色，两侧及尾巴呈银灰或灰蓝色。栖息在高原地带，喜独居，

图2-11 东沙狐

通常在旱獭的洞穴里居住。以野兔、野鼠、鸟类和水果为食。见图2-12。

图2-12 西沙狐

毛皮特征：

西沙狐毛皮针毛略粗，脊背部为土黄色，毛尖呈青灰色，腹部中线为白色，张幅较小，底绒浅灰色或近白色。

（六）十字狐（*Vulpes fulva*）

十字狐是彩狐的一个大分支。赤狐在人工饲养过程中，经过杂交不断出现新的毛色突变种，即称彩狐。其背部中间的位置，有明显的"十"字形纹图。见图2-13。

毛皮特征：

其毛皮显著特征是在背部中间位置有明显的"十"字形纹图，其他特征似沙狐皮。

（七）雪狐（*Slopex lagopus*）

雪狐是赤狐隐性基因突变形成的白化个体，因为基因突变的可能性很小，只有万分之一甚至亿分之一，因此雪狐非常稀有。雪狐在夏天时呈棕色或灰色，冬季来临时变成全白，主要分布于亚欧大陆北部和北美大陆北部的苔原地带。见图2-14。

毛皮特征：

雪狐毛被似蓝狐毛被，毛长绒厚，针毛灵活，光泽好，可染成多种颜色。

图 2 – 13　十字狐

图 2 – 14　雪狐

（八）貉（*Nyctereutes procyonoides*）

貉属食肉目，犬科，貉属。为常见毛皮动物，中等体型，外形似狐，但较肥胖，体长 50~65cm，尾长约 25cm，体重 4.0~6.0kg；吻尖，耳短且圆，面颊生有长毛；四肢和尾较短，尾毛长而蓬松；体背和体侧毛均为浅黄褐色或棕黄色，背毛尖端黑色，吻部棕灰色，两颊和眼周的毛呈黑褐色，从正面看为"八"字形黑褐色斑纹，腹毛浅棕色，四肢浅黑色，尾末端近黑色。貉的毛色因季节和地区不同而有差异，是一种较珍贵的毛皮兽。在我国有南貉、北貉之分。这是人们习惯上以长江为界，将长江以南产的貉称南貉，长江以北的貉称北貉。见图 2 – 15。

毛皮特征：

貉毛皮最突出特点是针毛粗长，弹性好，绒厚。板质轻韧，拔去针毛的绒皮为上好的

图 2-15 貉皮

制裘原料。针毛极好的弹性,适于制画笔。也有利用针毛长的特性,采用挑染、撮针等制造出各种不同的花纹,用于装饰条带等。

北貉体型较大,毛绒丰厚,毛皮质量明显优于南貉。南貉体型较小,针毛短,绒毛空疏。

在国外把貉子皮也叫浣熊皮,但中国貉子皮的针毛较浣熊皮针毛长得多。

(九)狸 (*Felis bengalensis*)

狸也叫狸猫、钱猫、豹猫、山猫、野猫。体大如猫,圆头大尾,全身浅棕色,有很多褐色斑点,从头到肩部有四条棕褐色纵纹,两眼内缘向上各有一条白纹。以鼠、鸟等为食,常盗食家禽。见图 2-16。

图 2-16 狸

毛皮特征:

狸子皮依产区和品质特征又分"南"、"北"两路。

北狸子皮毛被呈灰棕色或黄棕色,斑点较隐暗模糊,尾粗短,略带色环。毛长绒厚,保暖性好，但色泽暗淡，斑点不清，多用来加工成皮大衣筒。

南狸子皮产于华南、华中、华东各地，针毛中短而平顺，密度较低，被毛多呈浅黄色，棕黑色花纹，斑点明显、清晰，颜色鲜艳，色泽光润。尾毛浅黄色，具有棕黑色半环。毛短而平，保暖性较差，多加工毛朝外的皮衣、皮领、装饰皮等。

（十）漠猫（*Felis bieti*）

漠猫又名草猫、草猞猁、荒猫，系猫科，猫属。体型比家猫大，体长 60 ~ 75cm，尾长 25 ~ 35cm，体重 3 ~ 5kg。全身毛色较为一致，没有明显的斑纹，背部毛色呈棕灰色或沙黄色，背部的中线处为深棕色，腹部呈淡沙黄色。四肢毛色较背部浅，后肢和臀部有 2 ~ 4 条模糊的横纹。尾巴的末端毛色为棕黑色，有 3 ~ 4 条不显著的黑色半环。眼睛周围有黄白色的纹，耳朵背面为粉红棕色，耳尖为褐色，有一簇稀疏的短毛，但没有猞猁那样长而显著。见图 2 – 17。

图 2 – 17　漠猫

毛皮特征：

毛长而密，绒毛丰厚，冬季毛色较浅，呈淡黄褐色，夏天则变深。

（十一）玛瑙（兔狲）（*Felis manul*）

玛瑙又名兔狲，是食肉目猫科兔狲属的一种，体型与家猫相似，体重 2.0 ~ 3.0kg，身体粗壮而短，显得格外肥胖，耳短而宽，呈钝圆形，两耳距离较远。尾毛蓬松，具有 6 ~ 8 条黑细纹，尾端为黑色。见图 2 – 18。

图 2 – 18　玛瑙兔狲

毛皮特征：

玛瑙皮毛长而密，背毛多呈灰棕色或银灰色，背中线色深，有棕黑色毛，并形成数条黑色细横纹，腹部浅黄色。

三、野生杂皮类动物及毛皮特征

（一）袋鼠（Macropus）

袋鼠属于有袋目动物，是哺乳动物中较原始的一个类群，目前世界上总共才有150来种，分布于澳洲和南北美洲的草原上和丛林中。袋鼠原产于澳大利亚大陆和巴布亚新几内亚的部分地区。其中，有些种类为澳大利亚所独有。除了动物园和野生动物园里的袋鼠，剩余的所有澳大利亚袋鼠都在野地里生活。不同种类的袋鼠生存于各种不同的自然环境中，从凉性气候的雨林和沙漠平原到热带地区。袋鼠是食草动物，食多种植物，有的还吃蕈类。见图2-19。

图2-19 袋鼠

毛皮特征：

袋鼠皮毛绒很短，光泽一般，常被剥成大片皮，制裘后做装饰用。

（二）野兔（*Lepus sinensis*）

野兔按照毛皮的品质特征可分为草兔和山兔两大类，均属于兔形目，兔科，兔属。从东北兔、蒙古兔、高原兔和中亚兔、华北兔身上剥下的野生兔皮均称为草兔皮。从华南兔身上剥下的野生兔皮称为山兔皮。见图2-20。

毛皮特征：

草兔皮针毛多带黄毛尖，底绒呈黄灰色，毛绒脆而易断；皮板薄脆，无油性，价值低。山兔皮针毛较粗，多带黑毛尖，绒毛呈灰青色。

（三）河狸（*Castor* spp.）

河狸是中国啮齿动物中最大的一种，半水栖生活，体型肥壮，头短而钝，眼小、耳小及颈短，门齿锋利。前肢短宽。无前蹼，后肢粗大，趾间具全蹼，并有搔痒趾。第4趾十分特殊，有双爪甲，一为爪形，一为甲形。尾大而宽，上下扁平覆盖角质鳞片。见图2-21。

图 2 – 20　野兔

图 2 – 21　河狸

毛皮特征：

躯体背部针毛亮而粗，绒毛厚而柔软，背体呈锈褐色。针毛黄棕色，腹部基本为绒毛覆盖。头、腹部毛色较背部浅，呈灰棕色。河狸的皮毛十分名贵，从水中一出水面其皮毛滴水不沾，具有很高的经济价值。

（四）狗獾（Meles meles）

狗獾又名獾、獾子，体重约 10～12kg，体长 45～55cm。头扁、颈短粗、鼻尖、耳短、尾巴较短，四肢短而粗壮，爪因有力而适于掘土，经常在洞里生活。背毛硬而密，基部呈白色，近末端的一段为黑褐色，毛尖白色，体侧部白色毛较多。头部有白色纵毛三条；面颊两侧各一条，中央一条由鼻尖到头顶。下颌、喉部和腹部以及四肢都为棕黑色。狗獾多栖息在丛山密林、坟墓荒山、溪流湖泊，山坡丘陵的灌木丛中，是一种皮、毛、肉、药兼具的野生动物。

毛皮特征：

针毛粗硬，弹性好。狗獾皮是制作高级裘衣服装的原料，毛可制作高级刷胡子刷和油画笔。

（五）狼（*Canis lupus*）

狼属食肉目，犬科，犬亚科，犬属，外形似狼狗，但吻略尖长，口稍宽阔，耳竖立不曲。尾呈挺直状下垂；毛色为棕灰色。栖息范围广，适应性很强，凡山地、林区、草原、荒漠、半沙漠以至冻原山区都有狼群生存。中国除了台湾、海南，其余各省区均有分布，狼毛可制毫。见图2－22。

图2－22　狼

毛皮特征：

①冬皮。一般具备毛高尾大，毛绒整齐灵活，色泽光润，板质良好，为黄狼皮最好的产皮季节，也称为黄狼正季节皮。②春皮。立春至立夏期间所产的皮谓之"春皮"。由于黄狼皮生产季节性很强，在立春前后时间它的毛绒即发生变化。初春皮毛绒光泽减退，毛尖稍弯曲，底绒也不灵活。晚春皮毛峰枯燥，毛尖弯曲凌乱，底绒发涩，这种现象多由颈部开始塌陷（俗称塌脖），皮板厚硬发红色，尾毛弯曲，质量降低。③夏皮。春末秋前所产之皮谓之"夏皮"，其特征是毛短粗稀，色多发黑，无使用价值。④秋皮。立秋后到立冬前所产之皮谓之"秋皮"，随气候的变凉至寒冷，开始进行秋季换毛，先长底绒，后长盖毛。早秋皮毛绒短平有光泽，毛色较深，尾毛短未散开，似锥子形状，俗称"小平毛"。晚秋皮一般毛绒长齐，但未达到成熟期，俗称"大平毛"，尾毛平伏，尚不够蓬松，有的周身被毛表现整齐，但颈部毛绒尚未脱净，俗称"硬针"，这类皮板中脊部，一般是发黑或发青，按制裘使用价值秋皮质量低于冬皮，但好于春皮。

四、部分传统制裘类家畜及毛皮特征

（一）狗（*Canis familiaris*）

狗，亦称"犬"，属哺乳动物犬科动物狼的一个亚种。是由早期人类从灰狼驯化而来，驯养时间在4万年前至1.5万年前，是人类最早驯化的动物，常被称为"人类最忠实的朋友"，其汉语名字从犬从句，"句"为"弯曲"、"顺从"之义，主要用于描述犬的向上卷曲的尾巴的形象，同时也表达出了犬对于人类的屈从。狗的毛皮从纯黑色、纯白色到各种颜色都有，也有混杂颜色的。不同的狗有不同的毛皮质地、颜色和花纹。见图2－23。

毛皮特征：

图2-23　狗

狗皮品质与产地及产皮季节密切相关，产于寒冷地区之皮，一般毛大绒厚，色泽好，张幅较大，板质厚壮，油性大，保暖性强，品质好；产于温热地区之皮一般绒毛短平，光泽差，张幅偏小，其他地区之皮质量介于前两者之间。冬季皮最好，春夏季皮质量最次，基本无制裘价值。毛色以正青色、黄色、白色为好，黑色次之，花色和杂色最次。

（二）藏獒（*Tibetan mastiff*）

獒又名藏狗、羌狗、蕃狗，原产于中国的青藏高原，是一种高大、凶猛、短毛、垂耳的家犬。身长约130cm，耐寒冷，能在冰雪中安然入睡。性格刚毅，力大凶猛，野性尚存，使人望而生畏。獒护领地，护食物，善攻击，对陌生人有强烈的敌意，但对主人极为亲热。是看家护院、牧马放羊的得力助手。

毛皮特征：

被毛长而厚重，按颈毛、尾毛、背毛、体毛、腿毛、脸毛的顺序递减；被毛呈双层，底层被毛细密柔软，外层被毛粗长。

（三）家兔（*Leporidae*）

家兔是由野生穴兔经过驯化饲养而成的，属兔形目、兔科。家兔以野草、野菜、嫩枝、树叶等为食。喜独居，白天活动少，处于假眠或休息状态，夜间活动大，吃食多。有啃木、扒土的习性。家兔毛以轻、细、软、保暖性强、价格便宜的特点而受人们喜爱；由细软的绒毛和粗毛组成；平均直径11~14μm。兔毛与羊毛的区别在于纤维细长，表面很光滑，容易辨认。由于兔毛强度低而不易单独纺纱。见图2-24。

毛皮特征：

家兔每年脱换毛两次，所以，家兔皮的生产季节性很强。冬皮毛大绒厚，针毛平顺，色泽光润，皮板洁白，有油性，品质好。秋皮毛绒较短平，色泽发暗，皮板呈青灰色，质量次于冬皮。春皮毛绒松软，色泽减退。夏皮毛绒短薄，不平顺，质量最次。

（四）獭兔（Rex rabbit）

獭兔是一种典型的皮用型兔，因其毛皮酷似珍贵毛皮兽水獭皮而得名为獭兔。獭兔分

图 2 – 24　家兔

布很广，几乎世界各地都有，獭兔体型匀称，颊下有肉髯，耳长且直立，须眉细而卷曲，毛绒细密、丰厚、短而平整，外观光洁夺目，手摸被毛有滑爽的丝绸感。獭兔的皮张是最好的工业皮料，价值很高。见图 2 – 25。

图 2 – 25　獭兔

毛皮特征：

獭兔毛皮最显著的特点是毛绒平齐、密度大、直立无毛向，毛质坚挺有力，触摸有缎子般的滑糯感。獭兔毛皮最早只有海狸色，后经人工培育，迄今已有 30 多种色型。

海狸色（棕色）：浓而深的核桃木或红木的棕色。全身一色，其中间色应是浓橙或赤褐色，底毛是石砖色，毛尖稍带黑色。

黑色：正黑色有光泽，全身如一，直到毛根，乌黑发亮。带有棕色或锈色或白毛均不好。

蓝色：正中间蓝色，全身如一，愈到毛根愈深，带霜色，锈色及杂毛均不好。

加利福尼亚色：全身除 8 处（鼻、耳、四足、尾）外应为纯白色，毛色发浅或下颌部位色深及有用部位有杂毛的均不好。

青紫蓝色：与青紫蓝兔相似，底毛发青灰或蓝色，毛的上部为一狭带的黑条，毛尖呈浅黑色,酷似毛丝鼠被毛表面色泽。背部毛向两侧伸展,由黑逐渐变浅。

巧克力色:浓厚的巧克力褐色,底毛为灰鸽子色,全身一致。

丁香色(淡紫色):淡紫色,有光泽,全身一致。凡带蓝或褐色不好。

乳白色:上部是浓厚的中间蓝色,中间为金色或淡褐色,底毛是清晰的石砖蓝色,腹毛是白色或浅棕色。

红色:浓密的带红色的浅黄,全身应一致。

碎花色:背部有花,花斑能对称平衡者最好,带色部位占全身面积至少10%,但不得超过50%。

黑貂色:身体两侧及鞍部是均匀的深厚的深黑棕色向边缘逐渐变为浓厚的核桃木色。

海豹色:腰部浓厚的深褐色或几乎黑色,体侧和腹部稍浅。整个毛干的色泽一致,直到毛根。

纯白色:全身一律纯净白色。

(五)家猫(*Felis catus*)

家猫的品种(非亚种)很多,很大一部分家猫品种的诞生是人类好事者的杰作。家猫体重3~4.5kg,耳朵大小中等,耳尖呈圆形,耳内有饰毛。不同品种的家猫毛长短不一,毛色多样。见图2-26。

图2-26 家猫

毛皮特征:

绒毛平顺,毛细绒足,针毛齐全,色泽光润,兼有美丽斑纹。毛被由粗针毛、细针毛和绒毛组成。除个别粗针毛独占一个毛囊外,其他都是一根针毛与若干绒毛或绒毛数根至十余根形成一个毛组长在复合毛囊中。复合毛囊呈上小下大形,毛根呈勾形,使猫皮不易掉毛。

猫皮适宜抽皮衣、皮帽、领子、手套,也可制成剪绒褥子或不剪绒的褥子。

(六)绵羊(*Ovis aries*)

绵羊按生产性能分可分为细毛、半细毛羊、粗毛羊和羔皮羊等4种。

绵羊皮毛密度大,皮板厚,韧性好,经加工修剪,可制成沙发座垫、汽车座垫、地垫及各种毛绒装饰品。

五、胎毛皮动物及毛皮特征

（一）滩羊

滩羊是蒙古羊的后裔，后经游牧迁徙到宁夏黄河两岸草滩上。宁夏草原干旱少雨而牧草丰足，水质微碱，矿化度高正是滩羊繁育的有利条件。现主要分布于宁夏银川、盐池、中卫，内蒙古贺兰山，甘肃靖远一带。

毛皮特征：

滩羊羔无论在胎儿期还是出生后，毛股的生长速度都很快，为其他绵羊品种所不及，羔羊出生时肩部毛股长平均为 5.4cm。

滩羊皮也称滩二毛皮，是滩羊羔生下 45d 左右宰杀取皮。其毛被特点是毛股紧实，长而柔软，底绒少，绒根清晰，不粘连，具有波浪形花弯，俗称"九道弯"。根据二毛皮毛股的粗细、毛股上的弯曲数、弯曲形状、弧度大小以及绒毛含量的多少，可将二毛皮花穗类型分为串字花、小串字花、软大花、笔筒花、头顶一枝花、核桃花等。其中串字花和软大花为优等花型。

串字花一般毛股粗细为 0.4~0.6cm，毛股上弯曲数为 7~9 个，弯曲呈半圆形，弧度均匀，呈波浪形整齐地排列在同一水平面上，形似"串"字，故称串字花。串字花毛股紧实清晰，根部柔软，能向四方弯倒，花穗顶端毛纤维紧扣在一起，不易松散和毡结。

软大花毛股较串字花粗大而较松散，毛股粗细在 0.6cm 以上，弯曲的弧度也较大，毛股上弯曲数比串字花的少，一般每个毛股有 4~6 个，花穗顶端毛纤维紧扣在一起，扭成浅弯曲。这种花穗毛根绒毛较多，保暖性好，但不如串字花美观。

其他的小串字花、软大花、笔筒花、头顶一枝花、核桃花等花型，多不规则，弯曲数少，弧度不均匀，毛股粗短而松散，毛股下部绒毛含量多，上部毛纤维松散，因而易毡结，欠美观，故品质不及前两种。

滩二毛皮多为纯白色，也有少数为纯黑色。滩二毛皮主要加工成男女冬装、猎装，穿着轻便、暖和、舒适、美观大方，雍容华贵，是中国传统出口商品。用滩二毛皮生产的毯子以纤维匀长，绒毛滑松，富于光泽和弹性而驰名中外。

滩羔皮是滩羊羔生下 30d 左右宰杀剥取的皮，毛绒细柔，花弯曲数一般 5~7 个，外观与滩二毛皮相似，但毛较短，较软，皮板较轻薄。

（二）湖羊

主产于浙江嘉兴、宁波及太湖流域，是我国独有的名贵羔皮羊品种之一。产后 1~2 日宰剥的小湖羊皮花纹美观，著称于世。

毛皮特征：

毛色洁白，有丝光；毛细短而无绒，毛根发硬，富有弹力；花纹明显而奇特，如流水行云，波浪起伏，甚为悦目；毛纤维紧贴皮板，扑而不散；板质轻薄而柔韧，有油性，张幅较大，形状一致，呈古钟形。是世界上稀有的一种白色羔皮，鞣制后可染成各种颜色，可制作各式衣帽、领子、围巾、披肩和毛革两用产品。

据李志农等研究，将湖羊羔皮花纹分为波浪花、片花、半环花、弯曲毛、平毛（直毛）和小环花等 6 种类型。波浪花是湖羊羔皮花纹中最美丽且具有代表特征的一种花纹，是由许多紧贴于皮板、排列整齐的 S 形弯曲的毛纤维组成一个呈自然波浪状的花纹，再由许多波浪状花纹构成美丽图案。组成波浪花的毛纤维多为两个弯曲，少量为一个和三个弯曲的。

片花是以毛纤维生长方向不一致，花形不规则，在羔皮上呈不规则排列为其特点。多数片花在羔皮上的排列是纵向的，其走向是自两肩部向荐部。毛纤维具有 1～2 个弯曲，弯曲度有的明显，有的不明显。片花依其形状又可分为平毛形片花、鬣形片花和规则片花三种。

小湖羊皮的品质与毛的细度、长度、花纹面积密切相关。品质好的皮粗毛多、细毛少，二者比例约为 6：4，粗毛与细毛细度差值小，毛短（≤2cm），紧贴皮肤，花纹小，抖不松散，整张皮花纹面积大。当细毛增多时，粗毛与细毛细度差值增大，毛长，花纹大、不清晰，品质下降。

（三）济宁青山羊

中国羔皮用山羊品种。主产于山东菏泽、济宁两地区。河南、江苏、安徽也有少量分布。因集散地在济宁，故得名。见图 2－27。

图 2－27　济宁青山羊

毛皮特征：

济宁青猾子皮是青山羊羔出生后 7 日内宰杀剥取的皮。毛细密，长度、密度适中，有光泽，大多数花纹明显，花口紧实，呈波浪状。颜色正青色占多数，部分带有黑脊，张幅大，板质肥壮。

青猾皮上有黑白两种颜色的粗毛和少量的白色绒毛，粗毛密度约 800～900 根/cm²，毛长 1.4cm 左右，黑色毛与白色毛相互交错混杂形成青猾皮的自然色泽，黑白毛比例不同，毛被颜色可呈正青色、深青色、铁青色、浅青色和粉青色。

青猾皮一年四季均产，以秋季皮质量最好（中秋节至初冬），冬季皮稍次，春季皮最次，夏季皮稍好。适于裁制翻毛皮衣和皮帽，在我国已有 80 余年出口历史，在国际上享有盛誉。

（四）黑山羊

分布于内蒙古、陕西、宁夏、甘肃、山西和河北等地的黑山羊，其产的皮称为黑猾子皮。

毛皮特征：

黑猾子皮毛较粗，花纹较紧，光泽较好，多片花，皮板厚实，张幅较大。

（五）中卫山羊

产于宁夏回族自治区西部和西南部、甘肃省中部，其中宁夏的中卫市和甘肃的景泰、靖远县为中心产区，数量多，质量好，其中又以中卫和景泰两县交界处的香山一带质量最好。见图2－28。

图2－28　中卫山羊

毛皮特征：

中卫山羊所产35日龄羔皮称中卫沙毛皮，其花穗、保暖、轻便、结实、美观、穿用不结毡等特点均具良好裘皮特征，可与滩二毛皮相媲美。被毛毛股长7～8cm，毛股多弯曲，而不同的弯曲形状构成了不同花穗。一种是正常波形，其弧度均匀，形状整齐，毛梢闭合，毛股紧实，弯曲排列在一个平面上，构成优良花穗；另一种是不均匀波形，其弧度不均匀，形状不规则，弯曲不在一个平面上，构成不规则的花穗。毛纤维类型由绒毛、两型毛和有髓毛组成。沙毛皮颜色以白色最多，黑色较少。皮板细韧，张幅较大，其制品美观轻便，保暖耐穿，不易擀毡。

（六）卡拉库尔羊（三北羊）

原产苏联中亚细亚的荒漠和半荒漠草原地区，主要分布于乌兹别克、土库曼、哈萨克和塔吉克4个加盟共和国，以乌兹别克布哈拉的一个羔皮贸易中心村镇卡拉库尔得名。分布于世界各地。自1951年引进中国后，在新疆、内蒙古、甘肃、宁夏等地与当地粗毛羊杂交，育成中国的卡拉库尔羊，能适应国内荒漠和半荒漠地区饲养。被毛有黑、灰、棕、白、灰白和金、银等色，除白色者外，其他均随年龄增长而变为不同程度的灰白色；但头、四肢和尾尖仍保持原色不变。被毛呈金、银色的品种其毛纤维根部为黑或棕色，毛尖则呈光亮的金色或银色。

毛皮特征：

羔羊出生后1～2日内屠宰取皮。羔皮具有美丽的毛卷，按毛卷的品质、紧密度、光泽、图形和颜色等分成不同等级。如按紧密度可分为小花、中花和大花3类，以中花质量最高；图形有水波、冰花等。

羔皮价格与色泽有关，黑色最低，金、银色最高。苏联还培育出琥珀、铜、白金、赤金、火焰等色，哈萨克生产的彩色羔皮有100多种。中国生产的羔皮具有独特而美丽的轴形和卧蚕卷曲，花案美观漂亮。

(七) 珍珠羔

从细毛羊、半细毛羊和杂交改良绵羊的羊羔身上剥下来的皮。

毛皮特征:

被毛较短,常卷曲成似珍珠疙瘩的螺旋形小毛卷(称"珍珠花")。一般细毛羊、半细毛羊的羔皮及改良4代以上的杂交绵羊的羔皮上遍布颗粒状的"珍珠花","珍珠点"清晰,紧贴羊皮。见图2-29。

图 2-29　珍珠羔皮

第三章　动物毛皮分类及影响毛皮质量的因素

第一节　动物毛皮分类

不同种类毛皮动物的毛皮在毛型、色泽、张幅、产地以及加工方法等方面都有很大差异。根据不同情况，有以下几种分类方法，①按来源不同：可分为野生动物皮和家养动物皮；②按产区不同：可分为东北路、西北路、西南路、华北路和江南路等；③按取皮季节不同：可分为冬皮、春皮、秋皮和夏皮，冬皮又叫季节皮，其余均叫非季节皮；④因加工方法不同：可分为圆筒皮、片状皮；⑤因干燥方法不同：可分为甜干皮和盐腌皮等；⑥按品质特征和主要用途不同：可分为制革皮、制裘和制革两用皮。制裘皮按其来源、毛型、毛绒长度、张幅大小，又可分为小毛细皮、大毛细皮、野生杂皮、家畜制裘皮和胎毛皮。

一、小毛细皮类

是指针毛稠密、直而较细短，毛绒丰足、平齐、灵活、色泽光润、弹性好，多带有鲜艳而漂亮的颜色；皮板薄韧，张幅较小，是制裘价值较高的一类皮张。主要适于制作美观、轻便的高档裘皮大衣、皮领、披肩、镶头围脖、皮帽等。尾毛长而坚挺，弹性好，是制作高档毛笔和精密仪器刷的上等原料。主要包括：水貂皮、紫貂皮、黄鼬元皮、扫雪皮、艾虎皮、水獭皮、灰鼠皮、毛丝鼠皮、猸子皮、旱獭皮、麝鼠皮、松狼皮、彪皮、香鼠皮等。

二、大毛细皮类

指针毛较长，直而较粗，稠密，弹性较强，光泽较好，常呈多色节毛，绒毛长而丰足，张幅大，色泽鲜艳，板质轻韧的皮，具有较高的制裘价值。多半属于犬科和猫科动物的皮张。主要包括：银狐皮、蓝狐皮、貉子皮、猞猁皮、狸子皮、九江狸皮、玛瑙兔狲皮等。

三、野生动物杂皮类

指针毛较粗硬、绒毛稀薄，毛绒不够灵活，皮板较厚重，被毛具有美丽花纹或色调较单一，适合制一般御寒服装及挂毯、地毯、垫褥或装饰品的一类裘皮。主要包括野兔皮、獾子皮、青猺皮、黄猺皮、香猺皮、黑猺皮、银鼠皮、飞鼠皮、八卦猫皮、竹鼠皮、树鼠皮、石獾皮、狼皮、豺皮、各种豹皮、虎皮等。

四、家畜制裘皮类

指从已换过毛的部分家畜身上生产的毛绒丰足、色泽光润、皮板较薄、适于制裘的一类皮张，主要包括各种绵羊皮、山羊绒皮、狗绒皮、家兔皮、家猫皮等。

五、胎毛皮类

从没有换过胎毛的部分家畜的幼仔身上生产的皮，统称为胎毛皮。胎毛皮有两种，一种是自然伤亡的，另一种是由人工控制定期宰剥的。胎毛皮针毛较短，几乎无绒毛，多带不同形状的弯曲，明显的花纹或花弯，光泽较好，张幅小，皮板薄嫩，弹性较好，适于制作以美观为主、保暖为辅的各种长短大衣或妇女翻穿大衣、皮领、皮帽等。主要包括各种羔皮（三北羔皮、绵羊羔皮、改良羊羔皮等）、小湖羊皮、各种猾子皮、马驹皮等。

第二节　影响动物毛皮质量的因素

影响动物毛皮质量的因素有很多，除品种外，有取皮季节、饲养状况、环境因素、加工技术等，本节主要从环境因素及饲养管理方面予以介绍，取皮季节和加工技术等在其他章节介绍。

一、环境因素对毛皮质量的影响

（一）地理位置与毛皮质量的关系

地理位置主要取决于纬度。野生珍贵毛皮动物的分布，以其各自适宜的地理纬度而定。有些种类分布较广（如貉、黄鼬、麝鼠等），而有些种类则分布较狭窄，如紫貂分布在北纬40°以北，水貂分布在北纬30°以北。人工饲养珍贵毛皮动物的场所选择，必须符合其野生状态的地理纬度分布的特点，否则很难获得正常繁殖及生产上取得效益。一般高纬度地区分布的珍贵毛皮兽，在低纬度地区饲养不仅毛皮质量下降，而且往往失去繁殖能力（如水貂在北纬30°以南），低纬度地区分布的珍贵毛皮兽，在高纬度地区饲养，往往也因为光照、气温条件不适宜而造成繁殖能力降低或因冬季低温造成越冬的困难（如海狸鼠，麝鼠等）。因此，各种动物在适宜生存的地区饲养，毛皮质量才能达到最好。

（二）海拔高度与毛皮质量的关系

高海拔地区，不仅气温和气压发生变化，且空气稀薄。珍贵毛皮动物由低海拔地区迁移到高海拔地区（3 000m以上）饲养时，由于环境的剧烈变化，使呼吸、循环系统机能发生变化，影响其生长发育和繁殖力，甚至引起一些疾病，毛皮质量也会随之变差。

生活在较高海拔地区的珍贵毛皮动物（如紫貂、松鼠等），迁移到海拔较低地方饲养时，虽不致出现强烈的不适应反应，但毛皮的颜色有变浅的趋势。

（三）光照与毛皮质量的关系

毛皮动物在其长期进化过程中，许多重要生理机能，如换毛、繁殖、冬眠（或冬休）等，都与光照有直接的关系。

光照周期即昼夜长短的季节性变化，与地理纬度密切相关。越是高纬度地区，光照周期的季节性变化越明显。这种变化是影响毛皮动物换毛周期的主要因素。光照度对珍贵毛皮动物也有很大的影响。不同种类的毛皮动物，均需一定强度的光照（如水貂最低20lx照度），照度不足将影响其换毛与繁殖，但照度太强又会引起毛绒色泽变浅，降低毛皮品质。

（四）湿度与毛皮质量的关系

湿度对珍贵毛皮动物的生活和毛皮品质，也有很大影响。生活离不开水的动物，如水獭等，对湿度要求较高。干旱会造成机体脱水，被毛枯燥，眼屎增多，鼻镜干裂，有时甚至引起死亡。原产地较干燥的动物，如丝鼠，要求较低温度，潮湿将引起消化道疾病和被毛缠结。我国引进的毛丝鼠，在青海高原生育得很好，其原因就是那里的湿度较低，适合生长发育。

二、饲养管理因素对毛皮质量的影响

（一）饲养方式对毛皮质量的影响

人工饲养毛皮兽除散放、半散放饲养外，多数采取栏舍或笼舍式饲养。这种拘禁条件下的饲养和毛皮兽野生时的自由生活相比有着极大的差别，野外捕捉的毛皮兽很少能直接适应这种拘禁环境，需要有一段过渡的过程。但捕捉的野生毛皮动物幼仔或在人工饲养条件所得到的幼仔，却能较快较好地适应这样条件。

针对不同种类毛皮动物的生活特点和产品要求，某些种类（如海狸鼠等）可以采取群养的方式，而大多数种类则只能采取单笼（舍）隔离饲养的方式，这有助于减少饲料浪费和咬死咬伤的损失，提高和保证毛皮的质量。饲养方式必须符合毛皮兽的生活习性，比如家养麝鼠经几代驯化后，仍顽固地保留着野生时家族式的占区域习性，非同一配偶或同一家族的个体未经熟悉基本上不能同居，置于同一圈舍时非咬得头破血流不可，影响毛皮质量及饲养效益。因此，不宜合养。

（二）栏舍（笼舍）对毛皮质量的影响

栏舍，是人工饲养毛皮兽的最基本设施。栏舍的结构和面积（或体积），对毛皮兽有着重要的影响。

栏舍的结构要合理，尤其要适应毛皮动物的生物学特性。饲养毛皮动物为获得好的繁殖效果和毛皮质量，其栏舍的最基本结构，至少应包括小室（或窝巢）、运动场两部分。某些种类还应提供水池（如水獭、麝鼠、海狸鼠）、沙浴（如毛丝鼠）等其他设施。

（三）宰剥时间对毛皮质量的影响

毛皮动物屠宰取皮季节和时间极大地影响毛皮质量的优劣，屠宰时间取决于毛皮的成熟程度，一般多在冬季或春初，如果取皮过早或过晚，都会影响毛皮的质量和使用价值。因此，对毛皮动物屠宰取皮，一定要准确地把握好时间，尤其是在人工养殖的条件下更为重要。不同毛皮动物的毛皮成熟时间有早有迟。早熟类毛皮动物主要有灰鼠、香鼠和白鼬等，毛皮成熟时间从霜降到小雪；中熟类主要有水貂、黄鼠狼和艾虎等，成熟时间从立冬到小雪；晚熟类主要有狐狸和野兔等，成熟时间从小雪到大雪；最晚成熟类，主要有海狸鼠、麝鼠、貂及水獭等，成熟时间在大雪以后。

（四）管理方式和初加工对毛皮质量的影响

管理包括正确宰杀、合理捕捉和开剥等。正确的宰杀和剥皮方法，可减少和避免刀洞、描刀、缺材等伤残出现，还能够保证原料皮的皮型完整。在剥皮过程中，如方法不当或不注意，易造成各种伤残。在初加工时，剥皮、刮油、洗皮、上楦、干燥、下楦等，必须按技术要求和收购规格进行加工，楦板用国家规定的统一楦板。

（五）饲养条件对毛皮质量的影响

饲料营养是毛皮动物生长发育的重要物质基础，营养缺乏时则毛皮动物毛被糙乱，生长迟缓，严重影响毛皮质量和经济效益。

1. 蛋白质对毛皮的作用

在毛皮动物的生命活动中，蛋白质对机体具有重要的营养作用，是构成毛皮动物体组织、体细胞的基本原料。毛皮动物的肌肉、神经、结缔组织、皮肤、血液等，均以蛋白质为其基本成分。例如球蛋白是构成毛皮动物组织的原料，白蛋白是构成体液的原料，血液中的血红蛋白是由蛋白质和铁化合而成。蛋白质和油脂化合形成油脂蛋白，存在于细胞核、血液、乳汁中，卵磷指蛋白是其中之一。被毛由角质蛋白与胶质蛋白构成，蛋白质也是毛皮动物体内的酶、激素、抗体、色素及肉、乳等的组成成分。日粮中蛋白质不足会造成毛皮动物体内蛋白质不足，代谢变为负平衡，体重减轻，生长率及泌乳量降低，影响毛皮动物繁殖。如毛绒生长期，大量利用谷物饲料，会使肉食性的毛皮动物体型变小，毛绒发育不良，密度低或无光泽等，其原因主要与日粮中必需氨基酸含量不足，比例不当有关。肉食性的毛皮动物蛋白质的主要来源是动物性饲料，其中最重要的氨基酸是色氨酸、蛋氨酸（包括胱氨酸）异亮氨酸和赖氨酸。生产实践中发现，牧区以肉类副产品，市郊以兔肉加工和禽类加工的副产品，沿海以鱼类加工副产品为主要饲料的养貂场，日粮中上述四种氨基酸往往不足，特别容易引起色氨酸和蛋氨酸的不足。

日粮中蛋白质过多，对毛皮动物（特别是种兽）同样有不良影响，不仅造成饲料浪费，而且长期饲喂将引起机体代谢紊乱以及蛋白质中毒。

2. 几种主要氨基酸对毛皮质量的影响

饲养中色氨酸对毛皮动物有十分重要的作用。色氨酸在体内代谢的主要途径是合成B族维生素中尼古酸（烟酰胺），此种氨基酸不足，将使毛皮动物生长停滞，皮肤粗糙，毛绒发育不良，严重影响毛皮质量。

含硫的氨基酸，对毛皮动物的毛皮质量也有特别重要的意义。在所有氨基酸中，仅有蛋氨酸、胱氨酸和半胱氨酸三种分子中含有硫，其中蛋氨酸是必需氨基酸。毛皮动物机体中能够合成胱氨酸和半胱氨酸，但必须以蛋氨酸为原料。当充分供给胱氨酸时，蛋氨酸的需要量可以降低15%，而在秋季和冬季毛绒生长期蛋氨酸可省25%或更多。当缺少蛋氨酸和胱氨酸时，除了不能保障幼仔的正常生长外，会严重影响角蛋白质（毛绒）合成，从而影响毛皮质量。

另外，苯丙氨酸和赖氨酸对幼龄毛皮动物的生长有良好的作用，因为毛皮动物在合成体组织时赖氨酸是不可缺少的。苯丙氨酸的代谢过程是很复杂的，毛皮动物（黑色毛）黑色素的合成与它有直接关系。如果饲料中酪氨酸充足，毛皮动物能节省一半苯丙氨酸的需要量（成年动物能节省3/4），当苯丙氨酸的量继续降低时，最后将不再具有促进生长的作用。因为苯丙氨酸在体内正常代谢是首先形成酪氨酸，也就是说酪氨酸在体内的合成是由苯丙氨酸的代谢产生的。酪氨酸在哺乳动物的皮肤和眼睛中的黑色素细胞内，在酪氨酸的作用下生成黑色素。黑色素含有醌基，以氧化型存在是黑色，以还原型存在为棕色。在毛皮动物体内的黑色素与蛋白质结合，形成了黑色素蛋白存在于毛内。这说明苯丙氨酸是毛生长期形成色素的间接原料。

蜡质在动物体中与脂肪共同存在，也是醛类并含有少量的游离酸和醇等，皮肤和毛绒的油脂是动物皮脂和蜡质的混合物附着在毛和皮肤的表面，增强毛的光泽。

3. 脂类对动物毛皮作用

在皮肤和被毛中含有很多中性脂肪、磷脂、胆固醇及蜡质等，使其具有良好的弹性、光泽和保温性能。由此可见，毛皮动物要构成自己的身体生长新组织、修补旧组织等，必须由饲料中获得脂肪或形成脂肪的原料。

皮脂腺分泌的皮脂对毛皮质量影响很大，这些外分泌的形成，需要甘油脂、磷脂及胆固醇做原料。生产实践中发现营养不良的母兽泌乳量低，皮肤干燥，毛绒脆弱等情况，所以脂肪不足是影响腺体分泌能力的原因之一。

（六）贮存和包装运输对毛皮质量的影响

存放毛皮的仓库一定要通风良好，注意温、湿度变化状况，防止虫蛀和鼠害。防止皮板霉变、掉毛、腐烂等事故的发生。捆扎要牢固，要按规定进行包装，运输途中防止雨淋、日晒，以免保管不当对皮板造成质量缺陷。

第四章 动物毛皮的构造及毛纤维组织结构特点

第一节 皮板的组织构造

毛皮动物皮肤有厚有薄，有韧有脆，差异很大，主要依动物品种、年龄、性别、季节、营养以及身体部位不同而有变化。但其主要构造基本相同，是由表皮、真皮和皮下组织构成。皮肤厚度一般为 0.1~0.3cm，其中，表皮占 1%~2%。毛绒发达的毛皮动物表皮层较薄，而毛绒不发达的动物，其表皮较厚；在同一动物身土，毛绒稀少及摩擦力大的部位，表皮层较厚；反之则薄。真皮占皮肤总厚度的 90%~92%，它是毛皮最主要的一层，由胶原纤维、弹性纤维和网状纤维组成，决定皮肤的强度和耐用性。皮下组织的相对厚度为皮肤的 6%~10%，是由疏松结缔组织构成，积聚大量脂肪和一部分肌肉，在制装、制革中无用，在毛皮初步加工时还有碍水分的蒸发，对皮张干燥不利，因此在初加工时要全部除掉（刮油）。

一、表皮

在显微镜下观察，表皮可分为角质层、透明层、颗粒层、棘细胞层和基底层五部分。

（一）角质层

由大量的扁平角化细胞构成，细胞内含有角蛋白，它是由角母素变化形成的，细胞内无胞核。这种细胞常集合成鳞片状，极易脱落。

（二）透明层

由几层无核的扁平细胞构成，由于折光的关系，细胞界限不清，形成透明的同质层，嗜酸性。

（三）颗粒层

由 1~5 层的菱形细胞组成，细胞内含有无色透明的角质颗粒，嗜碱性。胞核染色淡，有退化分解趋向，这是角化开始的象征，细胞界限不清，但仍有细胞间桥。

（四）棘细胞层

棘层细胞多数呈多角形，靠近颗粒层，逐渐变成扁平形，细胞间界限非常明显，有细胞间桥。

（五）基底层

又称生发层，由一层排列呈栅状的圆柱细胞组成。此层细胞不断分裂（经常有 3%~5% 的细胞进行分裂），逐渐向上推移、角化、变形，形成表皮的各层细胞，最后基底层细胞角化脱落。基底细胞分裂后至脱落的时间，一般认为是 28d，称为更替时间，其中，自基底细胞分裂后到颗粒层最上层约为 14 d，形成角质层到最后脱落为 14d。基底细胞间夹杂一种来源于神经嵴的黑色素细胞（又称树枝状细胞），占整个基底细胞的 4% ~ 10%，能产生黑色素（色素颗粒），决定皮肤颜色的深浅。

表皮厚度随动物种类及皮张部位不同而异。常用原料皮表皮厚度占皮板厚度的比例见表 4 - 1。

表 4 - 1　几种原料皮表皮厚度占皮板厚度百分比

原料皮种类	绵羊皮	山羊皮	水貂皮	旱獭皮	狗皮	澳洲美利奴绵羊皮
厚度比（%）	1 ~ 2.5	2 ~ 3	2.5 ~ 3.5	5	1.5 ~ 2.1	0.8 ~ 1.3

因为表皮是由逐渐角化并紧密结合的细胞组成，所以具有疏水性，对酸、碱、盐和有毒气体有较强的抵抗力，起着保护动物体的作用。若原料皮表皮受到损伤，细菌就容易侵入真皮，引起掉毛和烂皮。因此原料皮储藏期，保护表皮很重要。在毛皮加工中，表皮阻碍化学试剂向皮内渗透，加工中如果表皮脱落，要设法将其除去，否则会在毛皮上留下像皮屑一样的物质而影响毛皮质量。

二、真皮

真皮是皮肤中最紧密、最厚的中间层，由致密的结缔组织构成，是毛皮鞣制的物质基础。从真皮层的纵切面看，可清楚地看出真皮是由与表皮相连的乳头层和与皮下组织相连的网状层组成，两层以毛根底部的毛球和汗腺分泌部所在平面为界。不同的动物皮，其乳头层与网状层厚度比例不同，见表 4 - 2。

表 4 - 2　常用原料皮乳头层与网状层厚度比例

原料皮种类	乳头层（%）	网状层（%）	原料皮种类	乳头层（%）	网状层（%）
土种绵羊皮	50 ~ 60	50 ~ 40	水貂皮	60 ~ 80	40 ~ 20
细毛羊皮	65 ~ 75	35 ~ 25	小湖羊皮	50	50
澳洲美利奴绵羊皮	50 ~ 75	50 ~ 25	海豹皮	55 ~ 65	45 ~ 35
猫皮	38 ~ 46	62 ~ 54	猾子皮	70	30
家兔皮	40 ~ 50	60 ~ 50	袋鼠皮	>70	<30
卡拉库尔羔皮	70	30	狗皮	界限不明显	

（一）乳头层

从表皮下面到毛囊基部称为乳头层。乳头层内有许多毛根、汗腺、毛细血管等，由于胶原纤维编织松弛，所以质地不够坚韧，而且细菌容易侵入和繁殖。如果生皮保管不当，此层极易遭到破坏，降低使用价值。

（二）网状层

位于乳头层下方，含有粗大而编织紧密的胶原纤维，无毛囊、皮脂腺和汗腺等，因此质地坚韧。网状层可决定鞣制裘皮的耐磨力，所以剥皮和刮油时，应避免损伤。

真皮由胶原纤维、弹性纤维和网状纤维等结缔组织构成，纤维之间分布着纤维细胞、组织细胞、色细胞、脂肪、纤维间质以及汗腺、皮脂腺、竖毛肌、毛根、血管、神经、淋巴等。

胶原纤维（生胶纤维），纤维束厚度为 1~12μm，胶原纤维直径 为 0.3~0.5μm，主要由胶原蛋白组成，同时顺着脊椎平行排列，故使皮板具有很大的机械强度。胶原纤维在水中加热到 40℃ 时，体积膨大，卷曲变形，加热到 60~70℃ 时，则溶为胶质；加热到 100℃ 时，就变成胶状液体。如温度低于 0℃，胶原纤维中所含水分则冻结，皮干后表面出现白泡，破坏了纤维的正常编织，从而降低或者失去拉力。

弹性纤维不集成小束，而呈粗细不等的线状纤维存在，质地均匀，末端常有分支、分叉，分布在毛囊、血管、皮脂腺和汗腺周围，形成一个致密的网套。这种纤维具有良好的弹性，可以拉长和缩短，弹力系数为 3.8~6.3kg/cm²，弹性纤维呈浅黄色，有较强的折光性，经煮后不成胶质，抗酸、碱。

三、皮下组织

皮下组织位于真皮网状层下方，是由与生皮表面平行的、编织疏松的胶原纤维和一部分弹性纤维及大量的脂肪细胞所构成。生理上主要起保温和储藏营养的作用。刮油时应尽力除干净，否则生皮晾晒时，脂肪使水分蒸发慢，一旦温度适宜，细菌便生长和繁殖，使皮组织腐烂掉毛。

第二节　毛被组成

毛被是所有生长在皮板上的毛的总称。

一、毛被的组成

参照前人的分类，结合各种制裘原料皮毛的形态，毛被可分为触毛、上毛和下毛。上毛又分为硬毛、粗毛和针毛，其中，针毛又分为锋毛、直针毛、披针毛和绒针毛；下毛又分为软毛和绒毛（图 4-1）。

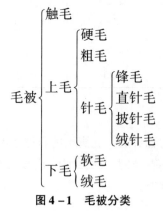

图 4-1　毛被分类

（一）触毛

具有特殊毛囊和竖毛肌的一类毛，如触须，分布在吻端、脸部、四肢等处。颜色单调，呈圆锥形且粗硬。

（二）硬毛

又称刚毛，如大灵猫、野猪等动物脊椎、颈上的毛或有些动物四肢远端及掌垫处的毛。

（三）粗毛

不呈纺锤形的上毛。

（四）针毛

呈纺锤形的一类上毛。食肉动物上毛主要由针毛构成。针毛又可细分为4类：

1. 锋毛

针毛中显著高出毛被的粗、长、直、弹性好、数量少（仅占毛被总数的0.1%～0.5%）的一类毛，漠猫、野兔均有这类毛。

2. 直针毛

比锋毛短、细，略软，光泽、弹性略差的一类毛，形态与锋毛相似，针毛中数量最多的一类。

3. 披针毛

比直针毛短、细，软的一类毛。

4. 绒针毛

比其他针毛短、细，软，与绒毛接近。

（五）软毛

系细长、弯曲而柔软的一类下毛。

（六）绒毛

较细、短而弯曲、光泽差的一类下毛。食肉动物的下毛均为此类。

以上毛纤维的形态分类是综合各种哺乳动物的各种类型的毛而划分的，不同动物有不同类型的毛。一般毛皮动物制裘用皮，主要是貂皮、狐皮和家畜制裘皮、胎毛皮，一般分为锋毛、针毛、绒毛等几种。

二、毛在皮上的分布形式

毛被的形态不仅取决于组成毛被的毛纤维种类，还与毛纤维的分布形式有着密切的关系。

毛纤维的分布形式主要有如下几个类型。

（一）羊毛分布型

毛是一根根地分布在皮板上，每根毛都有自己的毛囊。毛囊明显的如梅花鹿皮、马鹿皮、驯鹿皮、驼鹿皮等。

（二）简单组型

由若干根毛组成一组，组内的每根毛都有其固定的位置和自己的毛囊，如猪皮、野猪皮、山羊皮等。

（三）簇状分布型

若干根绒毛带一根针毛组成一簇，均由一个毛囊中生出。水貂皮、艾虎皮、水獭皮、旱獭皮、猸子皮等小毛细皮属于此类型。

(四) 复杂组型

由若干根绒毛带一根针毛组成毛束，再由若干个毛束围绕着一根锋毛组成毛组，许许多多的毛组组成整个毛被。山兔皮、草兔皮、草猫皮、玛瑙皮等属于此类型。

第三节　毛纤维组织结构特点

毛皮动物的整个体表，除唇、鼻、爪等部位外，都有毛被生长，毛是一种角质化的表皮结构，是坚韧而有弹性的丝状物。

突出于皮肤表面的被毛称为毛干，长在皮肤里面的部分称为毛根，毛根的茎部膨大呈梨状称为毛球，伸进毛球内部的结缔组织称为毛乳头，包围毛根的上皮组织及结缔组织称为毛囊。

一、毛的发生

从表皮生发层的细胞增生、变厚，然后斜向真皮内伸入，伸入真皮内的上皮组织逐渐变为柱状体，末端膨大，成为毛球的原基。后来毛球顶端内陷，间充质伸入形成毛乳头。在这条上皮性斜柱体的侧面，往往还有两个突起，下面为皮脂腺的原基，上面为汗腺原基，后来分别发育成皮脂腺和汗腺。

靠近毛球部分的上皮逐渐分化，在上皮性斜柱体中间形成一个圆体，称毛圆锥状体，发育成毛纤维和毛根内鞘，毛圆锥外侧发育成毛根外鞘。当毛在毛圆锥内逐渐角化形成时，上皮性斜柱体上半部的中心细胞亦开始退化，形成毛管，毛管逐渐伸长，毛也长入管内，最后突破表皮，裸露于体表，长出毛干来。

毛在生长时，从胚胎毛起至毛皮的成熟期以前，毛球一直是开放的，其可供毛的营养和色素细胞，当毛生长到成熟期，毛乳头封闭，毛根变成圆形。当生成胚胎毛时，皮肤松弛而增厚，同时产生大量的色素细胞。随着被毛的生长，色素从皮肤中不断地向被毛供应，一直到被毛成熟后，皮板变得紧密而薄，皮肤中不再产生色素细胞，皮板洁白，当被毛开始脱落时，皮板又开始增厚（肉食动物），皮肤中又开始产生色素细胞。毛绒生长期毛根位于真皮层中的下层，靠近皮下组织层，毛绒成熟初期，毛根位于其皮层的中层，以后逐渐上升直至脱落。

二、毛纤维组织结构特点

在显微镜下观察，粗毛毛干的横切面，由外向内一般分为鳞片层、皮质层、髓质层3个同心圆结构，三层均由角质化的上皮细胞构成。因动物和毛的种类不同，各层的发达程度不同。鳞片层很薄，占毛径的1%～2%，皮质层与髓质层占毛径比例差异较大，见表4-3。大部分毛皮动物的绒毛无髓质层。

表4-3　不同动物毛皮质层与髓质层占毛径比例

种类	皮质层（%）	髓质层（%）	种类	皮质层（%）	髓质层（%）
水貂皮针毛	20～40	60～80	旱獭皮针毛	20～40	60～80

（续表）

种类	皮质层（%）	髓质层（%）	种类	皮质层（%）	髓质层（%）
水貂皮绒毛	50	50	旱獭皮绒毛	40～50	50～60
海豹毛	98	0	家猫皮针毛	20～40	60～80
水獭皮针毛		55～70	家猫皮绒毛	40	60
紫貂毛		65～75	二毛羔羊皮		50% 无髓
獭兔皮绒毛		60～70	细毛羊毛		所有毛无髓

（一）鳞片层

是毛纤维的最外层，由一层到多层透明的扁平角质化的鳞片细胞构成，呈冠状①、覆瓦状②或镶嵌形③排列而成，其厚度为 0.3～0.5μm，仅占毛直径的 1%～2%，无色素，无细胞核。鳞片的形状随毛纤维细度的不同而不同，也随动物种类不同而不同，使之具有分类鉴别作用。不同的鳞片排列会起到不同的作用。当鳞片越宽扁、越密集排列，毛的表面越光滑，对光的反射作用就越强，有助于增强毛的光泽。粗毛或针毛的鳞片排列密集，且紧贴于毛干上，使毛的光泽强、缩绒性小。但普遍的规律是下层鳞片的上边缘覆盖在上层鳞片的下部外侧，使鳞片的游离缘均指向毛尖方向，对保护毛纤维本身和动物肌体有特殊功能。见图 4－2。

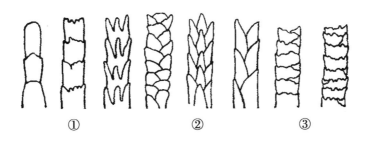

①　　　　　　　　　②　　　　　　　　　③

图 4－2　毛皮动物毛纤维鳞片类型

对羊毛鳞片结构研究表明，鳞片还可细分为三层，鳞片细胞外表层、鳞片细胞外层及内层。鳞片细胞外表层是由磷脂分子和甾醇分子堆砌而成的双分子层，双分子层是活细胞的最外层，它有很强的伸缩能力，并对化学药剂有非常强的抵抗能力及选择性，在外表层中有许多微孔，毛在干燥状态下微孔极小，在潮湿情况下微孔张开，可扩大至 6μm 左右。鳞片细胞外层是一层较厚的角蛋白质，它由内、外两个微层组成，其中靠外的微层比靠内微层的胱氨酸含量高，鳞片细胞外层的蛋白堆砌比较紧，结构致密，比较硬，拒水且化学性质稳定；鳞片细胞内层的蛋白质大分子为非角蛋白，胱氨酸含量较低，比较疏松，具有较好的弹性，化学稳定性较差，易被酸、碱、氧化剂、还原剂及酶作用。

鳞片是毛纤维独有的表面结构，它赋予毛特殊的物理性能和摩擦性能、毡缩性能、吸湿性能，以及不同于其他纤维的光泽和手感。同时鳞片层也是阻碍化学试剂如鞣剂、染料向毛纤维内渗透的天然"屏障"。通常鳞片间排列越紧密，鳞片层越厚，鳞片表面越光滑，其毛也就越坚挺，光泽也越强，越难被染色。因此绒毛在较低的温度下就可着色，而针毛着色就需要较高的温度，了解鳞片结构对毛皮的加工工艺制定具有指导意义。

在显微镜下观察，毛纤维的鳞片是由许多无核角化透明的扁平细胞有规律地排列而成，不同动物毛的鳞片排列方式不同。从毛尖到毛根往往有多种类型，如冠状型、杂波型、瓣状型、杂波型等。几种毛皮动物纤维的主要鳞片花纹类型见表4－4。

表4－4　毛皮动物纤维针绒毛纤维主要鳞片花纹类型

动物种类	部位	鳞片花纹排列顺序（毛根到毛尖）	主要类型
南貉	背部	扁平型—杂波型	杂波型
	腹部	扁平型—杂瓣型—方瓣型—过渡型—杂波型	杂波型、杂瓣型
北貉	背部	扁平型—杂瓣型—过渡型—杂波型—冠状型	杂波型、杂瓣型
	腹部	扁平型—杂瓣型—杂波型—冠状型	杂波型
水貂	背部	杂波型	杂波型
	腹部	长瓣型—过渡型—杂波型	
蓝狐	背部	长瓣型—杂瓣型—杂波型	
	腹部	长瓣型—方瓣型—杂瓣型—杂波型	
赤狐	背部	扁平型—过渡型—方瓣型—过渡型—杂波型—冠状型	杂波型、方瓣型
	腹部	扁平型—方瓣型—长瓣型—方瓣型—过渡型—杂波型—冠状型	长瓣型、方瓣型
银狐	背部	长瓣型—方瓣型—杂瓣型—杂波型	
	腹部	长瓣型—杂波型—环状型	
沙狐	背部	扁平型—方瓣型—过渡型—长瓣型—方瓣型—杂瓣型—杂波型—冠状型	方瓣型
	腹部	扁平型—过渡型—方瓣型—长瓣型—方瓣型—杂瓣型—杂波型—冠状型	长瓣型
狼	背部	扁平型—方瓣型—长瓣型（极少）—方瓣型—杂波型—杂瓣型—长瓣型—杂波型—冠状型	方瓣型
	腹部	扁平型—杂波型—杂瓣型（极少）—杂波型—冠状型	杂波型

（二）皮质层

皮质层位于鳞片层的里面，由稍扁平而长的纺锤状皮质细胞胶合组成，其发达程度决定着毛纤维的弹性和韧性大小，是毛的主要组成部分。皮质细胞沿着毛的中心纵轴，环绕髓质层紧密排列。皮质细胞由很多平行排列着的巨纤丝组成，巨纤丝是由几百根微纤丝组成，而微纤丝是由基本原纤丝组成，11个基本原纤丝组成一个微纤丝。基本原纤丝即角蛋白分子，富含胱氨酸，所以说毛纤维的主要成分是角蛋白。在无髓毛中，它同鳞片层构成了毛纤维的全部结构。皮质越发达，毛纤维越结实，弹性越好。水獭、石貂、黄鼬、紫貂毛的皮质层很发达，特别是海豹毛的皮质层厚度占到毛直径的96%～98%，强度很高，而驯鹿、草兔毛的皮质层不发达，其强度、弹性较差，容易断裂。

皮质层含有色素颗粒，它决定毛的色泽。色素颗粒在皮质层中的排列方式，其长轴与毛干纵轴平行。色素颗粒的形态多种多样，如银黑狐冬皮针毛的色素颗粒为长杆形、椭圆形；蓝狐冬皮针毛的色素颗粒为长椭圆形和圆球形，以前者居多。由银黑狐、蓝狐杂交而产生的成年蓝霜狐的冬皮针毛的色素颗粒为长椭圆形和圆球形，与其亲代比，显得粗短些。见图4-3。

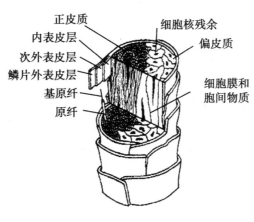

图4-3　细羊毛结构

（三）髓质层

髓质层位于毛纤维的中心，为海绵状的角质，是由排列疏松的薄壁细胞构成，其排列方式以及所呈现的花纹因动物类别不同而有多种多样的表现，具有分类作用。如两型毛及针毛毛尖部分呈点状、断续状或很细的线状；粗毛的髓质层呈连续状，且随细度的增大髓质层逐渐加粗，在死毛和刚毛中，髓质层特别发达，几乎占毛纤维直径的绝大部分甚至全部。与其他各层不同，其疏松的细胞排列使髓腔中可容纳大量静止空气，对毛纤维的保温功能起重要作用。髓质的发达程度也影响着毛的弹性和韧性，髓质层发达时，对毛纤维强度、伸长度都有不良影响。髓质层中也存在少量的色素颗粒，其排列方式是色素颗粒的长轴多与毛干纵轴相垂直。针毛都是有髓毛，大部分动物的细毛和绒毛无髓，水貂的绒毛则有髓。

三、毛纤维组织结构研究进展

人类对毛的微观结构的认识可以上溯到17世纪，当时有人根据毛易成毡的特性，将毛握在拇指与食指之间往复搓动时发现，无论主观上如何控制，毛总是向一个方向移动。由此推测，毛表面有类似麦芒的刺样结构。直到1837年，Brewster首次应用光学显微镜观察蝙蝠毛的表面形态时，发现蝙蝠毛的表面就像一个个杯子套叠在一起一样，从而证实了毛的表面有特异性结构。这标志着毛的微观结构研究的开始。1920年，美国的Hausman等发表了兽类被毛的微观特点，首次指出毛的微观结构存在着种间差异性，有分类意义，并首次定义了一些毛的髓质类型：髓质缺如、间断型髓质、拟连续型髓质等，也首次定义了一些鳞片类型：卵瓣型、尖瓣型、长瓣型、圆齿状型、齿状型、锯缘型、扁平型、简单型等。1924—1948年，Hausman又连续报道了不同动物毛的鳞片、皮质和髓质的结构特征，系统比较了毛的微观结构的种间差异性。

在 20 世纪 30 ~ 40 年代，有 80 多种兽类被毛的微观结构特征被报道。有关毛的微观结构研究的新的方法和手段的文献也先后发表。Hardy（1933），Mathiak（1938），Dearborn（1939）等先后开创了毛干横切面制样与观察方法、鳞片形态制样与观察方法等。这些被陆续应用到毛的微观结构研究与应用的各个方面，包括考古学、食性分析、毛发鉴定、法医物证和毛纺行业等。1944 年，Hausman 经过对以往的方法总结改进后，形成了一套以鳞片印模法（Cuticula rimpression）为主的毛的鳞片形态观察方法，此法一直沿用至今。

20 世纪 50 年代之后，毛的微观结构用于动物的分类鉴别研究取得进展。1952 年，Mayer 对加利福尼亚州的哺乳动物被毛进行了研究，并发表了加州哺乳动物背部上毛的分类特征；1958 年，Stain 把美国中西部毛皮动物针毛形态结构的研究应用于野外调查，获得了突出成果；1966 年，Day 发表了白鼬（Mustela erminea）和黄鼬（Mustela sibirica）胃肠内容物和粪便中兽毛的分析鉴定方法；1968 年，Haitlinger 两次报道了姬鼠属（Apodemus）动物毛被的季节性变化及其形态学比较。在 20 世纪 50 年代中期以后，毛的微观结构研究开始扩展到纺织行业、食性分析和法医科学。

20 世纪 70 年代，随着电子显微镜在毛的微观结构研究中的应用，毛的结构图像更加清晰、精确并有立体感，而且具有制样简单、分辨率高等诸多优点，使毛的微观结构研究更进一步。到 80 年代初，已有 100 多种动物毛在扫描电镜下的分类特征被发表。但光镜观察技术因其普及和低成本仍被应用。例如，1974 年，Moore 等人发表的怀俄明州兽类背部上毛鉴定检索表；1978 年，Hilton 等人发表的北美东部草原狼（Canis lafrans）、家犬（Canis familiaris）、赤狐（Vulpes vulpes）、短尾猫（Lynx rufus）被毛形态结构的鉴别特征等均采用光镜照片。特别是毛的髓质结构观察仍多采用光镜技术；1977 年，美国联邦调查局实验室的 Hicks, J. W. 总结了毛发形态学鉴定方法和光镜下人发与兽毛的形态区分特征，对法医物证检验一直起指导作用。

20 世纪 80 年代以来，随着分子遗传学技术的出现和广泛应用，人们可以直接在 DNA 水平上研究基因组 DNA 的差异，使得物种鉴别精确到分子水平。这给毛的微观结构研究在分类方面的应用带来巨大冲击。尽管如此，80 年代毛的微观结构研究仍取得了很大进展，特别是针对此时期分子遗传学方法只能以非角化细胞为材料，尚不能应付只有毛纤维的待检样品。偶蹄目（Arcdactila）、食肉目（Canivore）、翼手目（Chiroptera）、啮齿目（Rodentia）等 160 多种动物上毛结构在扫描电镜下的形态特征被发表。同时，Kondo 于 1989 年发表了哺乳动物毛的髓质花纹特征扫描电镜图谱。他经过大量研究，将各种哺乳动物毛在扫描电镜下的髓质花纹特征总括为 9 种类型。

20 世纪 80 年代毛的微观结构研究的一个特点是，关于毛的微观结构的扫描电镜鉴定方法进一步完善，另一个特点是，毛的微观结构研究方法和成果被大量引入法医物证，从而使毛的微观结构研究更趋向于分类鉴别。

20 世纪 90 年代，分子遗传学在分类学、系统动物学、生态学等研究领域发挥着越来越大的作用。但是，毛的微观结构检验往往是各种毛发材料检验工作的第一步，因而仍占据应用中的重要地位。虽然较 80 年代相比这方面的研究报道较少，但仍有不少文献发表。1991 年，Teerink, B. J. 出版的《Hair of West European Mammals》一书，是 90 年代有关毛发研究的最为系统的著作。他总结了过去60年来全球毛发研究的成果，特别是从20世纪60年代到80年代显微技术在毛的微观结构研究上的应用成果，并系统地论述了毛发种属鉴定的原则、方法及其需注意的问题等。Teerink根据其总结的毛长度、外观形态、毛各部分的鳞片形态、髓质形态、毛不同部位的横断面形态和髓质横断面形态等形态和数值指标，对西欧73种哺乳动物进行了分类。以其背部上毛形态结构检索表的形式证实了毛形态结构在分类应用中的可行性与可靠性。1995年，美国食品与医药管理局在食品检验手册中，将毛发检验列为食品污染物检验的项目之一。1999年，Rollins C. K等用光镜和扫描电镜方法研究了藏羚羊绒和山羊绒制品的鉴别。

有关毛的各种鳞片形态形成机制的研究，也是毛发专家们不断探讨的重要研究内容。自20世纪50年代之后，陆续有一些文献发表。20世纪70年代以后，人们用电镜技术除了清楚地观察到毛纤维细胞的亚显微结构外，还用电镜与能谱仪连接直接测定出毛干各部位的化学组成。

第四节　不同动物毛纤维组织结构特点

一、毛纤维组织结构观察方法

（一）显微结构观察方法

1. 材料与试剂

（1）试剂。甘油、火棉胶、石油醚。

（2）仪器与工具。显微镜、哈氏切片器、盖玻片、载玻片、剃须刀片、镊子、挑针等。

（3）材料。动物毛纤维，包括针毛和绒毛。

2. 毛纤维洗涤

从毛皮上取小撮毛绒，用镊子夹住在盛有石油醚的烧杯中洗涤干净，晾干待用。

3. 毛纤维切片方法

将绒毛先用手排法排列，这样可将绒毛拉直，排列一致，将排好的绒毛从短边卷起放在一玻璃板上，刷上火棉胶。待火棉胶干后，将哈氏切片器的紧固螺丝松开，拔出定位销子，将螺座旋转到金属板凹槽呈垂直状，抽出金属板凸舌。将试样的中部紧紧夹入哈氏切片器，用锋利的切片先切去露在外面的纤维，然后装好上面的弹簧装置，并旋紧螺丝。稍微转动刻度螺丝，使纤维少许露出，用毛笔涂上火棉胶，火棉胶凝固1min后，用刀片切下放于载玻片上，滴1滴甘油，盖上盖玻片即可观察。

4. 显微镜观察

在显微镜下观察，从不同的角度挑出最好的视野，进行拍照。再从照片中选取有代表性的照片。

（二）超微结构观察方法

1. 仪器与材料

（1）仪器与工具。高真空分析型扫描电镜、自动离子溅射仪、能谱仪、双面导电胶带、剪刀、镊子等。

（2）材料。取 1.0～2.0g 毛和绒，备用。

2. 样品制备方法

将毛、绒样放入 0.5% 的洗涤剂中，用超声波清洗 3min，除去毛、绒表面的污染物，用蒸馏水冲洗多次，至无泡沫。在 100% 乙醇中浸泡 5min，真空干燥。观察鳞片结构时，把清洁的毛、绒平贴在有导电胶带的扫描电镜样品台上；观察横截面结构时，用细铜丝将毛绒绑住穿过掏空心的电线中央，然后用锋利的刀片切一片，置于有导电胶带的扫描电镜样品台上。

3. 观察方法

将上述样品置于 IB5 型离子溅射仪中，喷金约 40 s，厚度约 10nm。用高真空分析型扫描电子显微镜观察，加速电压为 10kV。调整不同的放大倍数进行观察并照相。

二、不同动物毛、绒纤维超微结构特点及能谱分析结果

（一）小毛细皮类

1. 石貂

扫描电镜下石貂针毛鳞片结构呈规则的长瓣型及扁平型排列，绒毛鳞片结构呈规则的长瓣型及方瓣型排列；石貂针毛鳞片翘角平均值为 33.6°；鳞片高度平均值为 23.93 μm，鳞片厚度平均值为 0.74μm；能谱的定量结果为：C 71.87%，O 23.29%，S 4.77%，Ca 0.20%。石貂绒毛翘角平均值为 25.2°；鳞片高度平均值为 29.87μm，鳞片厚度平均值为 0.64μm；能谱的定量结果为：C 70.72%，O 24.55%，S 4.65%，Ca 0.17%（图 4-4、图 4-5、图 4-6、图 4-7）。

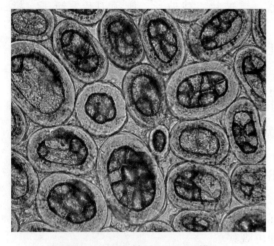
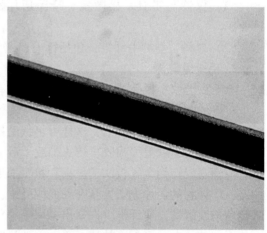

图 4-4 石貂针毛 600×（横）　　　　　图 4-5 石貂针毛 600×

2. 麝鼠（青根貂）

电镜下麝鼠针毛鳞片结构呈不规则的大环状紧密排列，绒毛鳞片结构呈规则的斜环状排列；麝鼠针毛鳞片高度平均值为 4.58μm，鳞片厚度平均值为 0.22μm；能谱的定量结果为：C 65.39%，O 27.07%，S 7.28%，Ca 0.44%。麝鼠绒毛翘角平均值为 24.7°，鳞片高度平均值为 11.14μm，鳞片厚度平均值为 0.40μm；能谱的定量结果为：C 72.10%，O 24.01%，S 3.68%，Ca 0.27%（图 4-8、图 4-9、图 4-10、图 4-11）。

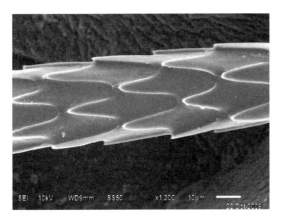

图 4 - 6　石貂绒毛 1 200 ×

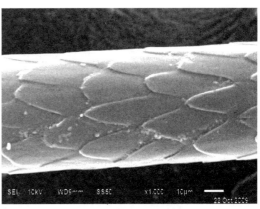

图 4 - 7　石貂针毛 1 000 ×

图 4 - 8　麝鼠针毛横切 300 ×

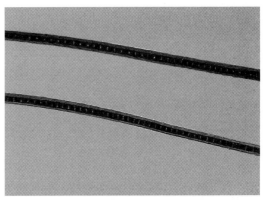

图 4 - 9　麝鼠绒毛 600 ×

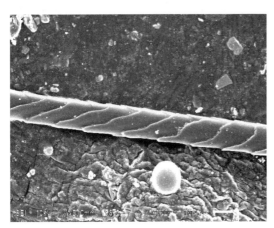

图 4 - 10　麝鼠绒毛 1 000 ×

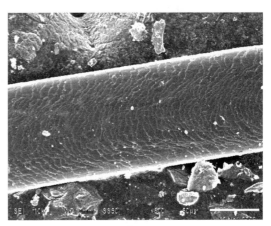

图 4 - 11　麝鼠针毛 500 ×

3. 太平貂

电镜下太平貂针毛鳞片结构呈规则的长瓣型及杂瓣型排列，绒毛鳞片结构呈规则的长瓣型及方瓣型排列；太平貂针毛鳞片高度平均值为 14.43μm，鳞片厚度平均值为 0.45μm；能谱的定量结果为：C 78.68%，O 20.30%，Cu 0.03%，Pt 0.30%，Pb 0.69%。太平貂绒毛鳞片高度平均值为 22.39μm，鳞片厚度平均值为 0.53μm；能谱的定量结果为：C 78.01%，O 21.52%，Cu 0.02%，Zr 0.07%，Pt 0.18%，Pb 0.20%（图4 - 12、图4 - 13、图4 - 14、图4 - 15）。

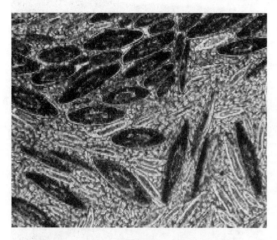

图4 - 12　太平貂针毛 ×600（横）

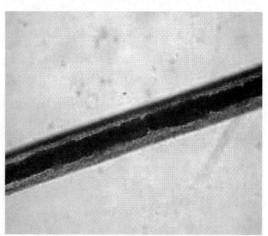

图4 - 13　太平貂针毛 ×300

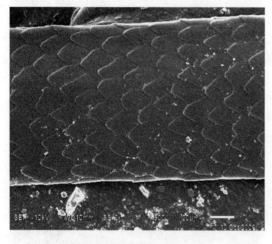

图4 - 14　太平貂针毛 600 ×

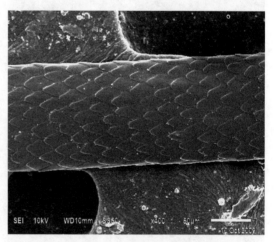

图4 - 15　太平貂针毛 400 ×

4. 旱獭

电镜下旱獭针毛鳞片结构呈不规则的杂波型排列，绒毛鳞片结构呈不规则的环状、长瓣型及方瓣型排列；旱獭针毛鳞片翘角平均值为 37.0°，鳞片高度平均值为 7.76μm，鳞片厚度平均值为 0.43μm；能谱的定量结果为：C 67.64%，O 26.47%，S 5.64%，Ca 0.33%。旱獭绒毛翘角平均值为 25.4°，鳞片高度平均值为 14.57μm，鳞片厚度平均值为

0.68μm；能谱的定量结果为：C 70.34%，O 24.30%，S 5.02%，Ca 0.40%（图 4 - 16、图 4 - 17、图 4 - 18、图 4 - 19）。

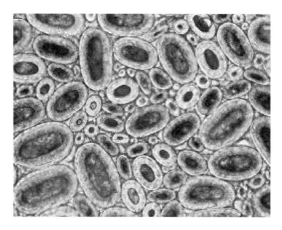

图 4 - 16　旱獭针毛 300 ×（横）

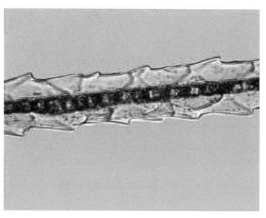

图 4 - 17　旱獭针毛 1 500 ×

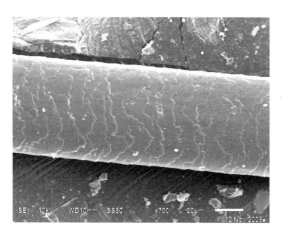

图 4 - 18　旱獭针毛 700 ×

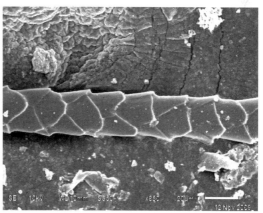

图 4 - 19　旱獭绒毛 850 ×

5. 鼬獾（狸子）

电镜下鼬獾针毛鳞片结构呈不规则的杂波型排列，绒毛鳞片结构呈不规则的斜环状、瓦片状排列；鼬獾针毛鳞片高度平均值为 8.66μm，鳞片厚度平均值为 0.36μm；能谱的定量结果为：C 67.40%，O 26.65%，S 5.80%，Ca 0.30%。鼬獾绒毛鳞片翘角平均值为 23.6°，鳞片高度平均值为 11.13μm，鳞片厚度平均值为 0.56μm；能谱的定量结果为：C 67.47%，O 26.28%，S 5.96%，Ca 0.38%（图 4 - 20、图 4 - 21、图 4 - 22、图 4 - 23）。

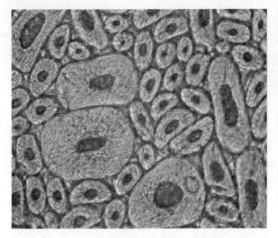

图 4 - 20   鼬獾针毛 600 × （横）

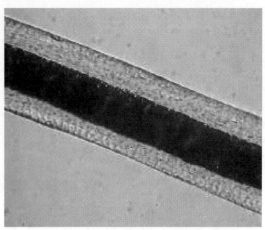

图 4 - 21   鼬獾针毛 600 ×

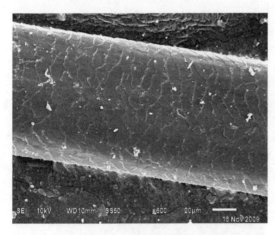

图 4 - 22   鼬獾针毛 600 ×

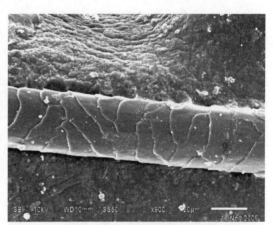

图 4 - 23   鼬獾绒毛 900 ×

6. 水獭

电镜下水獭针毛鳞片结构呈规则的长瓣型及杂波型排列，绒毛鳞片结构呈规则的长瓣型排列；水獭针毛鳞片高度平均值为 $11.26\mu m$，鳞片厚度平均值为 $0.53\mu m$；能谱的定量结果为：C 79.82%，O 19.18%，Cu 0.07%，Zr 0.02%，Pt 0.22%，Pb 0.70%。猯子绒毛鳞片高度平均值为 $20.12\mu m$，鳞片厚度平均值为 $0.53\mu m$；能谱的定量结果为：C 76.51%，O 22.93%，Cu 0.01%，Pt 0.36%，Pb 0.20%（图 4 - 24、图 4 - 25）。

图 4-24　水獭绒毛 1 000 ×

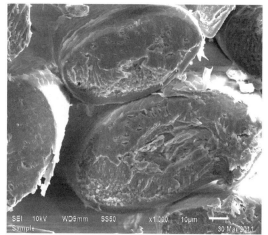

图 4-25　水獭针毛 1 000 ×

7. 松鼠

电镜下松鼠针毛鳞片结构呈规则的杂波型排列，绒毛鳞片结构呈规则的扁平型及杂瓣型排列；松鼠针毛鳞片高度平均值为 7.30μm，鳞片厚度平均值为 0.56μm；能谱的定量结果为 C 77.80%，O 21.20%，Cu 0.02%，Zr 0.39%，Pt 0.22%，Pb 0.39%。松鼠绒毛鳞片高度平均值为 7.90μm，鳞片厚度平均值为 0.43μm；能谱的定量结果为：C 79.86%，O 19.40%，Cu 0.05%，Pt 0.37%，Pb 0.47%（图 4-26、图 4-27）。

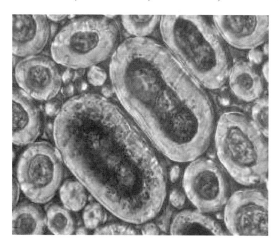

图 4-26　松鼠针毛 1 500 ×（横）

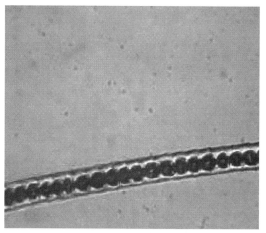

图 4-27　松鼠针毛 1 500 ×

8. 艾虎

电镜下艾虎针毛鳞片结构呈规则的杂波型及杂瓣型排列，绒毛鳞片结构呈规则圆瓣型及竹节状排列；艾虎针毛鳞片高度平均值为 9.24μm，鳞片厚度平均值为 0.55μm；能谱的定量结果为 C 75.05%，O 23.84%，Cu 0.03%，Zr 0.15%，Pt 0.56%，Pb 0.38%。艾虎绒毛鳞片高度平均值为 29.89μm，鳞片厚度平均值为 0.64μm；能谱的定量结果为：C 76.29%，O 22.67%，Cu 0.02%，Zr 0.09%，Pt 0.62%，Pb 0.30%（图 4-28、图 4-29、图 4-30、图 4-31）。

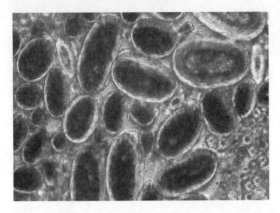

图 4 - 28 艾虎针毛 600 ×（横）

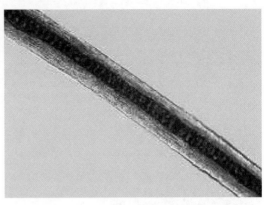

图 4 - 29 艾虎针毛 600 ×

图 4 - 30 艾虎针毛 2 300 ×

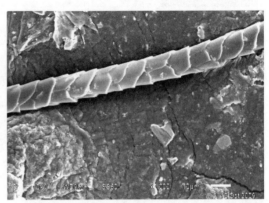

图 4 - 31 艾虎绒毛 1 000 ×

9. 紫貂

电镜下紫貂鳞片结构呈规则的杂波型及大瓦片状排列，绒毛鳞片结构呈规则的长瓣型排列；紫貂针毛鳞片高度平均值为 10.18μm，鳞片厚度平均值为 0.54μm；能谱的定量结果为 C 77.12%，O 22.30%，Cu 0.03%，Pt 0.26%，Pb 0.30%。紫貂绒毛鳞片高度平均值为 9.24μm，鳞片厚度平均值为 0.52μm；能谱的定量结果为：C 76.96%，O 22.42%，Zr 0.05%，Pt 0.23%，Pb 0.34%（图 4 - 32、图 4 - 33）。

图 4 - 32 紫貂绒毛 1 000 ×

图 4 - 33 貂针毛 1 000 ×

10. 水貂

电镜下水貂鳞片结构呈规则的杂波型排列，绒毛鳞片结构呈规则的长瓣型排列；水貂针毛鳞片高度平均值为 11.50μm，鳞片厚度平均值为 0.60μm；能谱的定量结果为 C 76.79%，O 22.40%，Cu 0.01%，Pt 0.37%，Pb 0.43%。水貂绒毛鳞片高度平均值为 22.33μm，鳞片厚度平均值为 0.59μm；能谱的定量结果为：C 78.22%，O 21.18%，Cu 0.02%，Zr 0.02%，Pt 0.31%，Pb 0.25%（图 4－34、图 4－35）。

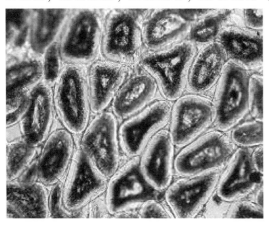

图 4－34　水貂针毛 200×（横）

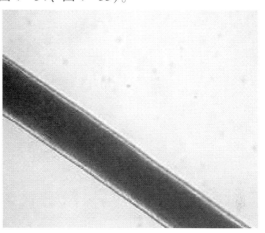

图 4－35　水貂针毛 600×

11. 灰鼠

电镜下灰鼠针毛鳞片结构呈冠状型及扁平型排列，绒毛鳞片结构呈环状、斜环状及杂瓣型排列；灰鼠针毛鳞片高度平均值为 9.86μm，鳞片厚度平均值为 0.46μm；能谱的定量结果为：C 75.17%，O 23.83%，Cu 0.04%，Zr 0.18%，Pt 0.69%，Pb 0.09%。灰鼠绒毛鳞片翘角平均值为 14.1°，鳞片高度平均值为 7.17μm，鳞片厚度平均值为 0.50μm；能谱的定量结果为：C 77.92%，O 20.40%，Pt 0.95%，Pb 0.73%（图 4－36、图 4－37）。

图 4－36　水貂针毛 1 000×（横）

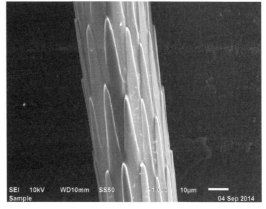

图 4－37　水貂针毛 1 000×

（二）大毛细皮类

1. 银狐

电镜下银狐针毛鳞片结构呈规则的方瓣型及杂瓣型排列，绒毛鳞片结构呈规则的方瓣型及杂瓣型排列；银狐针毛鳞片翘角平均值为 34.6°；鳞片高度平均值为 10.88μm，鳞片厚度平均值为 0.48μm；能谱的定量结果为：C 69.31%，O 24.89%，S 5.66%，Ca 0.19%。银狐绒毛鳞片翘角平均值为 25.3°；鳞片高度平均值为 11.59μm，鳞片厚度平均值为 0.51μm；能谱的定量结果为：C 70.64%，O 25.38%，S 3.87%，Ca 0.52%（图 4 - 38、图 4 - 39、图 4 - 40、图 4 - 41）。

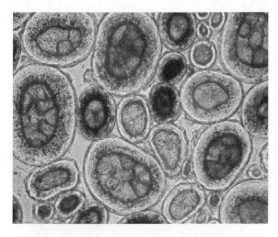

图 4 - 38　银狐针毛 600 ×（横）

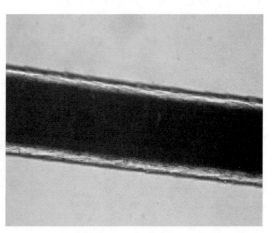

图 4 - 39　银狐针毛 600 ×

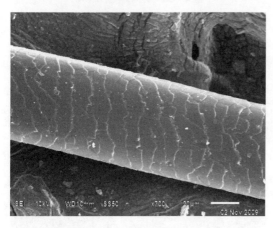

图 4 - 40　银狐针毛 700 ×

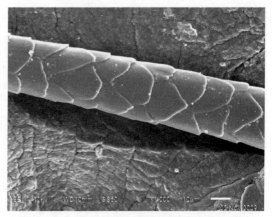

图 4 - 41　银狐绒毛 1 000 ×

2. 蓝狐

电镜下蓝狐针毛鳞片结构呈规则的长瓣型及杂瓣型排列，绒毛鳞片结构呈规则的环形及斜环形排列；蓝狐针毛鳞片翘角平均值为 33.1°；鳞片高度平均值为 15.09μm，鳞片厚度平均值为 0.63μm；能谱的定量结果为：C 69.31%，O 25.21%，S 5.12%，Ca 0.14%。蓝狐绒毛鳞片翘角平均值为 25.0°；鳞片高度平均值为 9.80μm，鳞片厚度平均值为 0.55μm；能谱的定量结果为：C 69.12%，O 26.33%，S 4.57%，Ca 0.29%（图 4 - 42、图 4 - 43、图 4 - 44、图 4 - 45）。

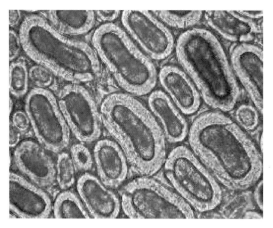

图 4 - 42　蓝狐针毛 600 ×（横）

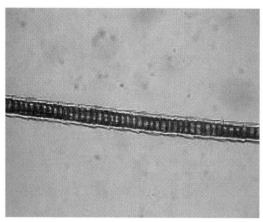

图 4 - 43　蓝狐绒毛 600 ×

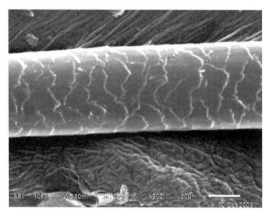

图 4 - 44　蓝狐针毛 800 ×

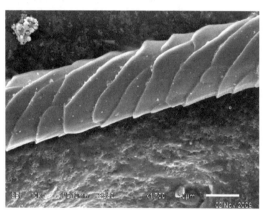

图 4 - 45　蓝狐绒毛 1 700 ×

3. 红狐

红狐又名赤狐。电镜下红狐鳞片结构呈规则的扁平型及杂瓣型排列，绒毛鳞片结构呈规则的环状及斜环状排列；红狐针毛鳞片翘角平均值为 34.2°，鳞片高度平均值为 16.27μm，鳞片厚度平均值为 0.64μm；能谱的定量结果为：C 70.63%，O 23.64%，S 5.54%，Ca 0.28%。红狐绒毛鳞片翘角平均值为 25.5°，鳞片高度平均值为 11.07μm，鳞片厚度平均值为 0.63μm；能谱的定量结果为：C 71.82%，O 23.43%，S 4.62%，Ca 0.23%（图 4 - 46、图 4 - 47、图 4 - 48、图 4 - 49）。

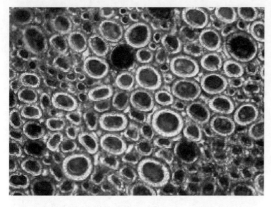

图 4 – 46　红狐针毛 300 ×（横）

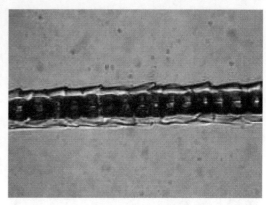

图 4 – 47　红狐绒毛 1 500 ×

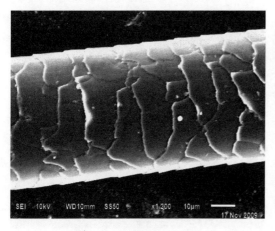

图 4 – 48　红狐针毛 1 200 ×

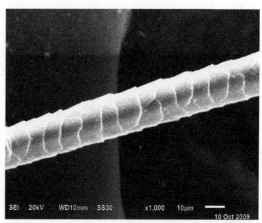

图 4 – 49　红狐绒毛 1 000 ×

4. 沙狐

根据产区可分为西沙狐和东沙狐。电镜下东沙狐针毛鳞片结构呈不规则的环状、瓦片状排列，绒毛鳞片结构呈规则的长瓣型排列；东沙狐针毛鳞片高度平均值为 9.82μm，鳞片厚度平均值为 0.40μm；能谱的定量结果为：C 69.77%，O 2581%，S 4.28%，Ca 0.22%。东沙狐绒毛鳞片翘角平均值为 23.8°；鳞片高度平均值为 13.16μm，鳞片厚度平均值为 0.39μm；能谱的定量结果为：C 70.56%，O 25.43%，S 3.84%，Ca 0.29%。电镜下西沙狐针毛鳞片结构呈规则的长瓣型及方瓣型排列，绒毛鳞片结构呈规则的长瓣型及斜环形排列；西沙狐鳞片高度平均值为 18.35μm，鳞片厚度平均值为 0.55μm；能谱的定量结果为：C 69.66%，O 25.43%，S 4.63%，Ca 0.38%。西沙狐绒毛鳞片翘角平均值为 27.4°；鳞片高度平均值为 20.76μm，鳞片厚度平均值为 0.60μm；能谱的定量结果为：C 71.01%，O 24.77%，S 4.15%，Ca 0.15%（图 4 – 50、图 4 – 51、图 4 – 52、图 4 – 53、图 4 – 54、图 4 – 55）。

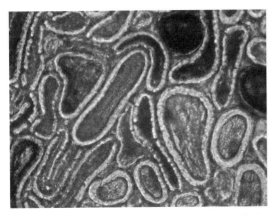

图4-50　西沙狐针毛600×（横）

图4-51　西沙狐针毛600×

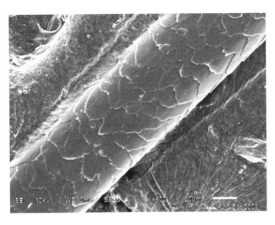

图4-52　西沙狐针毛800×

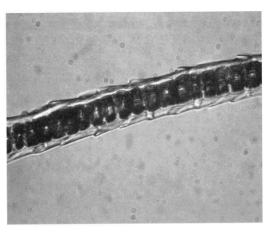

图4-53　东沙狐绒毛1 100×

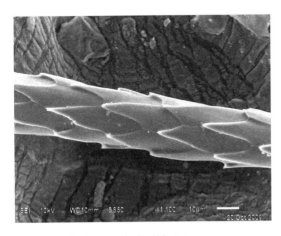

图4-54　东沙狐绒毛1 500×

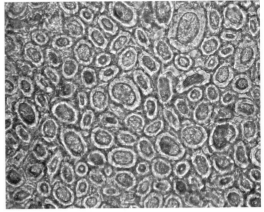

图4-55　东沙狐绒毛600×（横）

5. 十字狐

电镜下十字狐针毛鳞片结构呈不规则的瓦片状排列，绒毛鳞片结构呈不规则的单圆瓣状排列；十字狐针毛翘角平均值为25.4°；鳞片高度平均值为16.45μm，鳞片厚度平均值为0.79μm；能谱的定量结果为：C 70.02%，O 31.27%，S 4.49%，Ca 0.28%。十字狐绒毛鳞片翘角平均值为21.7°；鳞片高度平均值为8.71μm，鳞片厚度平均值为0.35μm；能谱的定量结果为：C 70.33%，O 25.32%，S 4.04%，Ca 0.41%（图4-56、图4-57、图4-58、图4-59）。

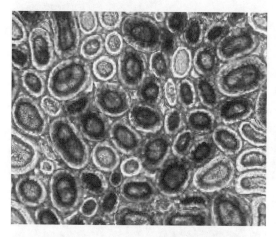

图4-56　十字狐针毛600×（横）

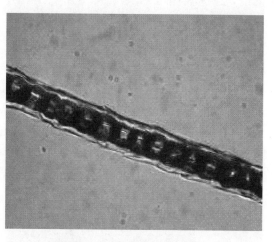

图4-57　十字狐绒毛1 500×

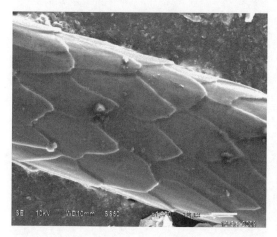

图4-58　十字狐针毛1 300×

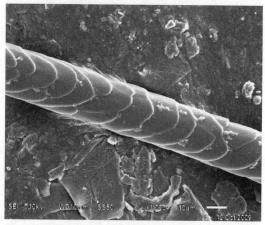

图4-59　十字狐绒毛1 000×

6. 芬兰雪狐

电镜下进口雪狐鳞片结构呈不规则的环状、瓦片状排列；进口雪狐针毛鳞片高度平均值为10.29μm，鳞片厚度平均值为0.76μm；能谱的定量结果为：C 70.58%，O 24.85%，S 4.49%，Ca 0.52%。进口雪狐绒毛鳞片翘角平均值为18.9°；鳞片高度平均值为19.52μm，鳞片厚度平均值为1.04μm；能谱的定量结果为：C 68.71%，O 25.42%，S 5.86%，Ca 0.05%（图4-60、图4-61、图4-62、图4-63）。

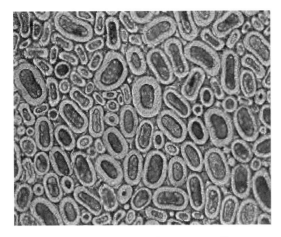

图4-60 芬兰雪狐针毛300×（横）

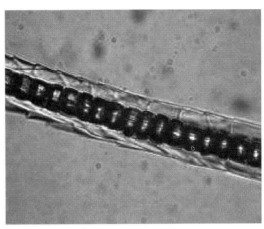

图4-61 芬兰雪狐绒毛1 500×

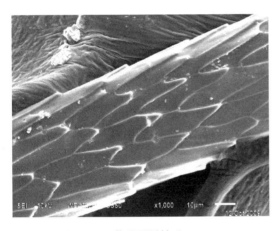

图4-62 芬兰雪狐针毛1 000×

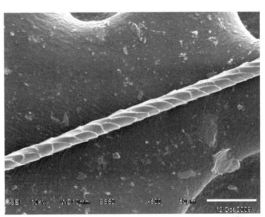

图4-63 芬兰雪狐绒毛500×

7. 国产雪狐

电镜下雪狐针毛鳞片结构呈规则的长瓣型及杂波型排列，绒毛鳞片结构呈规则的斜环形；雪狐针毛鳞片高度平均值为13.02μm，鳞片厚度平均值为0.53μm；能谱的定量结果为：C 68.50%，O 26.40%，S 4.85%，Ca 0.29%。雪狐绒毛鳞片高度平均值为21.32μm，鳞片厚度平均值为0.61μm；能谱的定量结果为：C 68.95%，O 27.67%，S 3.37%，Ca 0.11%（图4-64、图4-65）。

8. 貉皮

（1）南貉

电镜下南貉针毛鳞片结构呈规则的杂波型排列，绒毛鳞片结构呈规则的方瓣型排列；南貉针毛鳞片翘角平均值为35.1°，鳞片高度平均值为14.54μm，鳞片厚度平均值为0.67μm；能谱的定量结果为：C 69.53%，O 24.63%，S 5.78%，Ca 0.13%。南貉绒毛鳞片翘角平均值为32.7°，鳞片高度平均值为16.41μm，鳞片厚度平均值为0.65μm；能谱的定量结果为：C 70.88%，O 24.56%，S 4.55%，Ca 0.01%（图4-66、图4-67、图4-68、图4-69）。

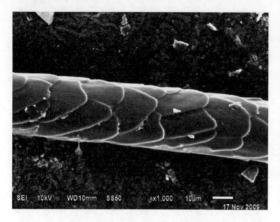

图 4 - 64　雪狐绒毛 1 000 ×

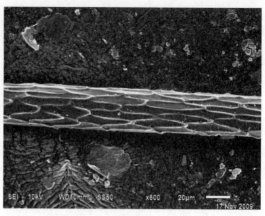

图 4 - 65　雪狐绒毛 600 ×

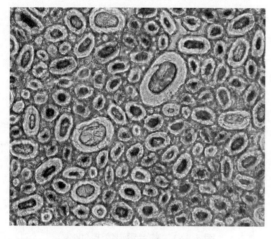

图 4 - 66　南貉绒毛 600 ×（横）

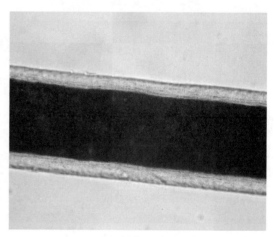

图 4 - 67　南貉针毛 600 ×

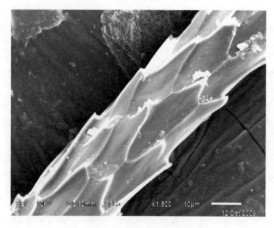

图 4 - 68　南貉绒毛 1 500 ×

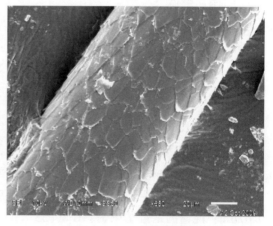

图 4 - 69　南貉针毛 650 ×

（2）北貉

电镜下北貉针毛鳞片结构呈规则的杂波型排列，绒毛鳞片结构呈规则的斜环形排列；北貉针毛鳞片高度平均值为 5.82μm，鳞片厚度平均值为 0.42μm；能谱的定量结果为：C 76.20%，O 22.83%，Cu 0.03%，Zr 0.05%，Pt 0.66%，Pb 0.26%。北貉绒毛鳞片高度平均值为 7.37μm，鳞片厚度平均值为 0.48μm；能谱的定量结果为：C 52.30%，O 43.43%，Cu 0.01%，Pt 2.74%，Pb 1.51%（图 4-70、图 4-71）。

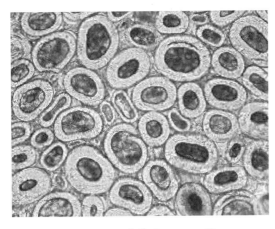

图 4-70　北貉针毛 300×（横）

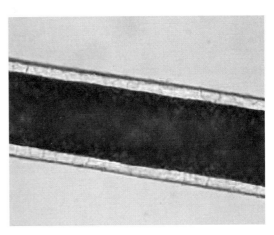

图 4-71　北貉针毛 600×

（3）美洲貉

电镜下美洲貉针毛鳞片结构呈规则的杂波型及长瓣型排列，绒毛鳞片结构呈规则的杂瓣型排列；美洲貉针毛鳞片高度平均值为 6.05μm，鳞片厚度平均值为 0.26μm；能谱的定量结果为：C 70.59%，O 23.49%，S 5.72%，Ca 0.31%。美洲貉绒毛鳞片翘角平均值为 25.5°，鳞片高度平均值为 13.04μm，鳞片厚度平均值为 0.51μm；能谱的定量结果为：C 72.07%，O 23.22%，S 4.68%，Ca 0.16%（图 4-72、图 4-73、图 4-74、图 4-75）。

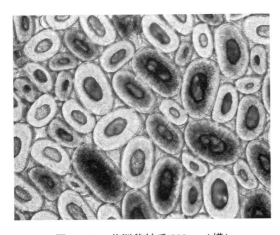

图 4-72　美洲貉针毛 300×（横）

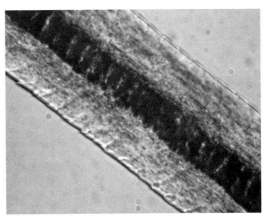

图 4-73　美洲貉针毛 1500×

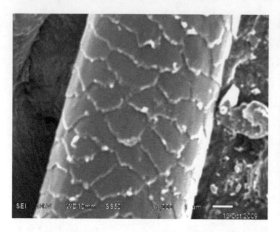

图 4 –74　美洲貉针毛 1 000 ×

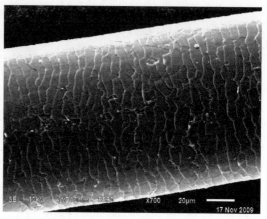

图 4 –75　美洲貉针毛 700 ×

9. 狸子

（1）北狸

电镜下北狸针毛鳞片结构呈规则的杂波型及杂瓣型排列，绒毛鳞片结构呈规则的冠状型、杂瓣型及方瓣型排列；北狸针毛鳞片翘角平均值为 36.9°；鳞片高度平均值为 10.14μm，鳞片厚度平均值为 0.40μm；能谱的定量结果为：C 70.17%，O 24.82%，S 4.85%，Ca 0.20%。北狸绒毛鳞片翘角平均值为 24.3°；鳞片高度平均值为 14.53μm，鳞片厚度平均值为 0.45μm；能谱的定量结果为：C 71.61%，O 23.62%，S 4.47%，Ca 0.37%（图4 –76、图 4 –77、图 4 –78、图 4 –79）。

（2）南狸

电镜下南狸针毛鳞片结构呈规则的杂波型排列，绒毛鳞片结构呈规则的方瓣型、螺旋状排列；南狸针毛鳞片翘角平均值为 34.9°，鳞片高度平均值为 6.46μm，鳞片厚度平均值为 0.30μm；能谱的定量结果为：C 69.76%，O 24.68%，S 5.40%，Ca 0.51%。南狸绒毛翘角平均值为 24.1°，鳞片高度平均值为 8.45μm，鳞片厚度平均值为 0.48μm；能谱的定量结果为：C 71.58%，O 24.29%，S 4.04%，Ca 0.22%（图 4 –80、图 4 –81、图 4 –82、图 4 –83）。

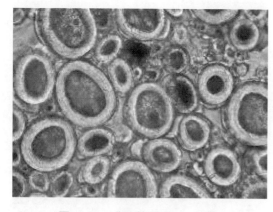

图 4 –76　北狸针毛 600 ×（横）

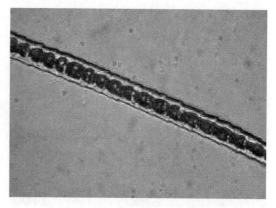

图 4 –77　北狸绒毛 1 500 ×

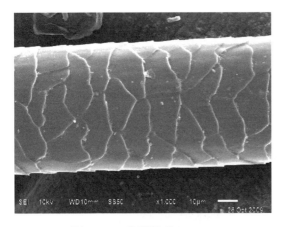

图 4 - 78　北狸针毛 1 000 ×

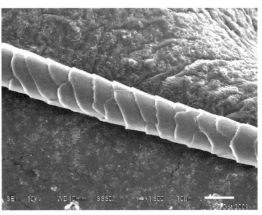

图 4 - 79　北狸绒毛 1 500 ×

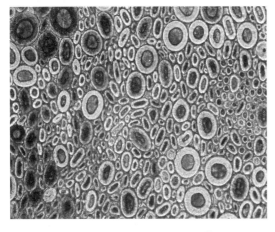

图 4 - 80　南狸针毛 300 ×（横）

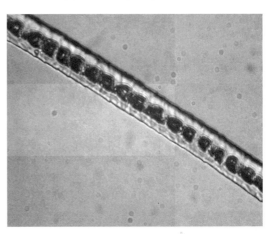

图 4 - 81　南狸绒毛 1 500 ×

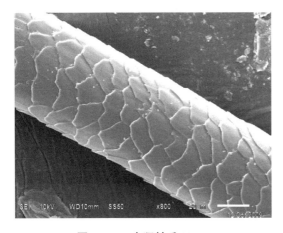

图 4 - 82　南狸针毛 800 ×

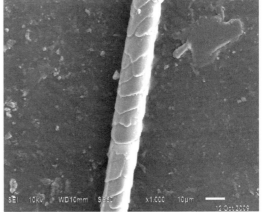

图 4 - 83　南狸绒毛 1 000 ×

10. 玛瑙兔狲

电镜下玛瑙兔狲的针毛鳞片结构呈规则的杂波型排列，绒毛鳞片结构呈规则的杂瓣型、环形排列；玛瑙针毛鳞片翘角平均值为 31.9°，鳞片高度平均值为 10.65 μm，鳞片厚度平均值为 0.52μm；能谱的定量结果为：C 70.53%，O 25.17%，S 4.05%，Ca 0.27%。玛瑙兔猁的绒毛鳞片翘角平均值为 24.8°，鳞片高度平均值为 9.30μm，鳞片厚度平均值为 0.46μm；能谱的定量结果为：C 70.64%，O 25.33%，S 3.95%，Ca 0.20%（图 4 - 84、图 4 - 85、图 4 - 86、图 4 - 87）。

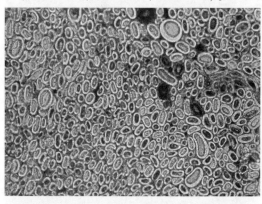

图 4 - 84　玛瑙兔猁针毛 300 ×（横）

图 4 - 85　玛瑙兔猁针毛 600 ×

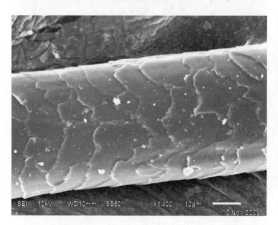

图 4 - 86　玛瑙兔猁针毛 1 400 ×

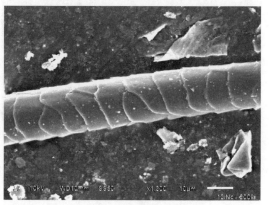

图 4 - 87　玛瑙兔猁绒毛 1 300 ×

（三）野生杂皮类动物毛、绒纤维超微结构特点

1. 袋鼠

电镜下袋鼠针毛鳞片结构呈规则的扁平型排列，绒毛鳞片结构呈规则的环形竹节状排列；袋鼠针毛鳞片翘角平均值为 28.1°；鳞片高度平均值为 7.68μm，鳞片厚度平均值为 0.42μm；能谱的定量结果为：C 69.94%，O 25.06%，S 4.98%，Ca 0.08%。袋鼠绒毛鳞片高度平均值为 10.84μm，鳞片厚度平均值为 0.74μm；能谱的定量结果为：C 71.46%，O 25.13%，S 3.19%，Ca 0.39%（图 4 - 88、图 4 - 89、图 4 - 90、图 4 - 91）。

2. 野兔

电镜下野兔粗毛鳞片结构呈规则的冠状型排列，绒毛鳞片结构呈规则的冠状型、斜环状排列；野兔粗毛鳞片高度平均值为 6.52μm，鳞片厚度平均值为 0.56μm；能谱的定量结果为：C 69.23%，O 24.99%，S 5.48%，Ca 0.30%。野兔绒毛鳞片高度平均值为

7.63μm，鳞片厚度平均值为 0.42μm；能谱的定量结果为：C 70.96%，O 24.66%，S 3.98%，Ca 0.79%（图 4 - 92、图 4 - 93、图 4 - 94、图 4 - 95）。

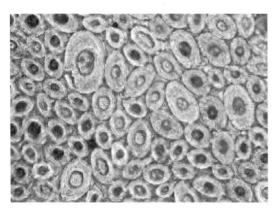

图 4 - 88　袋鼠针毛 600 ×（横）

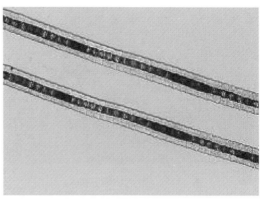

图 4 - 89　袋鼠绒毛 600 ×（纵）

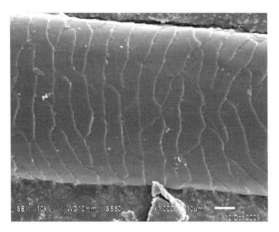

图 4 - 90　袋鼠针毛 1 000 ×

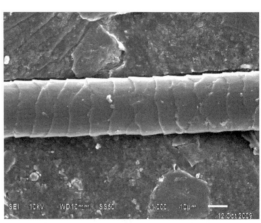

图 4 - 91　袋鼠绒毛 1 000 ×

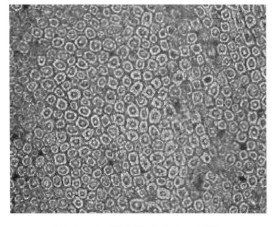

图 4 - 92　野兔绒毛 600 ×（横）

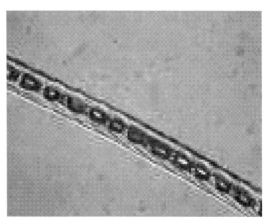

图 4 - 93　野兔绒毛 1 500 ×

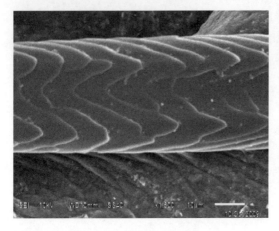

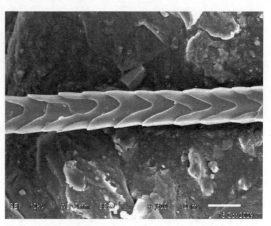

图 4 - 94　野兔针毛 1 500 ×　　　　　　　　图 4 - 95　野兔绒毛 1 600 ×

3. 河狸

电镜下河狸针毛鳞片结构呈规则的杂波及杂瓣型排列，绒毛鳞片结构呈规则的环状、斜环状的竹节状排列；河狸针毛鳞片翘角平均值为 26.7°；鳞片高度平均值为 5.54μm，鳞片厚度平均值为 0.32μm；能谱的定量结果为：C 68.43%，O 27.68%，S 3.87%，Ca 0.09%。河狸绒毛翘角平均值为 22.8°；鳞片高度平均值为 7.07μm，鳞片厚度平均值为 0.27μm；能谱的定量结果为：C 72.51%，O 23.24%，S 4.04%，Ca 0.25%（图 4 - 96、图 4 - 97、图 4 - 98、图 4 - 99）。

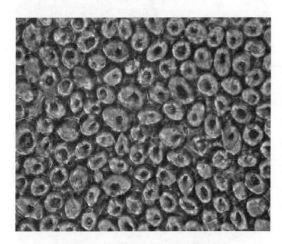

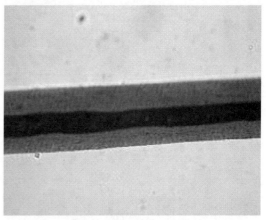

图 4 - 96　河狸绒毛 1 500 ×　（横）　　　　　图 4 - 97　河狸针毛 600 ×

4. 狗獾

电镜下狗獾针毛鳞片结构呈规则的杂波型排列，绒毛鳞片结构呈不规则的锯齿状排列；狗獾鳞片高度平均值为 4.84μm，鳞片厚度平均值为 0.45μm；能谱的定量结果为：C 70.00%，O 24.30%，S 5.58%，Ca 0.34%。狗獾绒毛鳞片翘角平均值为 25.8°；鳞片高度平均值为 22.59μm，鳞片厚度平均值为 0.74μm；能谱的定量结果为：C 70.71%，O 23.23%，S 5.92%，Ca 0.19%（图 4 - 100、图 4 - 101、图 4 - 102、图 4 - 103）。

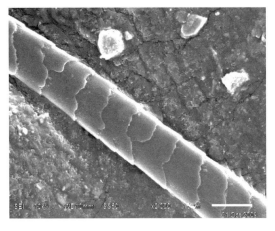

图 4-98 河狸绒毛 2 000×

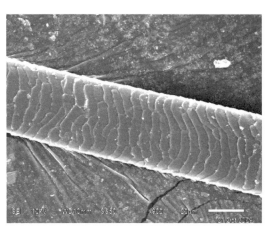

图 4-99 河狸针毛 900×

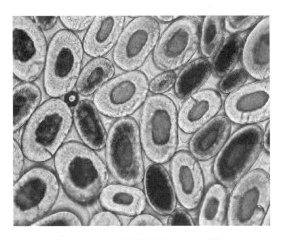

图 4-100 狗獾针毛 300×（横）

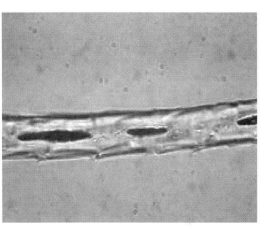

图 4-101 狗獾绒毛 1 500×

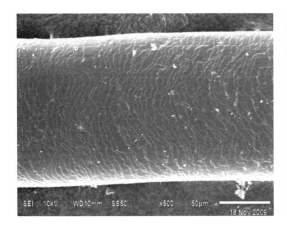

图 4-102 狗獾针毛 500×

图 4-103 狗獾绒毛 1 000×

5. 狼

电镜下狼针毛鳞片结构呈规则的长瓣型及方瓣型排列，绒毛鳞片结构呈不规则的环状、斜环状紧密包裹排列；狼针毛鳞片翘角平均值为 36.0°，鳞片高度平均值为 24.57μm，鳞片厚度平均值为 0.60μm；能谱的定量结果为：C 68.67%，O 25.68%，S 5.26%，Ca 0.48%。狼绒毛鳞片翘角平均值为 24.7°，鳞片高度平均值为 8.18μm，鳞片厚度平均值为 0.60μm；能谱的定量结果为：C 68.59%，O 26.12%，S 5.27%，Ca 0.02%（图 4 – 104、图 4 – 105、图 4 – 106、图 4 – 107）。

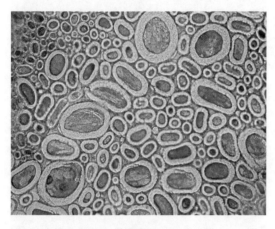

图 4 – 104　狼毛粗毛 300 ×（横）

图 4 – 105　狼毛粗毛 300 ×（纵）

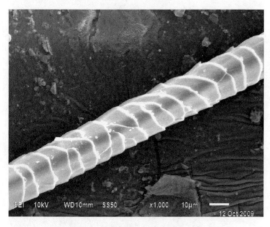

图 4 – 106　狼毛绒毛 1 000 ×

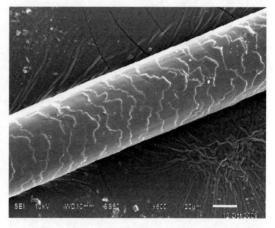

图 4 – 107　狼毛针毛 600 ×

6. 黄猺

电镜下黄猺针毛鳞片结构呈杂波型排列，绒毛鳞片结构呈杂瓣型排列；黄猺针毛鳞片翘角平均值为 37.8°，鳞片高度平均值为 4.33μm，鳞片厚度平均值为 0.24μm；能谱的定量结果为：C 68.09%，O 25.20%，S 6.60%，Ca 0.18%。黄猺绒毛鳞片高度平均值为 13.88μm，鳞片厚度平均值为 0.65μm；能谱的定量结果为：C 68.79%，O 25.34%，S 5.86%，Ca 0.36%（图 4 – 108、图 4 – 109、图 4 – 110、图 4 – 111）。

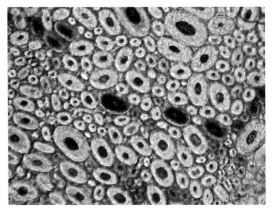

图 4 – 108 黄猼毛绒 300 ×（横）

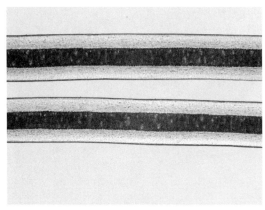

图 4 – 109 黄猼粗毛 300 ×

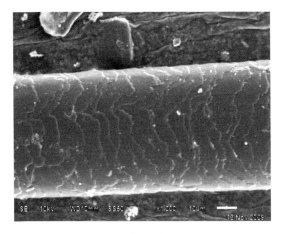

图 4 – 110 黄猼绒毛 1 000 ×

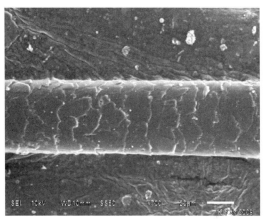

图 4 – 111 黄猼针毛 700 ×

7. 漠猫

电镜下漠猫（草猫）针、绒毛鳞片结构呈规则的扁平状及方瓣状排列；草猫针毛鳞片高度平均值为 21.36μm，鳞片厚度平均值为 0.60μm；能谱的定量结果为：C 76.20%，O 22.83%，Pt 0.42%，Pb 0.41%。草猫绒毛鳞片翘角平均值为 17.6°，鳞片高度平均值为 11.40μm，鳞片厚度平均值为 0.58μm；能谱的定量结果为：C 76.81%，O 22.48%，Pt 0.34%，Pb 0.37%（图 4 – 112、图 4 – 113）。

8. 麂子

电镜下麂子针毛鳞片结构呈杂瓣型排列，绒毛鳞片结构呈环状排列；麂子针毛鳞片高度平均值为 14.88μm，鳞片厚度平均值为 0.64μm；能谱的定量结果为：C 77.86%，O 21.17%，Pt 0.52%，Pb 0.44%。麂子绒毛鳞片高度平均值为 9.55μm，鳞片厚度平均值为 0.54μm；能谱的定量结果为：C 78.33%，O 20.42%，Cu 0.02%，Zr 0.38%，Pt 0.54%，Pb 0.32%（图 4 – 114、图 4 – 115）。

图 4 - 112 漠猫绒毛 500 ×

图 4 - 113 漠猫绒毛 1 000 ×

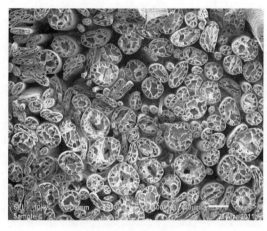

图 4 - 114 麂子绒毛 100 ×

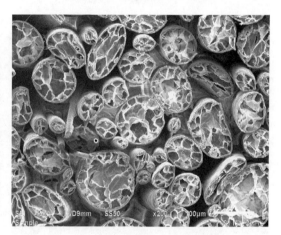

图 4 - 115 麂子绒毛 200 ×

（四）家畜制裘类动物毛、绒纤维超微结构特点

1. 狗

电镜下狗针毛鳞片结构呈扁平型排列，绒毛鳞片结构呈环状、斜环状竹节样排列；狗针毛鳞片翘角平均值为 28.5°；鳞片高度平均值为 8.49 μm，鳞片厚度平均值为 0.44 μm，能谱的定量结果为：C 69.43%，O 26.63%，S 3.83%，Ca 0.29%。狗绒毛鳞片翘角平均值为 20.7°；鳞片高度平均值为 13.72 μm，鳞片厚度平均值为 0.63 μm；能谱的定量结果为：C 71.78%，O 23.82%，S 4.36%，Ca 0.17%（图 4 - 116、图 4 - 117、图 4 - 118、图 4 - 119）。

2. 藏獒

电镜下藏獒针毛鳞片结构呈杂波型排列，绒毛鳞片结构呈环状、斜环状排列；藏獒针毛鳞片高度平均值为 10.24 μm，鳞片厚度平均值为 0.44 μm；能谱的定量结果为：C 71.85%，O 23.44%，S 4.51%，Ca 0.30%。藏獒绒毛鳞片高度平均值为 10.13 μm，鳞片厚度平均值为 0.41 μm；能谱的定量结果为：C 73.55%，O 23.02%，S 3.12%，Ca 0.64%（图 4 - 120、图 4 - 121、图 4 - 122、图 4 - 123）。

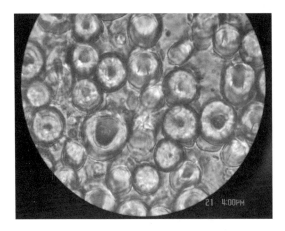

图4-116 狼狗毛600×（横）

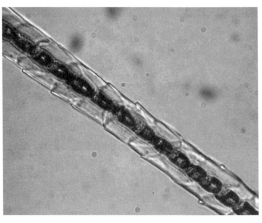

图4-117 狼狗绒毛1 500×

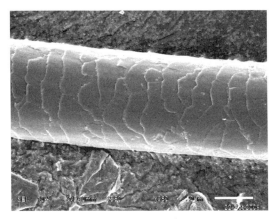

图4-118 狼狗毛950×

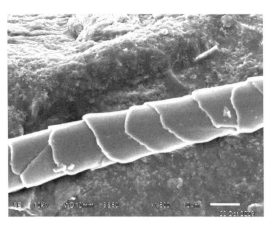

图4-119 狼狗绒毛1 500×

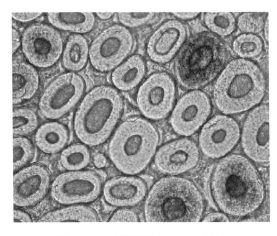

图4-120 藏獒粗毛600×（横）

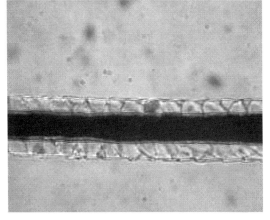

图4-121 藏獒细毛1 500×

3. 兔

（1）安哥拉兔

电镜下安哥拉兔毛鳞片结构呈不规则的长瓣型、方瓣型排列；安哥拉兔毛鳞片翘角平均

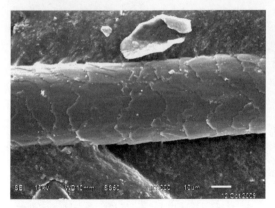

图 4 - 122　藏獒粗毛 1 000 ×

图 4 - 123　藏獒绒毛 2 000 ×

值为 28.0°；鳞片高度平均值为 40.09μm，鳞片厚度平均值为 0.77μm；能谱的定量结果为：C 70.13%，O 30.34%，S 5.48%，Ca 0.09%。安哥拉兔绒鳞片翘角平均值为 25.1°；鳞片高度平均值为 13.49μm，鳞片厚度平均值为 0.81μm；能谱分析为 C 70.64%，O 24.58%，S 4.78%，Ca 0.04%（图 4 - 124、图 4 - 125、图 4 - 126、图 4 - 127）。

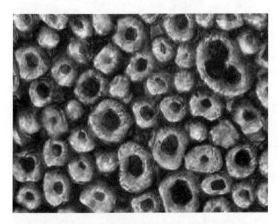

图 4 - 124　安哥拉兔绒毛 1 500 ×（横）

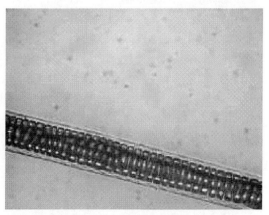

图 4 - 125　安哥拉兔粗毛 600 ×

图 4 - 126　安哥拉兔绒毛 2 000 ×

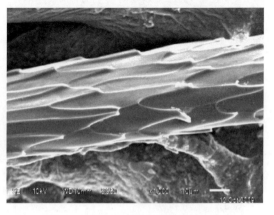

图 4 - 127　安哥拉兔粗毛 1 000 ×

（2）獭兔

电镜下獭兔（灰色）毛鳞片结构呈不规则的冠状型及扁平型排列；獭兔毛鳞片翘角平均值为23.3°；鳞片高度平均值为7.53μm，鳞片厚度平均值为0.32μm；能谱的定量结果为：C 71.02%，O 23.86%，S 4.92%，Ca 0.42%。獭兔（白色）电镜下獭兔毛鳞片结构呈不规则的环状、瓦状排列；獭兔毛鳞片高度平均值为8.02μm，鳞片厚度平均值为0.36μm；能谱的定量结果为：C 70.92%，O 24.29%，S 4.67%，Ca 0.45%（图4-128、图4-129、图4-130、图4-131）。

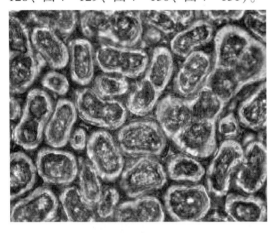

图4-128 獭兔毛1 500×（横）

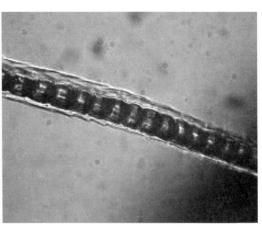

图4-129 獭兔绒毛1 500×

图4-130 獭兔毛1 600×

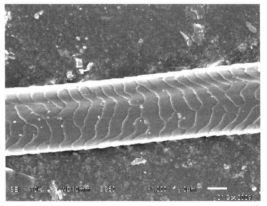

图4-131 獭兔绒毛1 000×

（3）家兔

电镜下家兔毛鳞片结构呈规则的斜环状、冠状型排列；兔针毛鳞片翘角平均值为31.2°；鳞片高度平均值为7.03μm，鳞片厚度平均值为0.36μm；能谱的定量结果为：C 70.05%，O 24.10%，S 5.36%，Ca 0.51%。兔绒毛鳞片翘角平均值为23.5°；鳞片高度平均值为8.09μm，鳞片厚度平均值为0.31μm；能谱的定量结果为：C 71.75%，O 24.49%，S 3.66%，Ca 0.21%（图4-132、图4-133、图4-134、图4-135）。

4. 猫

电镜下猫针毛鳞片结构呈扁平型及杂波型排列，绒毛鳞片结构呈扁平型及杂瓣型排

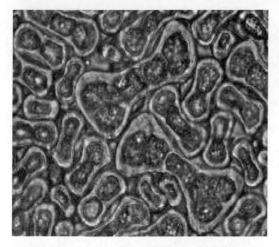

图 4 – 132　家兔毛 1 500 ×（横）

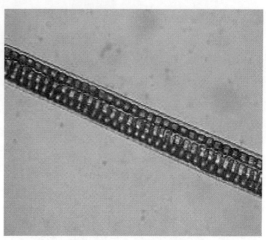

图 4 – 133　家兔毛 600 ×

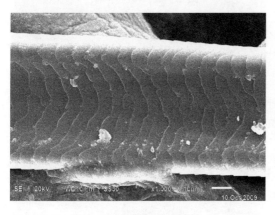

图 4 – 134　家兔毛 1 000 ×

图 4 – 135　家兔毛 2 000 ×

列；猫针毛鳞片高度平均值为 6.14μm，鳞片厚度平均值为 0.45μm，能谱的定量结果为：C 76.78%，O 22.34%，Pt 0.38%，Pb 0.50%。猫绒毛鳞片高度平均值为 7.71μm，鳞片厚度平均值为 0.53μm；能谱的定量结果为：C 76.64%，O 22.50%，Pt 0.39%，Pb 0.47%（图 4 – 136、图 4 – 137）。

5. 绵羊

绵羊毛由鳞片层、皮质层和髓质层组成。物理性质指标主要有细度、长度、卷曲、强伸度、弹性、毡合性、吸湿性、颜色和光泽等。细度是确定毛纤维品质和使用价值的重要工艺特性，细度越小，支数越高，纺出的毛纱越细；在细度相同的情况下，羊毛愈长，纺纱性能愈高，成品的品质愈好；羊毛纤维的卷曲与毛被形态、纤维线密度、弹性、抱合力和缩绒性等都有一定关系，细毛弯曲数多而密度大，粗毛呈波形或平展无弯；各类羊毛的断裂强度有很大差异，同质毛的细度与其绝对强度成正比，毛愈粗其强度愈大。有髓毛的髓质愈发达，其抗断能力愈差；羊毛的毡合性和吸湿性一般较优良，光泽常与纤维表面的鳞片覆盖状态有关，细毛对光线的反射能力较弱，光泽较柔和，粗毛的光泽强而发亮，弱光泽常因鳞片层受损所致。

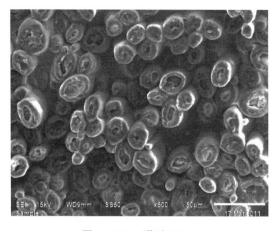

图 4 - 136 猫毛 500 ×

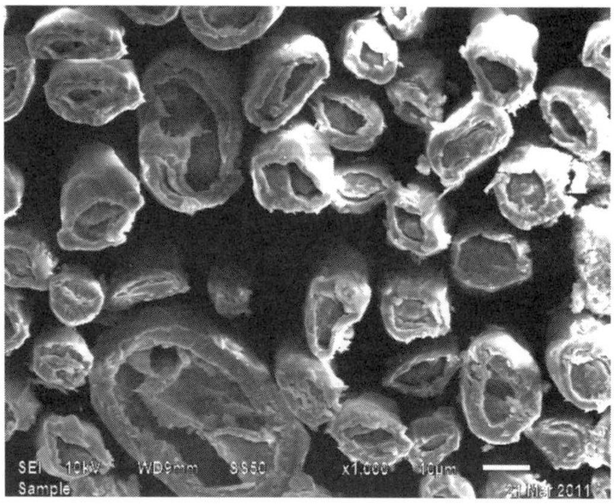

图 4 - 137 猫毛 1 000 ×

（1）澳洲美利奴羊

电镜下澳毛鳞片结构呈不规则的环状、瓦片状排列；澳毛鳞片翘角平均值为 34.2°；鳞片高度平均值为 10.24μm，鳞片厚度平均值为 0.53μm；能谱的定量结果为：C 73.68%，O 23.08%，S 3.16%，Ca 0.19%（图 4 - 138、图 4 - 139、图 4 - 140、图 4 - 141）。

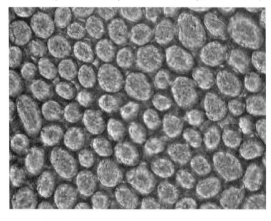

图 4 - 138 澳毛 600 ×（横）

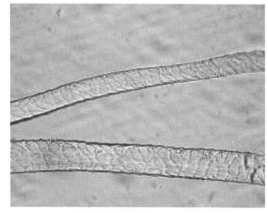

图 4 - 139 澳毛 600 ×

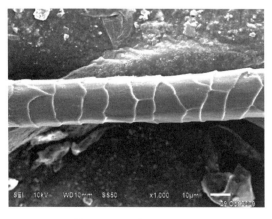

图 4 - 140 澳毛 1 000 ×

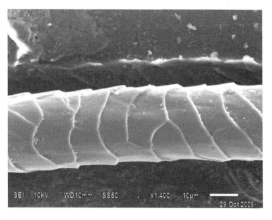

图 4 - 141 澳毛 1 400 ×

（2）寒羊

电镜下寒羊羔毛鳞片结构呈规则的环状、方瓣状排列；寒羊羔毛鳞片翘角平均值为26.4°；鳞片高度平均值为12.86μm，鳞片厚度平均值为0.59μm，能谱的定量结果为：C 71.10%，O 24.26%，S 4.40%，Ca 0.42%（图4－142、图4－143、图4－144、图4－145）。

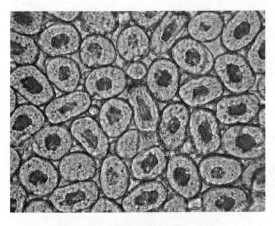

图4－142　寒羊羔毛600×（横）

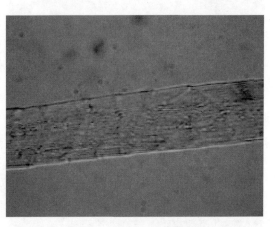

图4－143　寒羊羔毛1 500×

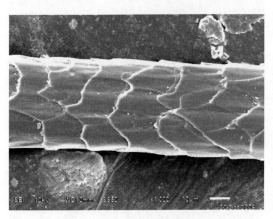

图4－144　寒羊羔毛1 000×

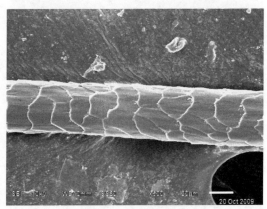

图4－145　寒羊羔毛600×

（3）小尾寒羊

电镜下小尾寒羊鳞片结构呈规则的网状排列；小尾寒羊鳞片翘角平均值为33.2°；鳞片高度平均值为12.95μm，鳞片厚度平均值为0.63μm，能谱的定量结果为：C 72.16%，O 23.93%，S 3.82%，Ca 0.14%（图4－146、图4－147、图4－148、图4－149）。

（4）青海细毛羊

电镜下青海细羊毛鳞片结构呈规则的环状排列；青海细羊毛鳞片翘角平均值为31.9°；鳞片高度平均值为10.69μm，鳞片厚度平均值为0.46μm；能谱的定量结果为：C 73.47%，O 23.32%，S 3.18%，Ca 0.05%（图4－150、图4－151、图4－152、图4－153）。

图 4 – 146 小尾寒羊绒毛 400 ×（横）

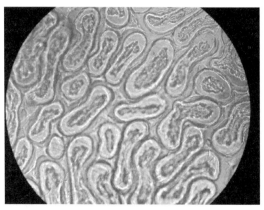

图 4 – 147 小尾寒羊粗毛 600 ×（横）

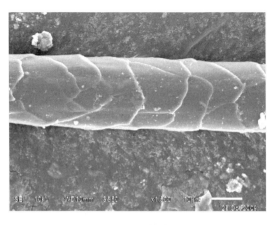

图 4 – 148 小尾寒羊绒毛 1 500 ×

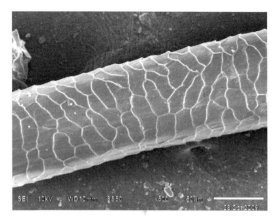

图 4 – 149 小尾寒羊粗毛 500 ×

图 4 – 150 青海细羊毛 600 ×（横）

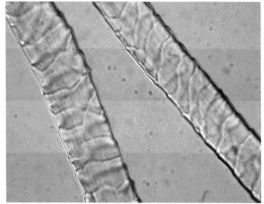

图 4 – 151 青海细羊毛 1 500 ×

图 4-152 青海细羊毛 1 000 ×

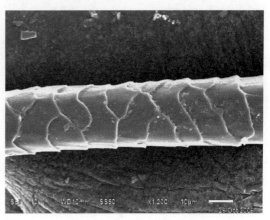

图 4-153 青海细羊毛 1 200 ×

（5）滩羊毛

电镜下滩羊毛鳞片结构呈规则的方瓣型排列；滩羊毛鳞片翘角平均值为 23.7°；鳞片高度平均值为 19.98 μm，鳞片厚度平均值为 0.64 μm；能谱的定量结果为：C 72.91%，O 24.08%，S 2.97%，Ca 0.12%（图 4-154、图 4-155、图 4-156、图 4-157）。

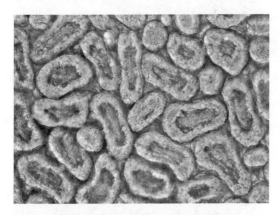

图 4-154 滩羊粗毛（横）600 ×

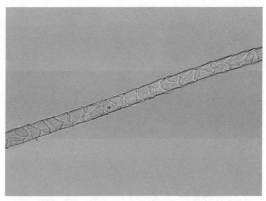

图 4-155 滩羊细毛 300 ×

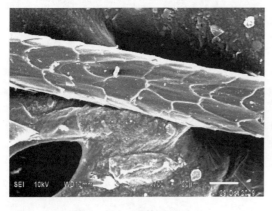

图 4-156 滩羊毛 700 ×

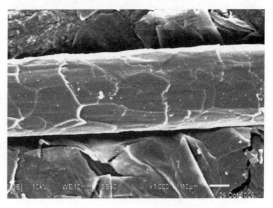

图 4-157 滩羊毛 1 000 ×

6. 山羊

（1）青海柴达木山羊

羊绒是取自绒山羊（又名开司米山羊）身上的一层细绒毛，由皮质层和鳞片层组成，鳞片薄而稀，彼此紧贴，卷曲数比羊毛少，摩擦系数比羊毛小，纤维间抱合力差，缩绒性较羊毛差，所以羊绒纤维从外观上看有天然光泽，手感柔软丰润、软、轻、暖、滑，富有弹性，光泽好，被誉为"纤维之王"。一般来说，浅色的羊绒大衣多源自白绒，品质较好；而深色的羊绒大衣大都取自紫绒或青绒，质量稍逊。山羊绒制品保暖性优于羊毛。在同样温湿度条件下，羊绒比羊毛容易吸湿。在水中数秒钟内，羊绒纤维即可浸湿，而羊毛浸湿却需几分钟（图4-158、图4-159）。

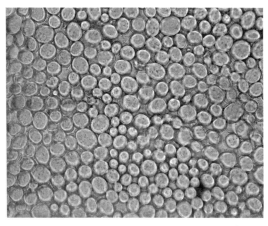

图4-158　青海山羊绒 600×（横）

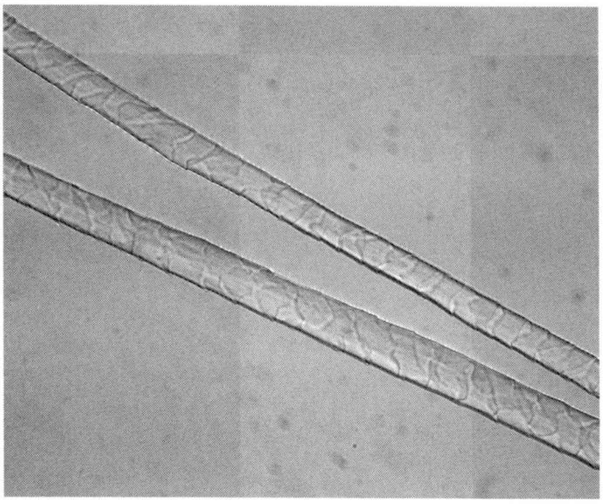

图4-159　青海山羊绒 600×

（2）中卫山羊

电镜下山羊绒鳞片结构多数呈环状，鳞片清晰，排列较均匀、规则，在同样的放大倍数下，羊绒要明显的比羊毛细。山羊绒鳞片翘角较羊毛小，平均值为23.5°；鳞片密度较羊毛小，范围在10.3~15.6个/mm；鳞片间距大，高度平均值为16.09μm，鳞片厚度平均值为0.46μm；能谱的定量结果为：C 72.11%，O 25.11%，S 2.46%，Ca 0.32%（图4-160、图4-161、图4-162、图4-163）。

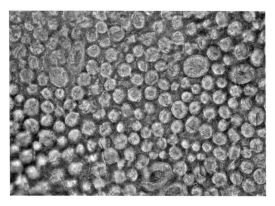

图4-160　中卫山羊绒 600×（横）

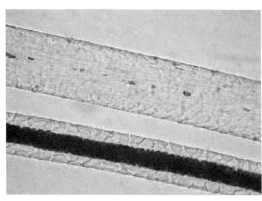

图4-161　中卫山羊粗毛 600×

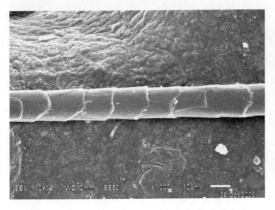

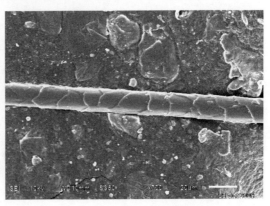

图 4 - 162　中卫山羊绒 1 000 ×　　　　　　图 4 - 163　中卫山羊绒 700 ×

（3）甘南山羊

电镜下甘南山羊毛鳞片结构呈规则的环状排列；甘南山羊毛粗毛鳞片翘角平均值为 33.0°；鳞片高度平均值为 11.85μm，鳞片厚度平均值为 0.51μm；能谱的定量结果为：C 73.74%，O 22.62%，S 3.44%，Ca 0.61%。甘南山羊毛绒毛鳞片翘角平均值为 23.0°；鳞片高度平均值为 14.62μm，鳞片厚度平均值为 0.42μm；能谱的定量结果为：C 74.51%，O 22.04%，S 3.18%，Ca 0.52%（图 4 - 164、图 4 - 165、图 4 - 166、图 4 - 167）。

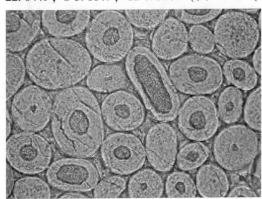

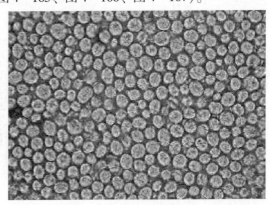

图 4 - 164　甘南山羊毛 600 ×（横）　　　　图 4 - 165　甘南山羊绒 600 ×（横）

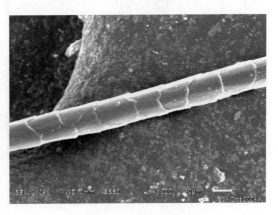

图 4 - 166　甘南山羊毛 650 ×　　　　　　　图 4 - 167　甘南山羊绒 1 000 ×

（五）胎毛皮类动物毛绒纤维组织结构特点

1. 猾子

（1）青猾子

电镜下青猾子毛鳞片结构呈规则的扁平型排列；青猾子毛鳞片翘角平均值为32.3°；鳞片高度平均值为 11.50μm，鳞片厚度平均值为 0.53μm；能谱的定量结果为：C 71.06%，O 24.79%，S 4.01%，Ca 0.28%（图 4 – 168、图 4 – 169、图 4 – 170、图 4 – 171）。

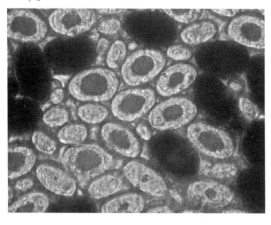

图 4 – 168　青猾子毛 600 ×（横）

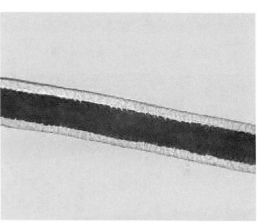

图 4 – 169　青猾子毛 600 ×

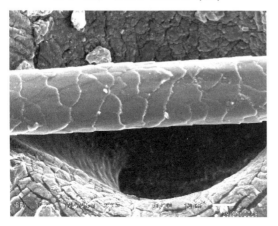

图 4 – 170　青猾子绒毛 1 000 ×

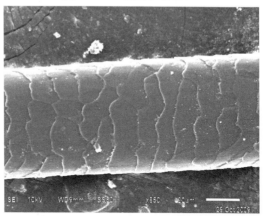

图 4 – 171　青猾子绒毛 850 ×

（2）白猾子

电镜下白猾子毛鳞片结构呈规则的扁平型排列；白猾子粗毛鳞片翘角平均值为 33.3°；鳞片高度平均值为 12.48μm，鳞片厚度平均值为 0.58μm；能谱的定量结果为：C 69.95%，O 26.57%，S 3.39%，Ca 0.22%。白猾子绒毛鳞片翘角平均值为 22.0°；鳞片高度平均值为 6.62μm，鳞片厚度平均值为 0.35μm；能谱的定量结果为：C 70.89%，O 25.16%，S 3.75%，Ca 0.50%（图 4 – 172、图 4 – 173、图 4 – 174、图 4 – 175）。

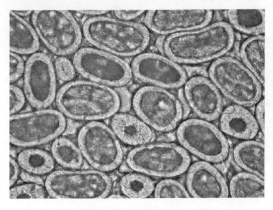

图4-172 白猾子毛600×（横）

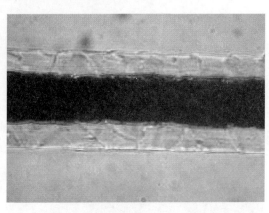

图4-173 白猾子毛1 500×

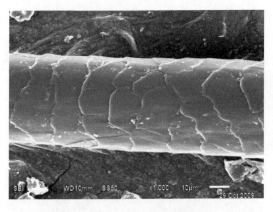

图4-174 白猾子针毛1 000×

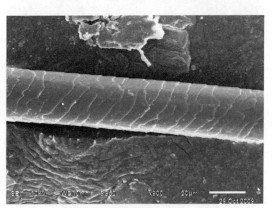

图4-175 白猾子绒毛900×

2. 湖羊

电镜下湖羊粗毛鳞片结构呈杂瓣型排列，绒毛鳞片结构呈环状、斜环状排列；湖羊粗毛鳞片翘角平均值为34.5°；鳞片高度平均值为14.40μm，鳞片厚度平均值为0.66μm；能谱的定量结果为：C 72.47%，O 23.40%，S 4.06%，Ca 0.13%。湖羊绒毛鳞片翘角平均值为24.6°；鳞片高度平均值为8.88μm，鳞片厚度平均值为0.52μm；能谱的定量结果为：C 72.72%，O 23.42%，S 3.62%，Ca 0.40%（图4-176、图4-177、图4-178、图4-179）。

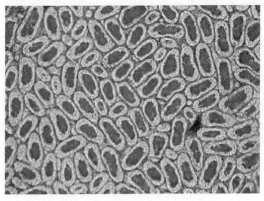

图4-176 湖羊毛300×（横）

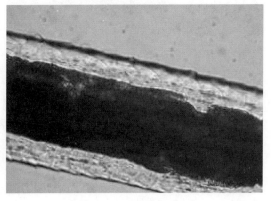

图4-177 湖羊毛1 500×

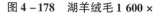

图 4-178　湖羊绒毛 1 600 ×

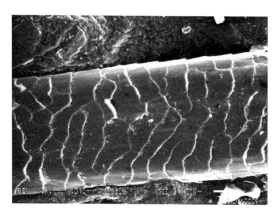

图 4-179　湖羊粗毛 700 ×

3. 卡拉库尔羊

电镜下卡拉库尔羊毛鳞片结构呈不规则的扁平型及杂瓣型排列；卡拉库尔羊粗毛鳞片翘角平均值为 38.8°，鳞片高度平均值为 15.34μm，鳞片厚度平均值为 0.66μm；能谱的定量结果为：C 70.26%，O 25.98%，S 3.50%，Ca 0.32%。卡拉库尔羊细毛鳞片翘角平均值为 24.7°，鳞片高度平均值为 9.38μm，鳞片厚度平均值为 0.49μm；能谱的定量结果为：C 70.89%，O 24.68%，S 3.97%，Ca 0.57%（图 4-180、图 4-181、图 4-182、图 4-183）。

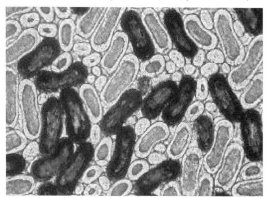

图 4-180　卡拉库尔羊毛 300 ×（横）

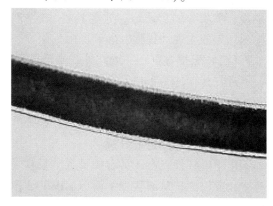

图 4-181　卡拉库尔羊毛 300 ×（纵）

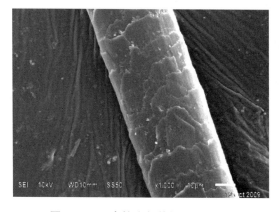

图 4-182　卡拉库尔羊粗毛 1 000 ×

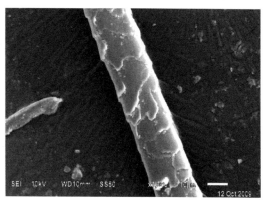

图 4-183　卡拉库尔羊细毛 1 000 ×

第五节 动物毛皮的鉴别

一、动物毛皮的鉴别方法

目前，国内外毛皮鉴别的方法主要有宏观观察法、近红外光谱法、微观结构观察法、和 DNA 分析法等。

（一）宏观观察法

宏观观察就是"眼观、手摸"。动物种类不同，其毛组成比例不同，也决定了毛皮的质量好坏。近几年来，毛皮服装已经成为流行的主流。在各种毛皮还未加工成成品之前，可根据皮张大小、形态特征判别动物种类。所有动物的毛都有其基本的形态和结构，而不同的动物在毛的形态上（如长短、粗细以及色泽等）又表现出很多的差异。一般通过对动物毛皮种类特征、生存环境和性别差异、颜色差异、季节差异，不同动物皮张的大小、皮板厚度、毛密度、毛长度、毛的平齐度、灵活度、润滑度以及尾长与体长的比例等鉴别动物毛皮的种类。

宏观观察法对检验人员的专业知识及专业背景要求较高，大部分检测经验都是"只能意会，难以言传"，一个毛皮检验员需要对几十万张，甚至上百万张毛皮进行"眼看、手摸、嘴吹"的实践后，才能具备一定的鉴别能力，该方法比较依赖于检验者的经验，检测结果的主观性很强、准确度因人而异。

（二）无损鉴别——近红外线光谱鉴别法

近红外（Near Infrared，NIR）光的波长范围是 780～2 526nm，这一区域主要是分子的倍频与合频吸收。随着计算机技术和化学计量学理论的发展，近红外光谱分析法克服了倍频与合频吸收强度弱，谱带复杂且重叠严重的缺点，可以充分利用全谱或多波长下的光谱数据进行定性或定量分析。

由于近红外光谱区具有谱带宽，吸收强度弱的特点，被测样品可不经稀释在较大样品池中完成检测，从而实现了简单的前处理，无损检测以及更具代表性的测试结果。近红外光谱分析效率高，重复性好，尤其适用于复杂样品的定量分析和在线检测。在国外，近红外光谱技术已广泛应用于农产品分析、石油化工以及制药等领域，并正在向纺织工业扩展，而国内近红外光谱技术的应用还主要集中在农副产品的品质分析及石油炼制等有限的领域，纺织品方面如纤维种类鉴定，含量分析等应用尚处在研究阶段。

（三）微观结构观察鉴别法

微观结构观察法主要通过光学显微镜或电子显微镜观察动物毛皮纤维形态结构，进行毛皮种类的鉴别。

1. 显微结构鉴别

毛发的微观结构研究至今已经有 160 多年的历史了，应用光学显微镜研究各类裘皮（蓝狐皮、水貂皮和獭兔皮）毛纤维的表面形态和显微结构，发现不同种类的动物毛纤维具有独特的表面形态特征，在内部超微结构上也存在明显的差别。

2. 超微结构鉴别

20 世纪 70 年代，电子显微镜被用于此领域。该方法所得到的毛结构图像分辨率高、清晰、精确、立体感强，从而使毛表面鳞片形态观察更为细致，促进了毛微观结构研究的发展。20 世纪 80 年代，利用扫描电镜鉴定毛微观结构的方法进一步完善，以体视学为代表的定量组织学方法也被应用到毛的微观结构研究中，通过扫描电镜观察蓝狐、貂和獭兔的鳞片结构，发现其特征各有不同，国内外学者在动物毛皮的微观形态结构特征和分类鉴别应用等方面做了大量工作并取得一定成效，但对于形态结构类似的毛皮种类，采用超微镜观察法亦不能准确判别。

（四）DNA 分析法

1992 年美国 Hamlym P. E. 等首次制作了具有绵羊特性的 DNA 探头，可区分从绵羊毛、山羊绒、马海毛中分离出的 DNA。日本纺织检查协会（JSIF）采用 DNA 分析法可定性鉴别狐狸毛、貂皮、马皮、猪皮和牛皮等动物纤维或毛皮。DNA 分析法主要包括 DNA 的提取、PCR 扩增、DNA 序列的测定三部分。其技术难点是从动物纤维或毛皮上提取 DNA，因为动物毛皮都经过前处理或放置较长时间，使 DNA 遭到破坏或降解，另外鉴别成本高、花费时间长也是 DNA 分析法推广应用的瓶颈。

目前，国内外动物毛皮的鉴定仍然没有统一的技术标准或较成熟的鉴别方法。通过技术手段规范动物毛皮生产和市场秩序已成为当今毛皮业健康发展的必行之路。因此，对 DNA 分析法及近红外光谱法等新型鉴别方法的研究及应用，不仅是科技发展的需要，同时更是市场的需求。

二、几种易混淆动物毛皮的鉴别

（一）玛瑙兔猁皮、草猫皮、土狸子皮、麻狸子皮

这几种均属于猫科、猫属动物的皮。尾粗，且均短于体躯之半，尖端黑色且圆，有黑环。主要区别见表 4 – 5。

表 4 – 5　玛瑙兔猁皮、草猫皮、土狸子皮、麻狸子皮主要区别

毛皮名称	原产动物	部　位		
		耳尖簇毛	尾	体毛
玛瑙皮	兔猁	耳小而圆，无簇毛	粗，具 6 ~ 8 个细而不明显的黑环	浅灰棕色或沙黄色，体后具数条隐暗的横纹
草猫皮	漠猫	长而多，黄色	前半背面具黄褐色纵纹，后半段具 3 个褐色环	锋毛长，衩毛草黄色，体侧有深黄色细横纹
土狸子皮	野猫	较短，褐色	前半段背面具黑色纵纹，后半段具 3 ~ 4 个黑半环	灰黄色，体后散布很多不规则小黑褐色斑和横纹，喉、腹部白色
麻狸子皮	丛林猫	最短，黑色	灰黄色，体后散布很多不规则小褐色斑和横纹，喉、腹部白色	黄褐色，无斑纹，毛粗糙，背中线锈色或深褐色

（二）狼皮、狗皮、豺皮

狼皮与豺皮容易区别，豺皮棕红色，毛绒空疏，而狗皮与狼皮被毛均有青色，有相似之处，其区别方法见表 4 – 6。

表 4 - 6   狗皮与狼皮的识别方法

部 位	狼 皮	狗 皮
头形	吻细，嘴岔阔	呈三角形，鼻端突出，额宽
额部、耳、四肢毛	短而粗直，无底绒	比狼毛长，细软，有底绒
尾	粗长，下垂，圆形	略短粗，呈扁圆形
肩部中脊毛绒	呈扇形向左右、后方散开	顺背脊线向后倾斜，无扇花状
被毛	细而长	粗硬而短

第五章 动物毛皮初加工技术和方法

第一节 毛被脱换与毛皮的质量

毛皮动物的毛被是按一定的规律生长和脱落的。毛被脱换过程所表现的特征，决定着毛皮质量，又是鉴定制裘原料皮品质的主要依据。因此，了解毛皮动物的毛被脱换时期，对原料皮的生产和提高毛皮质量具有重要意义。

一、毛皮动物毛被的成熟期

毛皮动物毛被的成熟时间，不仅有品种因素的影响，还有各种生态因子直接或间接地影响动物机体的生命和生活周期。根据不同种类毛皮动物在各自生长的自然状态下，秋季脱换毛被终止的早晚，即毛被成熟的先后，毛皮动物可分为4种类型。

（一）早期成熟类

一般是霜降以后至立冬前，毛被达到成熟的毛皮动物，主要有灰鼠、松鼠、花鼠、香鼠、银鼠、旱獭、松狼、竹鼠、鼯鼠等。

（二）中期成熟类

一般是在立冬至小雪，毛被达到成熟的毛皮动物，主要有黄鼬、水貂、紫貂、扫雪、艾虎、兔、獾等。

（三）晚期成熟类

一般是在小雪至大雪，期间毛被达到成熟的毛皮动物，主要有狐、貉、狼、猞猁、青猺、黄猺、狸子、九江狸、香狸、虎、豹、雪兔等。

（四）最晚期成熟类

一般是在大雪以后，毛被达到成熟的毛皮动物，主要有水獭、江獭、麝鼠、海狸鼠等。

二、毛皮动物毛被脱换的类型

毛被脱换的类型依据毛皮动物的种类和生活环境的不同而有所差异。大致分为1年2次脱换、1年1次脱换、常年零星脱换、永久性不脱换及补充脱换等五种类型。

（一）1年2次脱换

1年2次脱换毛被的毛皮动物较多，其中，肉食性动物有水貂、紫貂、扫雪貂、黄鼬、艾虎、香鼠、银鼠、鼬獾、青鼬、狐、貉、狗、猫、虎、豹、狸子、香狸、大灵猫、小灵猫等，草食性动物有家兔、（土）种绵羊、黄羊、山羊、獐、狍及各种鹿、麂、野山羊等。

1年2次脱换也称季节性脱换，即春季脱换和秋季脱换。

春季脱换一般是从春季开始逐渐脱去丰厚的冬型毛被，同时生长稀疏粗短的夏型毛被。脱换的顺序是从前向后脱落，最先是头部、颈部和前腿，其次是两肋和腹部，再脱向背部，最后是臀部和尾部。在脱落期间，夏毛也按脱毛顺序逐渐长出。

秋季脱换是从入秋以后，当夏型毛被还保持完整的时候，新的冬型毛已长出。当冬毛长到一定长度时，夏毛即开始脱落。在夏型毛脱落的同时，从原夏毛的毛囊内又生长出新型冬毛，直到冬型毛被达到成熟。脱换的顺序是从后向前，先从尾部、臀部开始，然后是背部和两肋，逐渐脱向腹部、颈部，最后脱头部、腿部。冬型毛绒亦按脱毛顺序生长。

（二）1年1次脱换

多为冬眠或半冬眠动物，如棕熊、黑熊、旱獭、花鼠、狗獾、猪獾等。

1年1次脱换毛被所需要的时间比较长，在整个脱换过程中，毛绒的生长呈间歇性。一般是冬眠出蛰后的一段时间，逐渐开始脱去较丰厚的毛绒，同时缓慢地生长出新型毛绒，整个毛被的新毛绒要到下次冬眠前才能完全成熟。另外，初生毛皮动物的胎毛，也是1年只脱换1次，一般在出生当年晚秋脱换。1年1次脱换毛被的顺序，先从背部或后颈部开始，再扩展到前颈部、臀部、两肋部，最后脱头部、腹部、尾部。

（三）常年零星脱换

主要是水陆两栖的水獭、江獭、麝鼠、海狸鼠和河狸。水陆两栖的毛皮动物，穴居于陆地，洞穴中冬暖夏凉。活动于水中，水温的季节变化不大，整个生活环境的温差变化不像陆生那样明显，季节性气温变化幅度较小，因此，毛被脱换持续的时间比较长。在常年毛被脱换过程中，毛绒是逐渐地、零星地、不明显地脱去老毛，而相继生长出新毛。但在每年的冬末春初不易发现明显的脱换现象。

（四）永不脱换及补充脱换

是指毛绒的生长期很长，一般超过一年以上，多达十几年不脱换。目前，在野生毛皮动物中还未曾发现，只是经过人工定向培育的少数毛皮动物，如细毛绵羊、半细毛绵羊、高代改良绵羊及长毛兔等。据绵羊育种部门测试资料记载，美利奴细毛羊如10年不进行剪毛，毛长竟达30.5cm，杂交代绵羊4年未剪毛，其毛被密度未见变化，而体侧毛长达60.96cm，腹部毛长达48.3cm，毛被均未发现脱换现象，只是毛绒生长速度逐渐缓慢而已。

（五）补充脱换

是指在生活过程中，因毛皮动物患有皮肤病或受机械性创伤愈合后所出现的一种补充性脱换毛被现象。这种脱换，往往是创伤部位毛绒脱换之后，伴随伤口的愈合，患处皮肤颜色变深，并逐渐生出新毛绒。当新生毛绒达到成熟，皮肤颜色也变浅了。补充生长的毛绒，往往与原毛被的毛色不相一致。新生的补充毛被，毛干较粗，针毛较多，颜色与周围的被毛不相同，甚至仅长白针，也有出旋毛的现象。补充脱换时，一般先长针毛，后长绒毛。

三、毛皮动物毛被脱换顺序

毛纤维生长到一定时期逐渐脱离毛囊，继而被新毛所取代，此称换毛；毛绒脱换按一定部位顺序进行，此称换毛顺序。

（一）脱胎毛长新毛

毛皮动物在出生前后，即脱掉胎毛长出新毛。虽然胚胎期皮肤中已经形成全部毛囊原始体，但在出生后，许多毛囊原始体仍处于休眠状态。已发育的毛囊原始体，每一个毛囊中只长出 1 根毛，这些稀疏的胎毛在皮肤上呈无规则的排列。

随着机体出生后的发育，大量的成体毛在皮肤上开始生长，即那些处于休眠状态的毛囊原始体发育成新毛。景松岩等通过对不同日龄仔貂皮肤切片的观察表明，仔貂最早出现成体毛的时间为 22 日龄，一般在 25 日龄出现。到 32～35 日龄时，又有大量绒毛长出皮肤，此时即有毛束出现。在成体毛出现的同时，胎毛逐渐脱落。45 日龄左右，成体毛已遍布全身。脱胎毛长成体毛的顺序是，由头颈部向体后部扩展。仔貂在 20～45 日龄的营养水平对冬毛的密度和生长速度影响很大。这对获得优质毛皮是十分重要的。

（二）季节性换毛

泛指毛皮动物分别于春季和秋季进行两次季节性换毛。春季换毛是长日照反应，秋季换毛是短日照反应。

1. 春季脱换

春季换毛顺序，通常是从头、颈和前肢开始，然后沿两肋、腹部进而扩展到背部，臀和尾部最后脱换。新生夏毛也是按此顺序而生长。毛绒脱换期间出现色素沉积，皮肤色泽由粉红色转为青灰色。

北方动物的春季脱换毛多半开始于 3～4 月份，在 2～3 个月内，完全脱去冬毛，长出稀短的夏毛。新生的夏毛毛色深于冬毛，毛被颜色深浅不一。春季换毛开始时，皮板呈红、厚、硬的状态，颈部尤其厚硬。

2. 秋季脱换

秋季换毛顺序，恰与春季换毛顺序相反，先从尾、臀部开始，逐步向前扩展到躯干，最后到四肢及头部。新的冬毛亦按此顺序生长。尾、臀部最早脱换，但成熟最迟。皮肤色泽随着毛绒生长成熟由青黑色转为青白色。

一般开始于 8、9 月份，在 2～3 个月内，完成脱去夏毛长出冬毛的过程。新生出的冬毛丰厚，毛被平齐、有光泽、弹性好。新毛生长时，皮板呈青黑色，皮板变厚，脱换结束后，皮板光润、洁白、有油性。最终形成毛被灵活、华丽，皮板薄韧的成熟冬皮。

麝鼠、海狸鼠、水獭等为典型的半水栖兽类。它们从春季开始，先从颈部或其他部位零星脱毛。此时，毛绒色浅，针毛微显钩曲和枯干。到冬季毛被才完全成熟，但仍有新生的短针毛穿插在毛被中，显得粗硬。

（三）不同毛皮动物的换毛顺序

每种动物均有特定的换毛顺序，尤其是季节性换毛的毛皮动物，其换毛顺序在起止时间和先后顺序上的规律性很强。

不同种类的动物换毛顺序亦不相同，各种动物有它特定的顺序。狐的毛绒脱换则从腿部和腹部开始，由头部向臀部扩展。赤狐春季换毛明显，而秋季换毛仅长出绒毛，使冬季毛被增厚。

不同动物毛绒成熟日期不一致。在陆生毛皮动物中紫貂冬季毛绒成熟最早，11 月上旬已长出丰满而柔软的冬毛，水貂在 11 月中旬成熟，貉与水貂相似，狐在 11 月下旬至12 月初，北极狐要比其他狐晚 15d 左右。

毛皮行业在收购毛皮过程中，对毛皮的分级、验等的首要依据是动物的换毛阶段。多数毛皮动物的一等皮都是于正冬季获取的，这意味着毛被完全成熟，毛的长度、密度和皮板质量均达到最佳指标。而在正冬季前后，提前或错后的时间越长，毛皮质量越差。

1. 黄鼬的换毛顺序

黄鼬每年换毛2次，其换毛时间受产地气候影响很大。东北地区大约在3月下旬脱冬毛长夏毛，8月底至9月初开始脱夏毛长冬毛。

秋季脱换顺序为：夏毛先从臀部开始脱落，并同时长出冬毛，其次是背部和两肋，以后是后颈与两肋上部，最后是头、足、腹部。由冬毛初生到毛盛时期（长毛序）则需要较长的时间，如黑龙江省黄鼬的长毛序需1个月左右，冬毛成熟期始于12月份。冬毛的长度也有地区差异。

2. 麝鼠的换毛顺序

成年麝鼠换毛持续时间长，由5~6月份开始，到翌年4月份结束。5~6月份逐渐脱去冬毛，皮板变厚而粗糙，出现不规则的青斑，毛被枯燥无光。7~8月份毛被呈空疏而发黄，皮板粗糙，新毛迅速生长，有明显的分布不均的深灰色斑点。9~10月份新毛继续生长，毛被较稀疏。皮板上的青色斑点扩大而连接起来。11月份新毛绒已长到一定长度，毛被丰厚有光泽，但尚不均匀。翌年2月中下旬及3月份换毛加速，4月份换毛结束。

幼鼠换毛时，皮板的青斑是对称而有明显规律的，成年兽换毛时皮板的青斑是杂乱无章、无规律的，以此可作为成、幼年动物鉴别的依据之一。野生麝鼠的猎期由11月份至翌年2月底。

四、毛被脱换对毛皮品质的影响

（一）春季脱换对毛皮品质的影响

毛皮动物的毛被在春季脱换过程中，首先是冬型毛质衰退，毛被光泽减弱，针毛明显软而变弯、发涩，绒毛不灵活；其次是冬型毛脱落和夏型毛新生，毛被中针毛枯燥，弯曲凌乱，绒毛色暗，粘合严重，局部脱落明显，并有粗短夏毛钻出，最后是夏毛生长和成熟，冬型毛绒相继脱落。而夏型毛绒生长并逐渐成熟，针毛稀疏粗短，几乎无底绒，毛色阴暗、光泽差。

毛皮板质伴随着春季毛被脱换相应地发生规律性的变化。一般肉食性毛皮动物的皮板厚硬、呈红色，愈是晚春，皮板的厚硬程度愈强，红色深度和幅度愈大。当夏型毛被成熟后，皮板则变薄，颜色也变浅。草食性毛皮动物的皮板由蜡黄色变灰白色，板面粗糙，枯干无油性。在整个春季脱换过程中，无论是毛绒还是皮板的品质都在逐渐下降。春季生产的毛皮时间愈晚，品质愈次。那些产自晚春时期的原料皮，制革价值甚低。有的毛绒与皮板的牢固性极差，几乎丧失了制裘价值。

（二）秋季脱换对毛皮品质的影响

毛皮动物的毛被在秋季脱换过程中，毛绒变化的一般规律，首先是新冬毛发育生长，在入秋以后，毛皮动物的皮肤上已萎缩和消失的毛乳头，又重新形成和发育，并萌生出新型的冬毛，这时夏毛尚未脱落，新型的冬毛便在毛被中隐现，其次是夏型毛脱落和冬型毛绒的生长，因此在毛被中既有冬型毛绒，又有少量的夏型毛绒，针毛长短、粗细、色度均不一致，光泽弱，绒毛短稀；最后冬型毛绒长成和成熟，毛被全由冬型毛组成，这时整个毛被呈现毛足绒厚，毛峰齐全，光润灵活，颜色纯正。毛绒与皮板的牢固强度最强，制裘价值也最高。

秋季脱换过程中，皮板厚实，呈黑青色。一般早秋比晚秋皮板厚度大，黑青色也深，幅度也大。当冬型毛完全成熟时，皮板变得薄而柔韧、洁白、有油性。草食性毛皮动物皮板由黑青变为肉红色。秋季脱换时，一般板质肥厚足壮，厚薄均匀，弹性强，皮纤维编织致密，板面细致，油性大。特别是晚秋和初冬季节的原料皮，制革价值最高。

（三）1 年 1 次脱换对毛皮品质的影响

冬眠性毛皮动物 1 年 1 次脱换毛被的过程如下：首先是老毛衰退，在冬眠出蛰的初期，毛绒呈现枯干，光泽差，颜色枯黄，皮板瘦薄粗糙，油性差，板面枯黄色，毛被由于冬眠久卧出现不同程度的旋毛，毛皮的使用价值很低，其次是老毛脱落与新毛生长，在晚春时期，被毛呈现稀疏短矮，不平齐，毛绒光泽枯燥，颜色暗淡，尚未脱落的老毛呈枯黄色；最后是新毛成长和成熟，在晚秋时期毛被生长迅速，特别是在冬眠之前，毛被达到高度成熟，这时的毛皮品质特征是毛绒稠密平齐、色泽光润、尖挺灵活、皮板肥壮、油性大、板面细致、呈青色，毛绒与皮板的牢固强度最好，毛皮的使用价值较高。

（四）常年零星脱落与永久性不脱换毛被对毛皮质的影响

水陆两栖的毛皮动物，其毛绒几乎常年在脱落和生长。因此各季节生产的原料皮品质差异不大，都适宜制裘。但在春夏季毛绒脱落较多，新生毛绒又很少，生长速度缓慢，毛被欠稠密、不平齐，相对制裘价值较低。在秋冬季毛绒脱落较少，新生毛绒又多，生长速度也快，制裘价值较高。

永久性不脱换的毛被，其季节性质量变化不明显，毛皮品质一般比较恒定。如果长期不施人工采毛，毛被的生长会逐渐缓慢。为了获取高产优质的毛纺原料，仍需要定时采毛，如绵羊和长毛兔，以促进毛被的生长。

五、毛皮成熟鉴定方法

为了适时掌握取皮时间，屠宰前应进行毛皮成熟鉴定。目前多采用观察活体毛绒特征与试剥观察皮板颜色相结合的方法进行毛皮成熟鉴定。

动物全身夏毛脱净，冬毛换齐，针毛直立、灵活、有光泽，毛足绒厚，尾毛显得蓬松粗大。当动物弯转身躯时，出现明显的一条条"裂缝"；当吹开毛被时，能见到粉红色或浅蓝色皮肤。试剥时皮板洁白，皮肉易于剥离，刮油省力。个别毛皮动物只在后臀部与尾基交界处有点发青。银黑狐两耳间毛发白。

第二节　动物毛皮初加工技术与方法

毛皮的初加工包括毛皮动物的屠宰、剥皮、初步处理、干燥等工序，个别产品还包括局部脱毛或拔针或剪毛等。毛皮的初加工主要是为后期的加工创造条件。

一、毛皮动物屠宰

（一）毛皮动物屠宰的原则

屠宰方法应以简单易行，致死快，不污染毛被，不影响毛皮质量为原则。为保持皮张完整、经济简便，迅速死亡的原则，陆生毛皮动物按商品规格要求，可加工成圆筒皮或袜筒皮。

（二）毛皮动物屠宰的方法

毛皮动物屠宰的方法主要有：颈椎折断法（水貂、黄鼬等小型毛皮动物常用此法）、电击法、窒息法、后杀法、棍击法、药物致死法及心脏注射空气法等，狐、貉等体形较大的动物可用药物处死法或电击处死法。

1. 颈椎折断法

抓住动物后，置于结实光滑的平台上，用左手按压其肩颈部，然后用右手托其下颌，将头向上向后仰翻过来，达到最大限度时，迅速用力，左右手同时把头向下按，将头向前向下推动，当发出颈椎与枕骨的脱臼声时，即表明颈椎已脱臼。此时动物出现痉挛、四肢伸直，不断抖动。此法操作简便，无需设备，处死迅速。注意鼻孔出血时，应立即擦掉，以防污染毛皮。

2. 药物致死法

注射浓度为 0.03% ~ 0.05% 硝酸士的宁 0.7 ~ 1.0mL，注入胸腔内。或用氯化琥珀胆碱（司可林），按每 1kg 体重 0.5 ~ 0.7mg 的剂量，皮下或肌肉注射，动物在 3 ~ 5min 内死亡。注意此法杀死后，此动物肉不可饲喂其他动物。

3. 心脏注射空气法

用注射器向动物心脏直接注射空气 5 ~ 20mL。例如貂的处死方法：将貂绑定好后，术者用左手固定动物心脏，右手持注射器，在心脏跳动最明显处插入注射器，如有血自然回流，即可注入空气 10 ~ 20mL，貂会迅速死亡。

4. 电击法

将连接 220V 火线（正极）的电击器金属棒插入动物肛门内，待动物前爪或吻唇接地时，接通电源，约 5 ~ 10s 死亡。电击处死法的效果好，但须注意安全。

二、毛皮动物剥皮

（一）毛皮动物剥皮时的注意事项

动物处死后应尽快剥皮，剥皮最好在尸体尚有余温时进行剥皮，僵尸难剥，来不及剥的可埋于雪下，温度以 – 10℃ 为宜。冻干的动物剥皮十分困难，尤其是当环境温度高于 20℃ 时。处死后的动物严禁堆放，以防闷热脱毛，最好随宰随剥，如果宰杀的动物摆放时间过长，有可能出现"胀肚"导致脱毛；剥皮时腹部开口不宜过高，剥下的皮张腹部开口处应呈圆弧状，开口过高呈三角形的毛皮，在随后的加工过程中很容易在腹部发生破裂，为避免这种破裂，只有改变正常的加工步骤，而这又导致成品皮板质量的下降；在整个宰杀剥皮过程中要皮不落地，尽量避免溢血而污染毛皮，溢血时要及时用锯末洗净。应尽量避免血渍、灰土等粘污毛被，以免造成缠结毛；为保证皮张完好无损，剥皮时要避免割伤皮张或使皮张上留有残肉、趾（指）骨、尾骨，操作者要掌握好打皮技术，严格按要求进行操作。按商品规格要求，毛皮动物剥皮方法主要有：圆筒式（狐、貂、水貂、紫貂、麝鼠、海狸鼠等动物）、袜筒式及片状皮等方法。无论用什么方法，屠宰后要尽快剥皮，不得长时间存放。

（二）毛皮动物剥皮的方法

1. 圆筒式剥皮

将尸体的后肢和尾部挑开，以后裆向头部剥皮成圆筒形，使皮向外翻出。狐、貂、水貂、艾鼬、灰鼠、人工饲养的黄鼬、海狸鼠、麝鼠等适用此法。操作步骤如下：

（1）用骨钳剪断前爪掌。

（2）挑裆。是在两腿间，先用挑刀从一后肢爪掌中间，沿后肢内侧长短毛的分界线的中点，横过肛门前缘3cm直挑至另一后掌中间，在从肛门后缘沿椎中线至尾尖，去掉一块小三角形毛皮，操作时，必须严格按长短毛分界线挑正，否则影响皮张长度和美观。在距肛门左右侧1cm处向肛门后缘挑开时，刀刃应紧贴皮肤，以防形成大小面或歪斜现象。用挑刀将尾中部的皮与尾骨剥开，用手或钳握紧抽出尾骨。剥皮挑裆后用锯末将刀口处污血擦净。把两前肢的脚掌剪掉。

（3）剥皮。先剥离后肢，剥到脚掌前缘趾的第一关节时，用刀将足趾剥出，剪断趾骨，使爪留在皮上，并能被皮包住，然后将两后肢一同挂在固定钩上（倒挂），作筒状向下翻剥，边剥边撒锯末洗皮。两后肢剥好后，将一后肢固定在工作台上，用双手抓紧皮张，向下拉皮。使之成筒状。雄兽剥到腹部要及时从靠近皮肤处剪断阴茎，以免撕坏皮张。剥至头时，左手握紧皮，右手用挑刀在耳根基部，眼眶基部，鼻部贴着骨膜，眼睑和上下颌部小心割离皮肉连接处，使耳、眼和鼻唇无损，即可得一张完整的筒皮。要注意保持耳、眼、鼻、唇部皮张的完整。切勿将耳、眼割大，鼻唇割坏，否则将影响其质量。

2. 袜筒式剥皮

（1）主要工具及辅料。挑刀、剪刀、小米粒大小的硬木锯末或粉碎的玉米蕊，禁用谷皮或有松脂的锯末。

（2）袜筒式剥皮规则。按商品皮要求，先去掉不留的部位，如水貂留后肢，齐掌腕部剪去前肢，貂四肢齐掌腕部全剪掉，狐四肢全留等。

（3）操作步骤。袜状式剥皮法是由头向后剥离呈筒状，由头向后剥离，先用钩子钩住上颚，悬挂起来，用挑刀沿唇齿连接处切开，分离皮肉，以退套法逐渐由头向臀部翻剥，头、四肢的剥离同圆筒式剥皮方法，最后割断肛门与直肠连接处，抽出尾骨，将尾从肛门翻出，即剥成毛朝里、板朝外的圆筒板，要求保留头、眼、腿和胡须完整，此法适用于张幅小、价值较高的毛皮动物，黄鼬元皮、香鼠皮用此法剥皮。

3. 片状剥皮

片状剥皮具体步骤和要领：先沿腹部中线，从腭下开口直挑至尾根，然后将前肢、后肢横切开，最后剥离整个皮张，剥出一个片状皮。此法应用普遍，多用于大型动物，獾、旱獭、狗、羔羊、羊驹、猫、兔、豹、毛丝鼠、海狸鼠等张幅较大的皮多采用此法。

三、初步处理

（一）刮油

1. 刮油对原料皮质量的影响

狐、貉、水貂、獭兔皮在剥下的鲜皮上、皮板上附带一些油脂、残肉、污血，这些物质必须及时除掉。剥下的鲜皮不要堆放在一起，要及时进行刮油处理，否则等候处理的皮张堆放在一起，很容易腐烂变质，造成掉毛；在去肉、刮油的过程中应特别注意不要刮伤皮张，若皮张被刮伤，毛皮成品在刮伤部位会出现“光板”；皮板上的肉和油必须一次取净，否则将给后续的皮板干燥过程带来困难，干燥过程拖得过长，又会造成掉毛；即使制成干板，油末去净的皮张长时间贮存，皮板会变黄，成为俗称的“黄板皮”，闻上去带有明显的腊肉味，这种黄板皮无论在硝皮过程中怎样处理，其成品的皮板也缺少弹性，出料率偏低。刮油后将毛皮放在转毂里与木糠一起滚转几分钟，是一种去净皮板浮油的好办法。对用不同方法剥取的皮应采用不同的刮油方法。刮油要按操作规范进行，否则易造成透毛、刮破、刀洞等伤残，直接影响毛皮价值。

2. 刮油的方法

刮油可分为手工操作法和机械刮油法两种。最好是在鲜皮未干时用竹刀、钝刀或者去肉机细心刮油。以刮净油、肉和皮下疏松结缔组织，不损坏皮板、毛囊，以不污染毛被为原则。剥下的水貂皮经过几分钟冷却后，将剥取下来的皮套在与皮粗细长短相当的圆筒形厚胶管或光滑的圆形木楦上，大小要适中，以撑开皮板为宜。毛朝里，肉面朝外，把皮板拉平，将皮拉紧，勿使皮有皱褶，先将鼻端挂在钉子上，用刮油刀或电工刀从尾部和后肢开始向前刮油，边刮边用锯末搓洗皮板和手指，以防脂肪污染毛绒。刮油时应转动皮板，平行向前推进，直至耳根为止。刮油方向必须由后（臀）向前（头）刮，反方向刮时易损伤毛囊，大量脂肪堆积在臀部，油易污浸后裆毛绒，不易洗净。刮油时用力一定要均匀，以避免刮伤毛囊或毛皮，否则刮破毛根，造成毛绒脱落。刮油时有流油现象，要用锯末擦洗皮板、手和工具，保持干净，尽量使油脂少污染毛皮。皮板稍薄的部位要小心刮，公兽皮的腹部尿道口处和母兽皮腹部乳头处皮板较薄，刮到此处时要多加小心，总之用力要轻，严防刮破皮张，刮油必须把皮板上的油全刮净，但不要损伤毛皮。头部、四肢和尾部周围难以刮净的部位以及刮不下来的筋膜或残肉，要专人用剪刀贴着皮肤慢慢剪掉，可用快刀或剪刀割掉，不要撕拉，以防真皮层受损脱毛，其他部位用力也要适当。刮油的标准是去净油脂。如果开片皮，把皮板毛朝下，板朝上，平展在木板上，要顺着毛根方向刮油脂。如果迎着毛根刮，易造成透毛流针伤残，用力过猛，还会出现描刀破洞，要用力适当慢刮，把皮板上的油脂残肉刮净。

目前，不少大型毛皮加工厂用机器刮油，用刮油机刮油不仅速度快，而且皮张洁净，不易出现破口。一台刮油机由 2 人操作，其中 1 人将皮张套在一头大一头小的圆柱上，另 1 人站在刮油机的左后侧，左手固定皮筒，右手操纵刮刀使其紧靠皮板。工作时给以轻轻的压力，刮一下转动一下皮筒，从头部向后刮，刮至后部将刀离开皮板，再移至头部向后刮。严禁在一个部位刮 2 次，更不可在一个部位停留，否则会损伤毛皮。刮 1 张皮的油的时间只需 40 ~ 60s。使用刮油机时，起刀速度不能过慢，更不能让刀具停在一处旋转，否则由于刀具旋转摩擦发热，会损伤皮板，造成严重脱毛。皮板上残留的肌肉、脂肪和结缔组织，用剪刀修刮干净。

（二）洗皮

洗皮的方法有手工洗皮和机械洗皮两种方法。

1. 手工洗皮

将修剪好的皮张（皮板向外）放在洗皮盘中，用锯末充分搓洗皮板。其目的是去除皮板和毛绒上的油脂，先用锯末搓洗皮板上的油脂和脏物，反复搓洗几遍，待皮板干净后再洗毛面，用锯末或麦麸将被毛上的油脂、血迹等脏物反复搓洗干净，先逆毛搓洗，再顺毛洗，遇到油和血污，要用锯末反复搓洗，直到洗净为止（洗至无油脂、出现光泽时为止）。洗好后，用手抖净附在毛面上的锯末，若貂皮毛绒污染严重，可用锯末中加一些酒精或中性洗衣粉洗涤，严禁用麦麸或含树脂的锯末洗皮，伤口、缺肢和断尾等各种损伤都要缝合、修补好。锯末在洗前要稍拌一些水，以用手紧握锯末不能出水为宜。洗完毛皮后要将锯末抖掉，或用棍敲掉，使毛达到清洁、光亮、美观，切记勿用麸皮或松木锯末洗皮，然后抖掉毛皮上的锯末，除去附着皮板及毛被上的污油和污物，直到被毛干净、蓬松，出现光泽为止，此法只适合于皮张数量少，无设备条件的农户。

2. 机械洗皮

大型养殖场洗皮数量多时，可采用转鼓（国外使用专用的洗皮机）洗皮。先将皮板翻转成皮板向外毛朝内，与干净锯末混合，以便干燥。先将皮筒的板面朝外放进有锯末（半湿状）的转鼓里，转几分钟后取出。取出后，放入转笼内转动 3min，除去附在皮板上的锯末。然后再洗毛被，翻转皮筒使毛被朝外，再放进转鼓里滚动 5min，除去毛被上的污物及浮油，毛被呈现出原来的美观。为了脱掉被毛上的锯末，从转鼓中取出毛皮放入转笼中运转 5~10min（转鼓和转笼的速度为 18r/min~20r/min），以甩掉被毛上的锯末。要洗净油脂，使毛绒洁净而达到应有的光泽。洗皮用的锯末一律要筛过，除去其中的细粉。在干洗之前也可用中性或弱碱性洗涤水溶液进行水洗。方法是先用清水浸泡（毛面朝外），除去残留木糠等。再用洗涤溶液浸泡 10~15min，掌握温度 28~32℃，之后用手沿皮纵向轻柔洗，清水漂洗至清爽。

四、上楦

（一）上楦要求

去肉刮油后的毛皮应立即钉板干燥，任何停顿堆放都有可能造成掉毛。钉板时使用的楦板必须是生皮专用的宽板，以保证将整个皮板钉平展，不允许出现任何皱折，否则皱折处很难及时干透，且易在皱折处出现掉毛。为了使商品毛皮规格化，并防止风干后收缩和折皱变形，剥完皮后，应对鲜皮进行上楦，皮张一经洗完，就要尽快上楦。使用国家统一的楦板。先用吸水性强的旧报纸按斜角状缠在一楦板上，上楦前做好打尺板，板上划好公、母皮张各档号的长度尺寸，公、母皮要分别用公、母楦板。把洗后的毛皮毛朝外上到规格的楦板上，摆正两侧，固定头部，背中线和尾置于楦板中心线上，然后均匀地向后拉长皮张，使皮张充分伸展后，再将其边缘用图钉固定在楦板上，最后把尾往宽处拉开、固定。上楦的目的是使原料皮按规格要求成对称形状，并防止干燥时因收缩和折皱造成干燥不均匀、压褶、掉毛和裂痕等现象。不同种类原料皮都有相应的楦板，貂皮上楦同狐皮，上楦时，要严格按要求操作。

（二）上楦步骤

1. 套皮

将洗好的毛皮毛朝外套在缠好纸的楦板上，将头部及两前肢拉正，下颌翻入内侧，再将两前腿翻入内侧，使露出的腿口和全身毛面平齐。

2. 固定背面

将两耳拉平，尽量拉长头部（可拉长约 1cm），再拉臀部，尽量使皮拉长到接近的档级刻度（但不要过分拉长，以免毛稀板薄）。然后，用图钉在尾基部和臀边缘处固定。拉皮时，严禁拉皮张的躯干部，不许用手摸毛面。

3. 固定尾部

两手按住尾部，从尾根开始横向拉展尾部皮板，将其折成许多小皱褶，直至尾尖部，使尾长缩短为原长的 1/2 ~ 2/3，然后用纸板压住，再用图钉固定。

4. 固定腹面

将腹部拉平，使之与背面长度平齐，展宽两后肢板面，使两腿平直紧靠，用图钉固定。通常 3 人配合，流水作业，比 1 人完成整个工序的效率要高得多。

五、干燥

（一）干燥的方法

将上好楦板的毛皮，移放在具有控温调湿设备的干燥室中，将每张上好楦板的毛皮分层放置在吹风干燥机架上，并将气嘴插入皮张的嘴，让干热气流通过皮筒的温度在 18 ~ 25℃，相对湿度 55% ~ 60%，在每个气嘴吹出的空气为 0.28 ~ 0.36m³/min 条件下，狐皮 36h 即可干燥。从干燥室卸下的皮张，还应在常温下吊起来在室内继续晾干一段时间，以防闷板。在没有吹风干燥机的条件下，皮板干燥定性，使用楦板干燥定型，需要两次上楦干燥，第一次上楦，毛皮朝里，皮板朝外套在楦板上，两手均匀地将皮筒向下拉直，为使皮型美观，长度伸展要适度，将皮板的各个部位摆正，尾部尽量拉宽，然后用图钉把各部位固定，使前肢自然下垂。在皮板干至 6 ~ 7 成时下楦，将皮筒翻成毛朝外，再上楦板干燥。送入干燥室内，放在干燥架上，室温温度 20 ~ 25℃，并要通风，待皮板干至 9 成时下楦。皮张头向上，用绳拴住鼻孔，挂在室内铁丝上，在 10 ~ 15℃ 的室温中继续通风晾干。也可将楦板放在室外自然风干。

通常皮板僵挺的原因有以下几点：一是刮油不彻底（特别是颈部的周围）。二是皮张插在风干机嘴上的方法不对、风嘴管内部被异物堵塞、不正确地上楦阻碍了风的流动、下楦板过早或者鼓风机皮带松脱等因素影响，致使皮张干燥太慢。三是干燥间湿度太大。四是健壮的老公貂皮皮肤较硬，3 月末的种公貂皮也趋于僵挺，这可能是由于适时取皮期已过，不易刮净油脂所致。

（二）干燥的技术要求

钉好板的皮张应及时转入干燥过程，切忌堆放。干燥过程的理想温度在 20℃ 左右，且要通风条件良好；若环境温度过高，则干燥过程中也存在掉毛的风险。在任何情况下，干燥过程中的毛皮都应避免阳光直晒，哪怕时间不长，阳光直接照射皮板都有可能造成焦板缺陷，成品毛皮会出现局部硬块，甚至破碎。刮油未净的毛皮，这种情况尤为严重，上板干燥后的毛皮应及时从楦板上取下，毛皮在楦板上的停留时间不宜超过 96h，若到时毛皮未干，可将其先卸下，再次上板，这样可以避免皮板两侧与楦板长时间粘连在一起，在粘连处造成"焦板"缺陷。干燥提倡采用一次上楦控温鼓风干燥法。此法设备简单，效率高。只需 1 台电动鼓风机和 1 个带有一定数量气嘴的风箱。在室温 20 ~ 25℃ 条件下，24h 即可风干。严禁高温或爆烤。鼓风机每开 1h 左右要停机冷却一会儿。无论采用何种干燥法，温度均应控制在 20 ~ 25℃，严禁高温烘烤，防止针毛弯曲、焦板皮和闷板皮的发生。

六、原料皮的贮存、包装及运输

（一）皮张下楦和整理的要求

皮张下楦时要细心，以防撕裂其鼻部皮肤。下楦前一定要把图钉去除干净。下楦时，一人固定皮张，另一人用力拉楦板，即可脱下。下楦的皮张用细铁丝从眼孔穿过，每20张一串，在黑暗的房间内悬挂几天，室温应为13℃左右，相对湿度在65%～70%，在风干后还要对干燥的毛皮进行整理，皮板晾干后在验质分级之前，再用锯末或麦麸搓洗被毛一遍，把没有洗掉的油污和灰尘彻底去掉，梳理缠结毛。先逆毛搓洗，再顺毛洗，遇上缠结毛或大的油污，要反复洗，并用排针做的梳子梳开，用毛巾擦洗，也可用毛巾蘸酒精擦洗皮张，以使毛光亮美观。最后脱掉锯末即可达到很好的效果。

（二）仓库设备

各种毛皮在鞣质之前需贮存一段时间，因此仓库应具备一定的条件：仓库建筑坚固，房基较高，房身达到一定高度，不漏雨；地面为水泥抹面或木板，库内通风良好，有足够的亮度，但应避免阳光直射皮张。门窗玻璃以有色为宜。库温5～25℃，空气相对湿度应保持在60%～65%，库内设吸湿器和空调。

（三）库房管理

（1）入库前应进行严格检查。严禁湿皮和生虫的原料皮进入库内，如果发现湿皮，应及时晾晒；生虫皮须经药物处理后方可入库。

（2）防止毛皮潮湿发霉。原料皮返潮、发霉表现为：皮板和毛被上产生白色或绿色霉点，轻者有霉味，局部变色，重者皮板呈紫黑色。因此库房内应有通风、防潮设备。

（3）库房内同种皮张必须按等级分别堆码。垛与垛（0.3m）、垛与墙、垛与地面之间应保持一定距离（15cm），人行道宽1.7m，以利于通风、散热、防潮和检查。每个货垛应放置适量的防虫、防鼠药物。如果同一库房内保管不同品种的皮，货位之间须隔开，不能混杂在一起。

（四）防虫、防鼠

1. 防虫

药剂配方：磷化锌1kg、硫酸1.7kg、小苏打1kg、水15～20L。

杀虫方法：先用塑料布苫好货垛，四周下垂并盖住地面，然后用土压埋，只留一个投药口。操作人员必须事先戴好防毒面具和耐酸手套，扎上耐酸围裙，然后在投药口内放入一个配药缸，先按比例把水放入缸内，然后将硫酸轻轻倒入缸内，最后将所需磷化锌和小苏打拌匀，装入小布袋内并封好口袋，将布袋轻轻投入缸内，此时便产生毒气。投药后，经72h即能将皮张上的蛀虫杀死。操作时一定小心，切忌磷化锌与硫酸直接接触，以免起火。投药后，严防其他人员接近货位，以免中毒。

2. 防鼠

防鼠采用敌鼠钠盐效果较好。毒饵的配置：面粉100g、猪油20g、敌鼠钠盐0.05～0.1g、水适量。

灭鼠方法：先将敌鼠钠盐用热水溶化后倒入面粉中，用油烙成饵饼，然后切成小块（2cm）放在老鼠洞外或老鼠经常活动的地方，使其采食，吃完再补，直到不吃为止。一般4～5d后见效。此种方法能彻底灭鼠。

(五) 皮张的包装与运输

制裘细毛皮一般张幅小，皮板较薄，洁净，毛被多数颜色鲜明并有花纹，最忌尘土污染和阳光照射。该类皮张应分辨品种、等级，按皮张大小和重量分别归类，然后按类包装，包装以 20 张皮为一捆，打捆时应背对背、腹对腹叠好，每捆两道绳，装入长度适宜的纸箱内，并撒入一定量的防虫剂。在包装物上注明皮类、等级和数量。

制裘大毛细皮，皮板较厚，毛被有花纹，最忌摩擦、挤压和撕裂。因此，打捆时应选择张副大小基本相同的皮张，毛对毛、板对板，平顺地堆码，并撒上适量的防虫药剂，外面用麻袋包装成捆。

公路运输时必须备有防雨、防雪的设备，以免中途受雨、雪淋湿。凡是长途运输的皮张，须检疫、消毒后运输，以免病菌传播。

第六章　动物毛皮鞣制技术

动物毛皮加工是一复杂的过程。从生皮到成品，其间要经过几十甚至上百道工序，涉及近百种的化工材料和十几种机器设备。通常将毛皮加工过程划分为鞣前准备、鞣制、整饰三大工段。从鞣制方法来说，可将毛皮加工分为无机鞣剂鞣（包括铬鞣、铝鞣以及它们的结合鞣等）、醛鞣（包括甲醛鞣、戊二醛鞣、改性戊二醛鞣等）、油鞣等几大类鞣法。整饰工段又可细分为湿整饰和干整饰，也有将整个加工过程分为水场操作和干整理两大工段。从加工的原料皮特点来分，可将毛皮加工分为细皮加工、剪绒羊皮加工、杂皮加工。在实际生产中，加工工序的多少，先后顺序的安排等具体工艺方案并非一成不变，通常需要根据原料皮的特点、毛皮产品的品质要求等实际情况进行相应的调整和确定。

第一节　鞣前准备

通过对原料皮进行一系列机械和化学处理，使之变为易接受鞣制及后续加工的状态，该过程称为鞣前准备。鞣前准备包括组织生产批、初步处理、浸水、去肉、脱脂、软化、浸酸等工序，个别产品还包括局部脱毛或拔针或剪毛等。鞣前准备的主要目的是为鞣制创造条件，主要包括以下几个方面：①去掉皮上的无用之物如皮下组织、油脂、脏物，例如血渍、尿渍、粪便等，有的皮的头、尾、腿蹄等，有的皮还要剪去过长的毛，有的要局部脱毛或拔去针毛。②使原料皮的水分含量及水分在皮内的分布情况、皮纤维的结构恢复到鲜皮状态。③除去皮内的纤维间质，破坏弹性纤维和肌肉组织，松散胶原纤维。④调节皮板纤维上的电荷，为鞣制创造条件。

一、组织生产批

根据不同情况，生产前对原料皮进行挑选和分类，即称"组批"（又称"分路"）。原料皮种类多，产地广，所以，各品种之间差异很大，即使是同一品种也有路分之分，等级优劣，而且由于产皮季节、产地、防腐方法，皮板大小、厚薄、纤维编织的紧密程度，毛被的颜色、密度、弹性、光泽度、柔软度，毛纤维的细度、长度等都存在一定差异，所以在加工鞣制前要对原料皮进行分类和分组成为生产批，使同一批皮的性状尽可能一致，以便在后工序中易于控制和物尽其用。

油脂较大的貉子、狸獭等皮，先铲去油脂。根据原料皮的面积大小、皮板厚度、毛皮的缺陷和伤残情况进行"组批"。

二、抓毛、掸毛、剪毛

抓毛是对原料皮的毛被进行梳理通顺和修剪的过程。其目的是把混乱的、粘在一起的毛被梳开，以避免或减少毛皮在以后的湿操作中引起结毛。抓毛和掸毛还可以除去窝藏在毛被里的虚毛、脏物和草刺等。抓毛工序适用于毛被较长且卷曲的原料皮，如长毛羊皮、山羊皮、老羊皮等，个别已经锈毛的狗皮、狐狸皮、狼皮等在投产前也要进行抓毛。毛被直和短的原料皮一般不抓毛。一般抓毛的操作顺序是：去腿→盐水回潮→掸毛→剪毛→机器抓毛→剪毛→手工抓毛→剪毛。绒毛丰厚而细密的细毛羊皮只剪毛，不需要抓毛；绒毛丰厚但细密度较差的粗毛羊皮如寒羊皮和大多数绵羊皮一般要经过上述全部抓毛工序；毛较短且没有底绒的茬子皮，只需要掸毛，不需要抓毛和剪毛。滩羊皮只抓毛不剪毛。

三、去头、腿、尾等

去头、腿、尾等的目的是原料皮加工之前去掉毛皮上没有加工价值的部位，以减少化工材料的消耗。低档原料皮（如羊皮、兔皮、猫皮等）一般要去掉头、尾、腿或肷部；另有一些原料皮上的头、腿和尾有一定的使用价值；有的毛皮产品（或根据用户的要求）需要部分保留甚至保留各个部位，如：黄狼皮的尾可制笔，羔皮、狸子皮的腿可制成褥子。狐、水獭、貂等珍贵皮张应保全头、腿、尾，在加工过程中需要小心保护。

第二节 浸 水

浸水是将原料皮置于清水或含有浸水助剂的水中，并通过一定的机械作用使其恢复到接近鲜皮状态的处理过程。

一、浸水目的

使皮板充分充水和回软，使皮板内的水分含量及分布情况、皮纤维的结构基本恢复到鲜皮状态；洗去皮上的污物和防腐物；溶解皮中的可溶性蛋白质，如白蛋白、球蛋白等，初步松散纤维；削弱皮下组织与真皮的联系，为去肉或揭里去脂创造条件。

二、浸水原理

原料皮在防腐储存过程中或多或少都会失去一些水分。鲜皮含水分60% ~ 70%，干皮含水分12% ~ 16%。盐干皮、盐湿皮的含水量分别是18% ~ 20%、30% ~ 40%，冷藏皮的含水量接近鲜皮含水量。生皮失去水分后其体积缩小，皮蛋白质及其结构也发生了改变，胶原纤维相互黏结起来，皮板变薄、变硬、不耐折，纤维间失去滑动性，这样不可能进行化学和机械处理。在浸水过程中，随着皮上污物和防腐物的除去和可溶性蛋白质的溶出，水分子从皮外扩散进皮内，并逐步进入胶原纤维的微细结构中，水与皮胶原上的极性基团发生水合作用，同时破坏了胶原分子间原有氢键的交联，使胶原纤维间、肽链间、侧链间距离拉大，加之水分子间的缔合作用，使皮润涨。浸水的一系列作用使皮板表现出充水膨胀、变软、舒展、可弯曲。如果原料皮是盐腌皮时，将皮浸泡于水中，清水就会变成盐水溶液，由于食盐具有较强的吸水性，使皮板充水更容易。生皮充水是一个自发过程，是渗透压作用，毛细管作用，水与水分子之间、水与纤维极性基团之间水合作用的共同结果。

三、影响浸水的因素

浸水过程包括物理和化学过程，浸水效果受原料皮状态、水质和水量、助剂、机械作用、温度、浴液 pH 值、浸水时间等因素的影响。

（一）原料皮状态

原料皮的种类、大小、厚薄、防腐方法、陈化程度、油脂多少、脱水程度等因素均对浸水有影响。其中脱水程度越大，则充水越困难，所需浸水时间也越长。鲜皮浸水时间较短，只需洗去血污及脏物就可以进行下道工序处理。

一般情况下，大皮、老皮、厚皮、纤维编织紧密的皮充水比较慢，浸水时需要浸水助剂、机械作用的配合，并需要较长的浸水时间；相反，小皮、嫩皮、薄皮、纤维编织疏松的皮容易充水。

淡干皮纤维黏结严重，浸水最困难。在清水中，鲜皮的充水度最大，随着干燥温度提高，皮中蛋白质的热变性程度及可溶性蛋白质因凝固使胶原纤维黏结的程度也增加，浸水时充水度随之下降，在太阳下晒干的皮子充水度最小。因此，原皮干燥时温度不宜太高，最好不在太阳下暴晒。皮张在酸性和碱性条件下的充水度远远大于在清水中的充水度，故在浸水时需加入一些酸或碱性材料作浸水助剂。

盐干皮因在盐腌时溶解了一部分可溶性蛋白质，因此浸水过程较淡干皮容易得多。

盐湿皮仅失去了部分自由水，很容易浸水。

鲜皮浸水的主要目的是溶解可溶性蛋白质，洗涤皮上的脏物，削弱皮下组织与真皮的联系。虽然鲜皮容易浸水，但鲜皮的毛口松，浸水时容易引起掉毛和溜针，对此应予足够重视；陈板皮和枯瘦皮浸水最困难，一般不容易彻底回软，浸水时需要采取一些措施，如加浸水助剂、中间穿插去肉、伸展、铲软等机械作用。

综上所述，陈板皮浸水应注意彻底充水回软；鲜皮应注意防止掉毛和溜针；绒毛长而细密的皮应注意锈结毛；针毛粗且针绒不明显的皮应注意掉针。

（二）水质和水量

浸水和洗涤用水，要求清洁、杂质少、细菌少、硬度低、温差小，一般井水、泉水、自来水均可。

浸水所用的水量通常用"液体系数"来表示。"液体系数"是操作液的容积（L）与皮的重量（kg）的比值，也称为液比，即：

$$液体系数 = 操作液容积（L）/皮的重量（kg）$$

浸水时，液比的大小，与原料皮的种类、毛的长短、密度及使用的设备有关。液比大有利于浸水，但不要太大，也不能太小。水量应保证皮的各部位能充分、均匀地与水接触，同时不造成浪费为宜。一般淡干皮、毛长绒厚的皮液比要大，在 20～30 之间，盐湿皮、毛短绒稀的皮液比可小一些，10～20 即可。毛特别稀短的皮液比可在 8 左右。另外用水量多少还要考虑所用的设备情况，池浸水液比可大，转鼓浸水液比小，划槽浸水介于池浸水与转鼓浸水之间。

（三）水温

浸水时水温的高低对浸水时间的长短、成品的质量都有很大影响。温度低，则浸水速度慢，不容易引起掉毛、溜针和烂皮，但浸水周期长，平衡充水度大，浸水时水的温度一般控制在 18 ~ 22℃。在一定范围内，温度越高，浸水速度越快，但细菌繁殖也越快，对蛋白质的溶解作用也强，浸水周期短，浸水皮板充水度较低，皮板柔软，但控制不好容易引起掉毛、烂皮和皮质过分损失，所以采用高温（30 ~ 35℃）快速浸水时，必须加防腐剂，并要严格控制浸水时间。夏季浸水时也要注意防腐。常用的防腐剂有酸、甲醛、漂白粉、氟硅酸钠、氯化锌等。

（四）浸水助剂

为了加速生皮浸水，缩短浸水时间和提高浸水效果，相对减少皮质的损失和抑制细菌的作用，特别是对淡干皮和盐干皮、陈板皮等，常在浸水时加入一定量的浸水助剂，即助软剂。常用的浸水助剂有以下几个大类。

1. 酸性助剂

常用酸性助剂有硫酸、甲酸、乙酸、乳酸、酸性盐等。酸性助剂的助软机理是能够促进溶解纤维间质，破坏胶原肽链的次级键。酸的增大皮板充水度能力较碱性材料还强，而且能够有效地削弱真皮层与皮下组织的联系，有助于揭里和去肉，酸具有防腐作用，副作用较小。用量一般为 1g/L 左右，酸度控制在 pH 值 5.0 ~ 5.5，对于毛松弛不易浸软的原料皮，常采用酸性助剂浸水。但是在酸性条件下，皮板容易"酸肿"，所以用酸作为浸水助剂必须有中性盐配合，以防酸肿。

2. 碱性助剂

常用的碱性助剂是纯碱和小苏打，用量 0.5 ~ 10g/L，使浴液 pH 值达到 8.5 ~ 9.0 即可。碱有助于除去皮面和毛被上的油脂，与表面活性剂类助剂配合使用，对纤维间质有很好的溶出作用。碱作为浸水助剂有一些副作用，例如强碱对毛根鞘中蛋白质有一定的水解作用，尤其是在比较高的温度下，可能会引起毛根松动；另一个副作用是碱对毛的光泽和强度有一定影响。所以浸水时用碱必须用弱碱，且用量不宜太大。

3. 盐类助剂

盐是常用的浸水助剂，浸水用盐主要有食盐、芒硝、亚硫酸氢钠、亚硫酸钠、连二硫酸钠、焦亚硫酸钠等。盐类助剂的作用是溶解纤维间质，破坏胶原肽链的次级键，抑制细菌繁殖，减少掉毛和酸肿。在盐浸水即浸硝时，中性盐的总用量一般在 40 ~ 80g/L，其他方法的浸水中性盐的总用量一般在 10 ~ 25g/L。亚硫酸氢钠和焦亚硫酸钠等的用量一般是 0.5 ~ 2g/L。为了减少亚硫酸氢钠和焦亚硫酸钠等对毛囊的作用，建议在浸水近结束前 4 ~ 6h 加入。因此，采用盐类浸水时盐的用量要保证足够。

4. 表面活性剂

表面活性剂是一类性能优良的毛皮浸水助剂，可有效加速原料皮的回软，并且不存在使皮板过度膨胀或影响毛被质量等危险。国产的表面活性剂有拉开粉、渗透剂 T、JFC、平平加 C-125、平平加 OS-15 等。国外也有很多此类助剂，如美国劳恩斯坦公司的浸水助剂 HAC 属非离子型润湿剂，含有杀菌剂，是珍贵毛皮浸水的良好助剂，用量为 1 ~ 2mL/L。表面活性剂浸水助剂的最大缺点是有的产品生物降解性差，给污水处理带来麻烦，西欧一些国家早就开始禁用烷基酚类（即 OP 系列）表面活性剂，有的浸水助剂泡沫太大。

5. 酶制剂

酶在浸水过程中能够清除皮板中具有粘连性能的酸性黏多糖，同时还能催化皮内干燥而变得难溶或不溶的非纤维蛋白质的水解，从而增大了纤维间的空隙，有利于操作液向原料皮中的渗透，大大加快了浸水的速度。对于陈板皮、淡干板皮而言，酶的作用效果更为明显。专用酶制剂对除去纤维间质特别是多糖类组分、破坏脂肪细胞膜具有特殊的作用，在表面活性剂类材料的配合作用下，能很好地松散和洁净胶原纤维，除去天然油脂，在皮纤维间制造出足够的空间，提高生皮的充水度。酶能有效地削弱肉里与真皮的联系，因此有利于揭里或去肉。毛皮加工对酶的要求比制革要求更高，所以国内对使用酶制剂都持谨慎态度，原因是必须保护好毛被。由于酶制剂的专一性不尽如人意，往往所用的酶在溶解纤维间质、松散胶原纤维的同时，会使毛根鞘被削弱，容易引起毛根松动，进而引起掉毛、溜针，酶的长时间作用对胶原也有水解作用，并会因此引起皮质损失，导致皮板机械强度下降。主要是国外产品，有美国的劳恩斯坦公司的艾波罗 100-C（EIBRO 100-C）、TFL 公司的 Fulguran APC、韩国公司的韩—SN。酶制剂用量 0.3～1.5g/L，常温浸水最好，当温度超过 25℃时要当心掉毛。

（五）机械作用

为了使浸水均匀、快速，使黏结的皮纤维松散，毛被上的脏物被洗涤干净，适当的机械作用是必要的。通过机械的划动、去肉、踢皮等操作，可以加速皮板充水速度。但进行机械作用时，皮板必须有一定的柔软度，否则将对皮板和毛被造成损害。划池、划槽、转鼓的形状参数不同，机械作用大小也有区别。一般毛长绒厚的皮适宜在划池中浸水，因为划池浸水机械作用较缓和，大液比下不容易引起锈毛；皮厚毛稀短的皮可以在转鼓中浸水，转鼓对皮子的摔打作用强，原料皮毛细管轮换地被挤压和舒展，促进了液体对皮板内层的渗透能力；一般的皮在划池、划槽中浸水都可以。浸水中以静泡为主，中间赋予间歇机械作用并采用正反转，要切忌引起锈毛。在浸水期间施行去肉、铲软、伸展等机械操作，对加速浸水很有益处。

（六）时间

浸水时间长短要根据各种影响因素如原料皮性状、使用助剂情况、机械作用等情况而定，通过浸水时间的调整综合平衡上述各种因素的作用。一般鲜皮浸水 6～8h，干皮浸水 12～20h。制定浸水时间要以掌握浸水效果达到要求为原则。浸水要求整张皮的皮板恢复到鲜皮状态、浸水均匀，即浸软、浸透、皮板舒展、手摸无硬心、无肿胀现象，毛被洁净，无锈毛、溜毛、掉针、烂皮现象，容易去肉。

四、浸水的质量要求

浸水良好的原料皮应基本恢复鲜皮状态，皮板适度柔软，且有较好的可塑性，毛被不得口松、掉毛。

浸水工艺举例

1. 兔皮浸水工艺

（1）技术条件。液比（以干皮重计）20；氟硅酸钠 0.2g/L；亚硫酸氢钠 1.5～2g/L；润湿剂 JFC 0.3g/L；食盐 10g/L；温度 35℃；时间 16～24h。

（2）操作。先把水量、水温调到规定要求，再将生皮投入，连续将生皮划动 30min，以后每隔 2h 划动生皮 10～15min。质量要求达到皮板全部浸透、浸软，原料皮接近鲜皮状态。

2. 绵羊皮浸水工艺

（1）工艺流程。浸水→脱脂→复浸水→去肉。

（2）浸水。液比（以干皮重计）20；温度为常温；时间 20～24h。

在水池中按要求调好水量，投皮，要求原料皮完全浸没在水中，板向下，毛向上。浸水期间，皮板不得露出水面。质量要求皮板基本回鲜，不得有干巴。

（3）复浸水。复浸水设备划槽的液比为 8（以湿皮计），芒硝 60～80g/L，硫酸 1g/L，温度为常温，时间 18～24h。

在划槽中按规定要求调好水温、水量，加入化工材料，划动至溶解均匀，边划动边投皮，投皮结束继续划动生皮 20min，之后间歇划动生皮，每 4h 划动生皮 10min，届时要求皮板回鲜，不得有腐烂、脱毛现象。

第三节 去肉、洗皮、脱脂

一、去肉

去肉的目的是为了除去皮下组织，同时去肉过程中的机械拉抻作用，可以使皮板柔软。去肉有机械去肉和手工铲皮两种做法。只有在皮板充分回软，去肉才能保持皮形完整，不容易造成破口和掉材，因此进行去肉前的皮最好经过了充分的浸水和复浸水。但是对于皮板厚而紧实的生皮来说，由于皮下组织妨碍皮板的充水与回软，须借助去肉的机械作用，及时除去这些障碍物，同时适当地拉软皮板，在生皮板适当泡软后进行初步去肉，然后再进行复浸水和脱脂，如果需要还可以再进行二次去肉。通常情况下是浸水、去肉、脱脂几个工序交替进行，以互相促进。若皮板回软不均匀、不充分，去肉时容易引起破皮，同样浸水过度的皮由于机械强度下降，去肉时也容易将皮板扯破，还容易使掉毛加重，因此对浸水过度的生皮去肉时要尽量用力缓和，以最大限度地减轻掉毛程度和破皮率。去肉工序的好与坏对后续工序和成品质量有很大影响。去肉不净，在浸酸软化过程中就不能使皮纤维获得充分松散，鞣制时皮板吸收鞣剂困难，成品皮板柔软性差、甚至可能出现响板皮，对于陈瘦板皮和老板皮更是如此。嫩板皮因真皮层薄，强度小，要采用抿刀去肉法，即所用去肉机的左旋刀片与右旋刀片的交接角度要小，用力也不能过猛；老板皮真皮层厚，纤维粗壮，要采用扒刀去肉法，即所用去肉机的左旋刀片与右旋刀片的交接角度要大，去肉时用力要大但不能猛；对陈板皮去肉时要反复多拉抻几次，借助机械作用把皮纤维拉活，对瘦板皮来说，除了要反复拉抻外，注意用力要小，以防止把皮板拉扯破损。

二、洗皮与脱脂

洗皮的目的主要是洗去毛被上的油脂、污物，以提高毛被的光泽、松散性，除去皮板上的部分油脂。洗皮常用的材料有纯碱、洗衣粉、洗涤剂、渗透剂等。脱脂的主要目的是除去皮板中的油脂，同时也起洗皮作用。脱脂常用的材料有纯碱、洗衣粉、洗涤剂、专用脱脂剂、渗透剂、脂肪酶、有机溶剂等。许多原料皮中含有大量的油脂，如细毛绵羊皮皮板含脂量可达 30%，澳大利亚细毛羊皮板最高含脂量达 56%，毛被中羊毛脂含量可达

20%以上。皮、猫皮、水貂皮等的皮下组织有深入皮层内的脂肪锥；海豹皮、旱獭皮等皮下都有厚厚的一层脂肪。机械去肉只能去掉皮下组织中的油脂，对皮板内和毛被上的油脂作用较小。皮板和毛被上的脂肪组织对毛皮加工有百害而无一益，皮板中的油脂严重阻碍化工材料向皮内渗透，并会因此造成鞣制不良，生成铬皂或铝皂，染料、加脂剂分布不均匀，染花，皮板厚重、发硬、色泽暗淡等，穿用时还可能返油和污染掉面。毛被上的油脂将会影响毛被的光泽、松散灵活性，影响毛被染色效果，会导致染花和涩暗。而毛皮成品要求皮板油脂含量为5%～19%（含毛皮加工过程中加入的加脂剂），毛被油脂含量约为2%，因此在毛皮加工过程中要进行脱脂处理。

（一）脱脂方法

脱脂方法有机械法、皂化法、乳化法、溶剂法、酶法、热水洗法。

1. 机械脱脂法

使用去肉机或圆盘削匀机等机器设备或人工铲皮，可以除去皮下组织层的大量脂肪，使游离脂肪与脂腺受到机械挤压后遭到破坏而除去油脂。这种脱脂方法实用方便，操作简单，成本较低，适合中、小规模油皮脱脂。它还包括挤压法（适用于绵羊皮等大油板皮脱脂）和压榨法（适于较大规模，批量生产的企业）。将生皮去肉，再在40℃左右用有机溶剂和表面活性剂、纯碱的混合液在划槽或转鼓内脱脂，之后趁热用滚筒式挤压机挤压，再热水洗，这种联合脱脂的方法效果很好，并有利于回收油脂，特别适合大油板皮，如澳羊皮的脱脂。平板压榨机压榨脱脂的做法是将皮板朝上，头尾对齐铺成一摞，并用毛毡垫平，在皮的底层和上层铺放一层毛毡，在规定压力下压榨10～25min，再用热水洗涤或化学法脱脂，必要时还可以进行第二次压榨。平板压榨法主要用于绵羊皮革鞣制后的脱脂。

2. 化学脱脂法

包括乳化法、皂化法和酶水解法。

（1）乳化法。乳化法脱脂确切地说是一种物理化学法脱脂，它是利用表面活性剂对皮板和毛纤维的润湿渗透作用，对油脂污物胶溶分散和乳化作用的综合过程，洗去皮板和毛被上的脏物，乳化皮板和毛被上的油脂，将不溶于水的油脂变成溶于水的乳粒，经水洗除去。乳化法脱脂效果好，对毛被质量损伤小，是毛皮脱脂中应用最广泛的方法。非离子性和阴离子型表面活性剂脱脂效果好，阳离子型和两性离子型表面活性剂较少用于脱脂，价格也高。平平加AEO-7、AEO-9、OP-7和OP-10等是脱脂效果优良的非离子表面活性剂，烷基磺酸钠、烷基苯磺酸钠、烯基磺酸盐、脂肪醇硫酸盐、脂肪醇和烷基酚的聚氧乙烯醚硫酸盐都是脱脂效果较好的阴离子型表面活性剂，而且价格较低。各种洗衣粉、洗洁精都可以用来脱脂，但由于不是专用毛皮脱脂剂，因而针对性不强，从成本上讲不科学。市售的脱脂剂绝大部分是表面活性剂的复配产品，以阴离子型和非离子型产品居多。一般用量3～5g/L。

（2）皂化法。利用碱与原料皮中的油脂生成肥皂的机制进行脱脂。毛皮加工中只能使用弱碱，如碳酸钠、碳酸氢钠、氨水等，用量不宜大，一般为0.5～2g/L，否则损伤毛被。皂化法适用于低档产品，如绵羊皮、兔皮等，通常与洗涤剂配合使用。

（3）酶水解法。利用脂肪酶和蛋白酶在一定条件下处理生皮，使脂肪水解成甘油和脂肪酸而达到脱脂的目的，所以也叫水解法脱脂。从理论上讲酶法脱脂是一种先进的脱脂方法，脱脂效果好，毛被损失小，对环境污染小，但价格较高，一般用于高档原料皮的脱脂。国产脂肪酶有 AS·123，国外产品有诺维素（NOVO Nordisk）公司的山德贝特（San-dobate）AD 等。

3. 物理脱脂法

分为溶剂法和吸附法。

（1）溶剂法。利用有机溶剂萃取皮板内和毛被上的油脂进行脱脂的方法。使用的脱脂设备是干洗机，常用的溶剂有煤油、汽油、三氯乙烯、四氯乙烯和其他烷烃等。生皮脱脂常用以表面活性剂为主体同时含有有机溶剂的脱脂剂脱脂，例如，BASF 公司的脱脂剂 Eusapon S、Bayer 公司的 Baymol D、科莱恩公司的 Sandocean ME liq，这类产品能融乳化法脱脂与溶剂法脱脂为一体，脱脂效果好，使用方便，污染较小。酸皮和鞣制后的湿皮常用以有机溶剂为主体含有表面活性剂的脱脂剂在水介质中脱脂。有机溶剂脱脂最有效的方法是在专用的脱脂机中进行有机溶剂萃取脱脂即干脱脂、干洗，没有专用脱脂机的企业也可以把有机溶剂拌在锯末中在转鼓内以滚锯末的方式进行。在专用的脱脂机中脱脂效果好，但成本高，对设备要求高，对环境污染大，所以仅用于多脂皮脱脂如细毛羊剪绒产品加工和细皮油鞣后干脱脂。选用脱脂溶剂时要考虑溶剂溶解脂肪的能力、挥发性、毒性、着火危险性、爆炸危险性以及价格等因素。而且该法常用于高档原料皮及深加工产品的脱脂。

（2）吸附法。利用酸性白土、黏性黄土、滑石粉、木糠等物质对油脂有吸附能力的性质进行脱脂。这种方法简单、方便、成本低，但生产效率较低，产品质量不稳定，常用于绵羊皮等低档大油皮的脱脂。

在实际毛皮加工过程中，一般不会仅使用一种脱脂方法或只进行 1 次脱脂，而是几种脱脂方法配合使用，进行多次脱脂。通常在鞣制之前尽量将大部分油脂脱净，脱不净的油脂在鞣制之后的染整阶段进一步除去。

（二）影响脱脂的因素

1. 温度

动物脂肪的熔点在 40℃左右，提高脱脂温度有利于油脂熔化，也有利于皂化反应和乳化作用发生，脱脂干净。但是温度太高，容易造成毛根松动和锈毛，甚至皮板收缩。温度太低，脱脂效果差，达不到要求。对油脂含量较高的毛皮，温度可控制在 38～40℃；对油脂含量较低的毛皮，温度控制在 30～35℃。高档原料皮脱脂温度较低（30℃左右）为宜；低档原料皮脱脂温度可较高（40～42℃）。

2. pH 值

毛皮在碱性介质中进行长时间加工，就会降低毛与皮板的结合牢度，并且损坏毛的鳞片结构和机械性能，容易引起锈毛，因此毛皮理想的脱脂条件是在中性或者弱酸性介质中。但是一般的表面活性剂都是在碱性条件下脱脂效果较好，而且在碱性条件下对纤维间质的溶解作用也较强。

目前毛皮脱脂大多采用阴离子表面活性剂，溶液的 pH 值对其脱脂效果有很大影响。因此用乳化法脱脂时，在不引起掉毛、溜针、锈毛的情况下，可以考虑加入少量纯碱，当 pH 值控制在 8～10 时，脱脂效果比较理想。但 pH 值超过 8 时，对毛的破坏作用明显加强。一般多用纯碱来调节 pH 值。

3. 机械作用

机械作用有利于脱脂材料向皮内渗透，有利于油脂乳化和脏物分散，能防止脱下的污物和油脂再沉积在毛被上。因此，皂化法和乳化法脱脂需要在划槽或转鼓中进行。脱脂应在划槽或转鼓中进行，并且采用间歇划动或转动，避免因机械作用过强引起结毛。对于长毛皮要适当扩大液比，控制机械作用时间，避免擀毡。

4. 脱脂时间

与脱脂剂的性质、用量、温度、机械作用等因素有关，脱脂时间短，达不到脱脂效果，脱脂时间过长，不仅不会提高脱脂效果，相反，会使进入溶液的污物重新聚集在毛被上。因此，脱脂时间一般控制在 20~60min，最长不超过 90min。延长脱脂时间不但不会提高脱脂效果，反而增加了锈毛的可能性，脱脂液温度下降后还会引起油脂再沉积。如果一次脱脂达不到要求，可另换新液进行第二次脱脂。

5. 脱脂剂

对毛皮脱脂剂有以下要求：脱脂剂对硬水、酸、碱及电解质有良好的稳定性；在30~40℃下溶解性较好；脱脂洗涤能力合格；无不良性气味；生物降解性好。

（三）脱脂的质量要求

毛皮在脱脂后要求油脂、污垢去净，毛被洁净、光亮，无锈毛，无油毛；皮板不显油腻，回软良好，无硬心；不得出现烫皮、口松、脱毛等现象。

三、浸酸与酶软化

（一）目的

浸酸与酶软化的目的是除去纤维间质，松散胶原纤维，使胶原纤维束分离成更细小的微纤维，增加纤维表面及纤维间的空隙，为鞣剂渗透和与纤维结合创造条件；破坏皮板中的弹性纤维和肌肉组织，使皮板柔软；分解皮内脂肪组织；调节皮板纤维的 pH 值，为鞣剂渗透创造条件。

（二）作用原理

浸酸与酶软化作用对皮板的延伸性、柔软性和可塑性有直接的影响。浸酸、酶软化及硝面鞣法虽然作用机理不同，但在对皮蛋白和纤维间质的作用方面却存在着某些共同的规律。在酸性浴中进行酶软化实质就包含着浸酸。纤维间质包裹在纤维束周围，对纤维束有一种类似于捆绑的作用，浸水和脱脂工序已经除去了纤维间质中的一些可溶性蛋白质。纤维间质中的类黏蛋白分子上通过酰胺键或糖苷键共价地结合着黏多糖，黏多糖与胶原结合形成非均一聚体，但是，黏多糖与胶原的结合不是对单个胶原分子，而是对胶原的微原纤维，它们结合在纤维表面呈很细微的绝缘的密封状。黏多糖有很强的膨胀能力，从稀溶液转到失水状态，体积能收缩 1 000 倍以上，所以，生皮干燥后，皮纤维被紧紧黏结。浸酸和酶软化松散胶原纤维其原理主要是基于对这些黏结胶原纤维的黏多糖作用，所以，可通过测定进入浸酸软化液中黏多糖的多少来衡量松散胶原纤维的程度。黏多糖被除去得越彻底，胶原纤维表面越洁净，将来成品皮板也就越柔软。实质上浸酸和酶软化的作用还不仅仅限于对纤维间质的除去。

（三）影响软化的因素

1. pH 值

每一种酶都有作用最合适的 pH 值范围，也就是说只有在这个范围内，酶的作用才能得到最大的发挥。3350、537、Super lotan A、Elbro SR 酶的最合适 pH 值范围是 2.5～4.0，所以都是酸性酶。生产中也利用酶的这一性质，通过调节溶液的 pH 值来达到控制酶作用活性的目的，例如在软化结束后补加酸，降低溶液 pH 值，终止酶的作用。

2. 温度

每一种酶都有作用最合适的温度范围，一般酶的最合适温度范围在 40～60℃，考虑到酸皮的收缩温度较低（酸皮的收缩温度一般仅 50℃左右）和软化的安全性，生产中总是将温度掌握在低于最适温度的情况下，在 30～38℃软化。在较低的温度或常温下软化是应该提倡的，一则节约能源，省去了加热的麻烦，没有热水烫伤皮的风险，更重要的是酶的作用缓和、均匀、安全可靠性高，可以取得更好的软化效果。分析美国劳恩思坦公司交流的工艺资料，可以看出他们通常是在 30℃左右较长时间软化，不经过专门的浸酸，而是软化后直接进入鞣制。另外酶的本质是蛋白质，在高温下会变性，活力下降甚至失去活力，所以溶解酶制剂时要用温水，不能用 50℃以上的水。

3. 酶制剂及其用量

酶制剂本身对软化效果影响最大，不同的酶制剂所含酶的种类不同，作用的底物不同，因此首先需要选择优良的酶制剂。优良酶制剂的最主要表现是松散纤维作用强，不会引起掉毛，不会使胶原纤维过度水解。软化时酶制剂的用量要依皮的种类特性和酶的活力而定。酶用量的计量方式是按 U/mL，而不是按 g/L。因为不同供应商的酶制剂活力不同，所以按 g/L 计量必须与所用酶制剂的活力单位相适应。酶实际用量可按下式计算：

$$W(g) = ML \times \frac{1\,000X}{A}$$

式中：M——每批皮的总质量，kg；

L——液比；

X——每毫升溶液需要酶的活力单位，U；

A——lg 酶制剂所具有的活力单位，U。

4. 时间

酶是蛋白质大分子，渗透到胶原纤维微细结构中去的速度比较慢，因此，软化时间一般都较长，至少需要 4h 以上。当酶的用量大，软化温度较高，则软化时间短，相反，当酶的用量小，软化温度较低，则软化时间长。软化的准确时间要通过看皮制作皮，具体情况具体对待。

5. 软化质量检查

通过测定软化液中黏多糖的含量、氮含量以及羟脯氨酸含量，可以了解除去纤维间质的程度和对胶原的水解程度。溶液中黏多糖含量越高，说明对纤维间质中的类黏蛋白除去越多，氮含量多，说明对皮中蛋白质溶解多，而羟脯氨酸含量多少则反映了对皮胶原蛋白的水解程度。总的希望是对类黏蛋白除去得多，对胶原蛋白水解得少。但是，以目前我国毛皮企业的水平看，多数企业不具备这种检测条件，再者，这种方法耗时长，而且还需要解决测定结果与软化程度之间的定量关系。所以，在目前情况下，软化程度的检查主要还是凭经验，手摸眼看。例如绵羊皮软化，以用拇指轻推皮肤部位，肤毛有松脱现象即可；兔皮以皮极松软、有延伸性、用手掌轻摩擦脊背部，针毛有轻微脱落即可。一般以皮板指纹清晰，有一定透气性、可塑性，手感柔软，无硬芯即可。软化是最容易引起掉毛的工序，所以软化期间一定要严加观察，勤检查，最好把软化工序调整在白天进行。

（四）影响浸酸的因素

由于酶制剂的专一性问题，仅靠酶软化实现松散纤维有一定难度，目前浸酸仍然是松散纤维的主要方法。其次，浸酸可以终止酶软化作用，因为浸酸可以将软化液的 pH 值降到酶作用需要的 pH 值以下，终止酶对毛根鞘和皮纤维的继续作用。对铬鞣和铝鞣来说，浸酸的另一个主要目的是调节皮板的 pH 值，抑制胶原羧基的电离，减弱羧基与阳性铬或铝铬合物的作用能力，为鞣剂渗透创造条件。影响浸酸的因素如下。

1. 酸的种类及用量

浸酸可以用无机酸如硫酸，有机酸如甲酸、乙酸、乳酸、柠檬酸等。无机酸的酸性极强，作用剧烈，且主要作用于胶原蛋白的主链，所以容易使皮蛋白水解，皮质损失，导致皮板延伸性过大，强度下降，高浓度的无机酸还有可能引起某些皮（如水貂皮、各种狐皮等）毛被的颜色发生变化，并损害毛皮的外部形态。但是，用无机酸浸酸成本低廉，所以，做一些低档次的皮或纤维编织比较紧密的皮时，多数情况下仍是用硫酸。有机酸作用缓和，对胶原的主链作用小，而除去纤维间质的作用强，能够使粗壮的纤维束分散成细小的纤维束，使纤维编织更均匀，能够获得丰满、柔软、有弹性和可塑性的皮板，对毛被的破坏作用小。硝面鞣法之所以能够获得手感很好的皮板，与发酵液中存在的大量有机酸有关。做高档产品如水貂皮、狐狸皮、毛革两用皮是采用有机酸浸酸。有机酸中甲酸使用最普遍。有机酸价格高，而且用量大（4~10g/L），操作液循环使用容易形成缓冲体系，生产成本高。在制定酸的用量时，除了要考虑皮板外，丰厚的毛被也要吸收大量的酸，浸酸前的操作对酸的用量也有一定影响，例如，浸酸前使用碱性条件下脱脂，皮板 pH 值偏高，浸酸时消耗的酸量就大。一般浸酸将 pH 值控制在 3~4.5，通过浸酸抑制酶活力时需要将 pH 值调到 1.8~2.1 之间，酸的用量以 pH 值达到要求为准。

2. 中性盐

皮板在没有足够浓度中性盐的酸溶液中会产生（酸肿）。酸肿胀会引起乳头层与网状层的不协调变形，使两层发生位移，容易导致松面和分层，酸膨胀的皮子消肿很麻烦，在膨胀状态下鞣制有许多不良后果，所以现在的毛皮加工都不主张进行酸膨胀。防止酸膨胀的办法是加入足量的中性盐，当盐的浓度达到 60g/L 以上或者 6°Bé 以上时，一般情况下就不会发生酸肿。中性盐的另一个作用是使胶原纤维脱水，使真皮层微结构发生一些变化，表现在胶原纤维束之间的距离缩短，胶原未被脱水前不能使纤维束间形成作用力的一些原子或原子团，在被脱水后能相互作用形成新的键（主要是氢键），从而使胶原结构有所加强，生皮的结构稳定性得到提高。毛皮加工的许多工序使用大量的中性盐就是这个道理。但是废液中的中性盐对环境造成严重污染，无盐浸酸研究还在进行之中。胶原固定中性盐的能力较固定酸的能力弱，用清水洗浸酸皮时，盐比酸更容易进入水中，并会因此导致酸膨胀。同样的浸酸皮，在含有中性盐的酸液中测定的收缩温度要比在清水中测定的收缩温度高 5~20℃。所以，如果需要对浸酸皮水洗或脱脂时，一定要在盐溶液中进行。

3. 温度与时间

从松散纤维的角度考虑，浸酸温度要稍微高一些，时间也要长一些。生皮吸收酸的速度非常快，毛被吸收酸大约需要15min，皮板吸收酸大约需要45min，但是，酸向皮纤维的深层次扩散和均匀作用则需要4～12h才能完成。这是因为操作液只能从肉面向皮内渗透，而从有毛的一面渗透很困难。浸酸温度高，酸的作用强烈，获得的皮板更柔软，但是用无机酸浸酸，温度高，对皮胶原的水解作用和对毛被的破坏作用随之增加，一般用无机酸浸酸温度掌握在15～25℃，用有机酸浸酸温度掌握在25～30℃。温度低，可以延长浸酸时间。浸酸的总时间要因原料皮的种类而定，另外要注意工艺平衡，特别是与软化的程度有关。纤维编织的紧密程度对酸在皮内的扩散速度影响很大，所以，不同种类的原料皮，皮板的不同部位浸酸达到平衡需要时间长短差异很大。一般大皮、厚皮、纤维编织紧密的皮，浸酸时间要长，通常在24h以上，甚至考虑对酸皮搭马静置数天。对小皮、纤维编织疏松的皮，浸酸时间则短，12h左右即可。

4. 浸酸方法

皮板的松散程度与浸酸方法有很大关系，常用的浸酸方法有强浸酸、弱浸酸、联合浸酸、软化浸酸。为了减少中性盐对环境的影响，在革皮生产中已研究和应用免浸酸工艺。

强浸酸是指蛋白质完全吸酸，干皮吸酸量为0.8～1.8mol/kg；弱浸酸是指蛋白质不完全吸酸，干皮吸酸量为0.3～0.5mol/kg。绵羊皮浸酸液比为1:20（以干皮质量为准），硫酸总用量为3g/L，平衡溶液的pH值为2左右，假设毛皮从溶液中吸收70%的酸，则每千克干皮吸收酸量大约为0.83mol，则恰好符合强浸酸的条件。水貂皮浸酸，假设液比也是1:20，乙酸用量10～15g/L，毛皮对有机酸的吸收量小于对硫酸的吸收量，平衡溶液的pH值为3.2～3.5，则干皮吸收酸量在0.3mol/kg左右，符合弱浸酸条件。实践证明弱浸酸效果优于强浸酸，作用缓和，皮板坚牢度高，丰满柔软，有弹性，毛被光泽好。阶段浸酸是指将酸分次加入的浸酸方法，优点是不会使浴液pH值一开始降得很低，虽然最终平衡pH值是不变的，这样就避免了一次加大量的酸对皮板内外作用的不均匀性，比常规浸酸能把松散纤维分散得更细小、更均匀，除去纤维间质中的糖蛋白更多，所以尽管操作较麻烦，浸酸时间长，但仍然被人们普遍接受，并在生产中应用。联合浸酸法是先用有机酸进行弱浸酸，pH值3.5～4.5，然后再用无机酸浸酸，pH值2.5～3.5。弱浸酸阶段较多地除去了包裹纤维束的糖蛋白类，对pH值较高的皮板纤维起到分散作用，第二阶段的无机酸浸酸，对真皮纤维产生了补充分散作用和脱水作用，使皮板成型，毛和皮板的结合牢度提高。如果在弱浸酸阶段还有酶软化，那么第二阶段的浸酸还可以终止酶的作用。总之联合浸酸是一种优点较多的浸酸方法，被广泛用于大生产。软化浸酸是将酸性酶软化与浸酸同浴进行的方法，该法松散纤维效果好，皮板柔软、延伸性大，生产周期短，但要求酶的专一性要高，使适当延长软化时间不至于引起掉毛或松面。制革研究的免浸酸工艺是指将用中性酶软化以后的裸皮不经过浸酸就直接进入鞣制操作，目的是减少中性盐对环境的污染。毛皮加工如果仍然沿用酸性酶软化，则免浸酸没有实际意义，如果像制革一样采用中性酶软化，并且不用通过浸酸实现松散纤维，则才有可能实现免浸酸。

第四节　毛皮鞣制

　　毛皮的鞣制是指原料皮在鞣剂的作用下，使其性能发生根本的改变，由生皮变成熟皮（也称裘皮）的加工过程。通过鞣制，原料皮的各种理化性能得到改善和提高，并获得优良的使用性能。鞣制是毛皮加工的最主要工序，鞣制使生皮的性质发生了根本改变。鞣剂主要包括无机鞣剂和有机鞣剂两大类。无机鞣剂包括三价铬、铝和铁的碱式盐，四价锆和钛的碱式盐等；有机鞣剂主要有植物鞣剂（拷胶）、甲醛、合成鞣剂、鱼油等。新型合成鞣剂的使用也越来越广泛。

　　在实际毛皮加工过程中，可单独使用一种鞣剂进行鞣制，也可使用两种或两种以上的鞣剂共同作用，进行结合鞣制，还可在染整工段对鞣制过的毛皮进行复鞣。具体使用何种鞣剂，采用何种鞣制方法应视原料皮的特点以及成品的要求而定。目前，常用的鞣制方法有铬鞣、铝鞣、醛鞣、结合鞣等。

一、铬鞣法

　　铬鞣是用三价铬的碱式盐（铬络合物）处理生皮的方法称为铬鞣法。铬鞣后的皮板呈淡淡的蓝色，所以，把铬鞣皮也叫蓝板皮。铬在地球上蕴藏量不多，而且六价铬对环境有严重污染，但迄今为止，虽然花费了大量精力和资金，仍未能找到一种能与铬盐的鞣制效果相媲美的鞣制材料。这是因为铬鞣皮板具有丰满、柔软、有弹性、耐湿热、稳定性高、防腐性能好、卫生性能好、强度高、耐储存、耐水洗、不容易脱鞣等优点，此外铬鞣皮还具有良好的染色、磨皮、涂饰性能、耐酸碱性能。在所有鞣制方法的皮中，铬鞣皮的收缩温度最高（可高达100℃以上），优点最多，但铬鞣皮不耐氧化剂的作用。铬鞣工艺成熟，操作简单，加工成本适中，适用性广泛。常用的铬鞣剂有：铬粉（铬盐精），含铬量以三氧化二铬（Cr_2O_3）计为24%～26%；铬鞣液，含铬量以红矾计为21%～25%。

（一）影响铬鞣的因素

　　鞣制过程重点要解决两个问题：①鞣剂向皮内渗透并在皮纤维内均匀分散。②鞣剂中的铬络合物与胶原蛋白分子结合并与肽链产生交联。

　　影响鞣制的因素主要有3个方面：①鞣剂的组成与性质；②皮子本身的状况；③工艺过程的参数控制，如pH值、温度、鞣剂浓度、中性盐浓度、蒙囿剂、鞣制助剂、预处理方法、时间长短、机械作用等。

1. 生皮状态

　　原料皮的种类、纤维编织情况、鞣前准备对纤维的松散程度、是否削匀、是否油预处理、是否预鞣等都对铬鞣剂的渗透与结合有重要影响。纤维编织紧密的皮板、厚大的皮板、鞣前准备纤维松散程度小的皮板、未经过削匀和预处理的皮板都不利于鞣剂的渗透。反之，则有利于鞣剂渗透。

　　常用的预处理方法是油预处理法。该法是在浸酸浴或铬鞣浴中加入2～5g/L的加脂剂，进行乳液加脂，使加脂剂深入皮内，均匀分布于纤维表面，将纤维束分离成更细小的纤维束，并将纤维包裹，当鞣剂渗透以后，不能立即与反应点结合，以有利于鞣剂分子向皮内更深层次渗透。再者，在油脂的润滑作用下，纤维处于松弛状态，当胶原分子在松弛状态下与鞣剂结合后，皮板丰满、柔软、细致、铬结合量高、废液 Cr_2O_3 含量低。油预处理使用的加脂剂必须耐酸、盐和耐铬鞣剂，例如，博美公司的 Eskatan GLS 和 Bskatan GLH，TFL 公司的 Chromopol UF/W 等。铬鞣前还可以用铝鞣剂、合成鞣剂、树脂类鞣剂、醛类鞣剂等进行预鞣。

2. pH 值

pH 值是影响铬鞣的重要因素。鞣制工序要求鞣剂先渗透到原料皮纤维中，然后再与原料皮纤维发生结合并固定。对于铬鞣工艺要求 pH 值由低至高，即铬鞣初期，pH 值较低为 2.5~3.5，这有利于鞣剂向皮内渗透。当鞣剂渗透完成后，将鞣液和皮板的 pH 值提高，一方面促进了铬络合物水解、羟配聚和氧配聚发生，使皮内的鞣剂分子变大，另一方面，促进了胶原羰基的电离，有利于羰基与铬离子的配位结合和产生交联作用。故在铬鞣后期通过提碱，使鞣液在较高的 pH 值 3.5~4.3 范围。但是提碱不可太早、太快，pH 值也不可提得太高。因提碱太早，鞣剂渗透还未完成，皮外层的鞣剂分子变大以后，就阻塞了鞣剂分子再向内层渗透的通道，会造成鞣不透或鞣剂在皮内、外层分布不均匀；提碱太快，鞣液局部的 pH 值太高，会在局部产生氢氧化物沉淀，使毛被发绿。刚加碱后，鞣液的 pH 值较高，随着络合物水解和配聚，pH 值又慢慢下降，再加碱，鞣液 pH 值再提高，直至鞣液 pH 值最终应被稳定在 4 左右。当鞣液 pH 值 >4 以后，就有生成氢氧化物沉淀的危险。在提碱过程中，鞣液的 pH 值呈锯齿形变化，并逐渐提高。所以鞣制后适宜用弱碱性材料分次提碱。最常用的提碱材料是小苏打。在皮革鞣制中常用自动碱化剂自动提碱，但毛皮鞣制中还未发现同类产品。最后一次提碱到出皮之间时间不应 <6h。鞣制结束 pH 值在较低范围，则皮板柔软、色泽浅、延伸性大，在较高范围，则皮板紧实、丰满、有弹性，收缩温度高，面积得率小。

3. 铬盐的浓度

毛皮鞣制时通常用每升溶液中所含鞣剂折合成 Cr_2O_3 的克数来表示鞣剂的浓度，用单位皮质量使用的鞣剂折合成 Cr_2O_3 的多少来表示鞣剂的用量或者鞣剂中 Cr_2O_3 量占皮质量的百分比。在液比不变的情况下，鞣剂用量增加，则鞣液浓度提高。在浓度较小的时候，随浓度提高，皮板结合的鞣剂量提高，各项鞣制效应提高。但是，当浓度高于一定值时，浓度再提高，皮板结合的鞣剂量随浓度的提高反而下降，皮板扁薄，收缩温度下降。虽然高浓度的鞣液有利于鞣剂渗透，但鞣液浓度太高，鞣液中的阴性铬络合物增多、氢离子浓度提高、铬络合物分子变小，不利于鞣剂与皮胶原结合。生产中由于客户对产品要求不同，鞣剂的用量变化较大，例如，作剪绒羊皮的毛革一体，鞣制液比为 1:10，鞣剂浓度折合成 Cr_2O_3 为 4~5g/L，即相当于标准铬粉用量 16~20g/L，鞣制的皮板紧实丰满，耐水煮 3min 以上。有的产品鞣制鞣剂浓度折合 Cr_2O_3 仅 1~2g/L，收缩温度能达到 80℃左右。当皮板结合的鞣剂量折合成 Cr_2O_3 为干皮质量的 3% 左右时，就能够使胶原热稳定性显著提高。鞣液浓度太高，容易造成绿毛。根据毛皮产品的不同要求，一般铬鞣剂的用量以 Cr_2O_3 计为 0.5~5.0g/L。

4. 蒙囿剂

蒙囿剂是指那些能与无机鞣剂络合并能改变其鞣性的一类物质。蒙囿剂的主要作用特点如下：①缓和鞣剂与胶原的结合速度，促进鞣剂向皮内渗透和在纤维结构中分布更均匀。②能够提高鞣剂的耐碱能力，不易与碱性材料产生沉淀，在鞣制后期便于提碱。③提高胶原对鞣剂的结合能力和多点结合率，使皮板丰满柔软有弹性。根据其结构特点和作用可以分为三类。第一类是无活性邻位基的一元有机酸和部分无机酸及其盐，如甲酸、乙酸、硫酸及其盐类。该类蒙囿剂在鞣制之前或鞣制初期加入，且加入不能太多，若加入太多，其配位竞争性太强，最终影响胶原上羧基与铬离子的配位，使鞣液中阴性铬络合物含量增加。用有机物如葡萄糖、革屑等作为还原剂制备的铬鞣剂中含有大量的有机酸根，在浸酸和鞣制时加入甲酸、硫酸或甲酸钠等，实质上都起到了这类蒙囿剂的作用。第二类是能形成螯合物的物质，如草酸、邻苯二甲酸、柠檬酸、乳酸、丙二酸、酒石酸等及其盐类。该类蒙囿剂与铬离子的配位能力极强，用量适中，可以使铬鞣剂的分子变大，提高鞣剂的交联能力，使皮板丰满有弹性，用量太大的时候，可以起到退鞣的作用，这类蒙囿剂常在鞣制的中后期加入。第三类是长链二羧酸及其盐类，在鞣制中后期加入后，能够提高鞣制的双点和多点结合率。一般情况下，小分子蒙囿剂在鞣制初期加入，大分子蒙囿剂在鞣制后期加入。

5. 中性盐

中性盐的加入一方面可避免原料皮发生酸肿；另一方面中性盐含量适当时，相当于蒙囿剂，可减少铬鞣剂与原料皮的结合，有利于铬鞣剂在原料皮纤维中的均匀分布。但中性盐含量过多，尤其是硫酸盐太多时，就会有太多的硫酸根与铬离子配位，使阳性和中性铬络合物转变成阴性铬络合物，鞣性大大变小，鞣制的皮板扁薄、不丰满，影响质量。中性盐用量过小，易发生酸肿。Cr_2O_3 含量低，收缩温度低，容易导致盐霜和灰分超标。另外废液中的中性盐对环境有严重污染。因此，在鞣制过程中一定要控制中性盐的用量。适宜的用量是 40g/L 左右。

6. 温度

提高鞣液的温度有利于铬鞣剂与原料皮的结合。因此，鞣制初期采用较低的温度（30～32℃），以后逐渐升温，鞣制后期一定要将鞣液温度提高到 35～45℃，并保温鞣制一定的时间，以提高铬的结合量。后期鞣制温度偏低，则鞣制的皮板扁薄，收缩温度低，达不到应有的鞣制效果。鞣制温度过高，容易产生过鞣和绿毛。

7. 鞣制时间和机械作用

在铬鞣初期 2～4h 内，铬鞣剂与原料皮的结合较快，之后逐渐减慢。要使鞣剂在原料皮中得到均匀的分布及牢固的结合，鞣制的时间应控制在 24～48h，并赋予间歇划动，刚开始鞣制和每次提碱后都要划动一段时间。在鞣制完成以后，皮张在搭马静置几天对于促进鞣剂结合及交联的形成非常有好处，可以使皮板收缩温度比搭马前提高5℃左右。

（二）铬鞣的质量要求

铬鞣后出皮前，收缩温度应达到产品规定的要求；鞣制要均匀，颜色浅淡，皮身柔软，丰满；毛被应保持天然颜色，洁净有光泽，松散灵活。

鞣制质量的检查通常包括以下几个方面。

1. 皮板颜色

正常鞣制的皮板颜色应为均匀的淡蓝色，若皮板颜色深绿，表面粗糙，切口颜色外浓内淡，则说明有表面过鞣。造成表面过鞣的原因可能是：①鞣制初期 pH 值过高和皮板浸酸不够，鞣剂碱度太高，使铬盐在皮表面结合太快，而未渗透到皮板的内层。②鞣制后期提碱太快，搅拌不均匀，局部碱浓度高，在铬液中产生 Cr (OH)₃ 沉淀。

解决办法是：首先在鞣前准备阶段要充分松散皮纤维，浸酸浸透而且 pH 值不能太高（须低于 3.0）；二是采用蒙囿铬鞣法，如在鞣制初期加入 0.5g/L 的甲酸钠或醋酸钠，能缓和铬盐与皮的结合速度，提高铬鞣剂的耐碱能力；三是采用双池铬鞣工艺。第一池，铬鞣液采用低碱度、低 pH 值；第二池采用高碱度、高 pH 值，既保证铬液渗透，又保证铬液结合。四是采用油预处理铬鞣法。五是铬鞣中加入具有扩散、润湿、渗透作用的非离子型表面活性剂。六是提碱时要把碱用 15~20 倍水化开，分多次缓慢加入，加碱后要充分搅拌均匀，加碱液不要直接倒在皮上。

2. 皮板收缩温度

收缩温度高低可以综合反映鞣制效果，当收缩温度达不到既定要求时，不能出皮，应检查原因对症处理。造成收缩温度偏低的原因主要有鞣剂用量不够、pH 值或鞣剂碱度低、鞣制时间不够、后期提温不够、中性盐过多等。如果鞣剂用量够，则可以通过提碱、延长鞣制时间、提温等办法解决。中性盐含量太高，可考虑鞣制后期稀释鞣液。

3. 鞣液的 pH 值

一般掌握在 pH 值 3.7~4.2 范围内。

4. 废液的 Cr_2O_3 含量

应力求废液中 Cr_2O_3 含量符合要求，减少铬对环境的污染。

5. 毛被

水洗后毛被光亮、不发绿、无锈毛。如果铬鞣后毛被发绿而且无光泽，则是氢氧化铬沉淀在毛被上所致。主要原因有：①毛被上油脂未脱净，与铬鞣剂产生铬皂。②铬鞣剂碱度过高或提碱过急、过量。③提碱后搅拌不均匀，局部 pH 值过高。④鞣剂浓度太高。

解决办法是：一是选用脱脂效果好的毛皮脱脂剂或洗衣粉，加强对生皮的脱脂以及洗毛。脱脂后，向毛被上滴硫酸—醋酸即指示剂，若毛被显绿色，说明油脂未脱净，应再次脱脂；每次脱脂时间不宜太长，一般控制在 30~60min。若时间长，温度低，则易出现油污再沉淀。一次达不到要求，可换新液进行二次脱脂。鞣制后提碱应缓慢、均匀、充分搅拌，搅拌时不能有死角。鞣制铬盐浓度大时，鞣制后的皮不要立即沾清水，应控去鞣液，并甩水后再用 0.1~0.2g/L 稀硫酸液洗皮，然后再中和。因为毛被上带有较多铬盐时，遇清水或中和，会使毛被以及皮板上未结合的铬盐产生 Cr (OH)$_3$ 沉淀。

6. 铬鞣液沉淀点的测定以及提碱时碱用量的计算

为了准确提碱，防止提碱过度或表面过鞣，有条件的企业在提碱以前可以先测定铬鞣液的沉淀点，计算提碱时碱的准确用量。将碱液加入铬鞣液中，达到相当数量后，铬鞣液就开始逐渐变浑浊，即铬络合物开始变成 Cr (OH)$_3$ 沉淀，这是鞣制中提碱时不允许出现的状况。因此须在铬鞣后提碱时确定适宜的加碱量：按工艺要求应将鞣液最终提至 pH 值 4 左右，最好不低于 3.6 或高于 4.0。将鞣液 pH 值提高到相同的值，铬液浓度高时，消耗的碱量多，铬液浓度低时，消耗的碱量少。准确的用碱量可通过测定铬液沉淀点来计算。

沉淀点测定：取滤好的鞣液 10mL，用 0.5mol/L 碳酸钠溶液滴定至出现浑浊为止。可多做几次，计算出每次消耗的碳酸钠标准液平均值（mL）。提碱碱用量按下式计算：

$$X = \frac{VWK \times 0.0053}{10}$$

式中：V——测定沉淀点时，每次消耗的 0.5mol/L 碳酸钠标准溶液量的平均值，mL；

　　K——实际应加入碱量对出现沉淀时消耗碱量的比，一般取 0.6~0.8；

　　W——实际需要提碱的鞣液量，L。

7. 水洗与中和

鞣制后先通过水洗或酸洗，洗去毛被和皮板上的浮铬、皮板内的中性盐，使毛被洁白，皮板轻、薄、柔软，不容易返潮。铬鞣完成后，皮板 pH 值 3.6~4.3，酸洗使皮板的 pH 值下降。另外，皮子在搭马静置过程中，皮内的铬络合物还要不断地发生水解、羟配聚和氧配聚，这也是鞣制所希望的。铬络合物发生水解、羟配聚和氧配聚时，释放出氢离子，使皮板 pH 值下降，且抑制铬络合物进一步发生水解、羟配聚和氧配聚。通过水洗和中和除去皮中游离的酸，可以促进铬络合物发生水解、羟配聚和氧配聚，促进胶原上的羧基进一步电离，从而能够促进鞣制反应继续进行，使鞣制效果更好。

8. 合成鞣剂在铬鞣中的应用

为了减少铬盐用量，获得轻、薄、柔软、颜色浅淡的毛皮产品，常采用铬—合成鞣剂结合鞣制。合成鞣剂可促进铬鞣剂的渗透。铬—合成鞣剂结合鞣制的鞣前准备以及鞣后整理同纯铬鞣制，但鞣制工艺较纯铬鞣对 pH 值要求更严格。

二、铝鞣法

用铝鞣剂进行鞣制的方法称为铝鞣。是古老的鞣制方法之一，早在铬鞣之前普遍使用。铝鞣的特点是毛皮颜色纯白、轻、薄、柔软、细致、出裁率高，而且铝鞣对环境污染小，所以迄今铝鞣仍然是毛皮的主要鞣法之一，被广泛用于细皮的鞣制和结合鞣法中。

常用的铝鞣剂有铝明矾（钾明矾、钠明矾和铵明矾）、硫酸铝、铝鞣剂。铝鞣剂使用特殊方法制备的碱度较高的鞣剂，较铝盐和明矾鞣性强。铝鞣剂主要有纯铝鞣剂和铝铬鞣剂。

（一）铝鞣的方法及控制点

铝鞣的实施方法与铬鞣方法基本相同，各种因素对铝鞣的影响规律与对铬鞣的影响规律基本相同。铝鞣对鞣制的影响因素如下。

1. 铝鞣剂的组成

硫酸铝、铝明矾、铝鞣剂在水中都能形成碱式铝盐，故都可以用来鞣皮。但是用硫酸铝或铝明矾鞣制时，碱度不容易被提高，分子小，所以鞣性不强。铝鞣剂是用特殊方法制备的鞣剂，本身碱度比较高，最高可达 70%，为了提高其水溶液的稳定性和鞣性，其中又配有蒙囿剂如柠檬酸铝，所以比硫酸铝、铝明矾的鞣制效果好。在相同碱度下，碱式硫酸铝的鞣性比碱式氯化铝的鞣性好，但氯化铝能配制高碱度的鞣剂，且干燥后仍能溶于水。所以若直接用铝盐鞣制，则用硫酸铝或铝明矾，若配制铝鞣剂则用氯化铝。

2. pH 值

铝盐在加碱时容易产生沉淀，所以使铝鞣剂结合量高的 pH 值范围比较窄。pH 值 3.6~4.0 时，铝鞣剂结合量最大。pH 值再高就有使铝盐沉淀的危险，这在铝鞣加工中是不允许发生的。pH 值偏低，则鞣剂分子变得更小，鞣性急剧下降，皮板扁薄，收缩温度低。铝鞣时一定要准确控制出皮时的 pH 值 3.6~3.8 之间较好。

3. 中性盐

与铬鞣一样，铝鞣液中的中性盐一则来自浸酸液，二则来自铝鞣材料，具有抑制酸皮膨胀的作用。硫酸根对铝鞣影响很大，硫酸根浓度提高，胶原对铝鞣剂的结合量显著下降，氯离子也有这样的效果，但不及硫酸根作用大。随着食盐浓度提高，溶液的 pH 值下降，随着硫酸根浓度提高，则溶液的 pH 值会上升，而且有可能导致溶液产生氢氧化铝沉淀，因此使用中性盐要注意这些问题。在能抑制酸皮膨胀的前提下，尽可能少用中性盐。

4. 温度

铝鞣温度一般控制在 30~35℃，不宜太高，温度太高容易产生沉淀。

（二）铝鞣实施方法

铝鞣操作与铬鞣操作基本相同，实施时可以采用纯铝鞣，也可以采用铝—铬结合鞣。铝鞣工艺举例：铝鞣制兔皮工艺，液比 1∶20，温度 32℃，铝明矾 40g/L，食盐 40g/L，助鞣剂 B 4g/L（用少量温水溶解后，慢慢加入），划动，当溶液变清亮后，投皮，划动 10min，以后每 2h，划动 3~5min，12h 后测鞣液 pH 值，用小苏打调整 pH 值到 3.7 左右（先用温水将小苏打化开，并分次缓慢加入）。总鞣制时间 24h。对于大厚板皮，可以在鞣制 24h 后出皮甩水，削匀后再回鞣池中鞣制 24h。出皮前划动 10min，要求 pH 值在 3.6~3.7（以 pH 计测定值为准），无氢氧化物沉淀。

三、醛鞣法

用醛鞣剂鞣制毛皮的方法称为醛鞣。该方法一直伴随着近代皮革工业兴起而不断发展。常用的醛鞣剂有甲醛、戊二醛、双醛淀粉、改性戊二醛等。对各种不同的醛类鞣皮性能的系统比较研究表明：甲醛、丙烯醛及含 2~5 个碳原子的二醛及双醛淀粉具有良好的鞣性。从参加交联的物质量以及形成公价交联的不可逆性看，则以丙烯醛与戊二醛最优，其次是甲醛、乙二醛、丁二醛、双醛淀粉。甲醛、戊二醛及其衍生物或改性产品如噁唑烷、改性戊二醛已广泛应用于皮革鞣制，乙二醛、双醛淀粉已受到皮革工业界的重视。丙烯醛毒性很强，难以工业化使用。醛鞣的特点是成品柔软、丰满、重量轻、面积大、收缩温度较高、防腐性强。甲醛鞣毛皮颜色洁白，戊二醛鞣毛皮带黄色，改性戊二醛鞣毛皮为白色。醛鞣尤其甲醛鞣制广泛用于毛皮鞣制，多用于中、低档产品的加工。

（一）甲醛及其鞣制特点

纯甲醛是无色具有刺激性气味的气体，沸点 -21℃，易溶于水。市场上销售的通常是含量为 36%~40% 的甲醛溶液。在稀水溶液中，甲醛几乎全部以甲二醇的水合物形式存在，在浓的水溶液中则容易形成多聚甲醛。聚合度小于 8 的多聚甲醛易溶于水，聚合度较大时，则形成白色固体，稀释、加碱、加温都会使其解聚，但加温易引起甲醛挥发。甲醛鞣制成本低廉，操作简单易控制。同铬鞣、植物鞣剂鞣等其他鞣法相比，甲醛鞣制的皮板洁白、柔软、轻薄、延伸性大、得皮率高，收缩温度比较高（80℃以上），特别是耐水洗性、耐汗性、耐溶剂性、耐氧化性、耐碱性优良。甲醛鞣皮的耐氧化性使之更适合需要用氧化染料染色和氧化漂白与褪色的皮坯鞣制。所以甲醛鞣在毛皮鞣制中曾经占有重要地位，迄今为止仍被广泛应用于毛皮鞣制。但是甲醛鞣皮中不可避免地含有大量的游离甲醛，而许多国家对皮革中的游离甲醛含量作出了严格限制，欧盟委员会指令 2002/233/EC—关于禁用甲醛的指令规定，直接与皮肤接触的皮革中游离甲醛含量必须小于或等于 75mg/kg，一般产品中游离甲醛含量必须小于或等于 150mg/kg，这是甲醛鞣制的杀手锏。

（二）影响甲醛鞣制的因素

从甲醛与皮胶原的反应机理和平衡关系可知，溶液的 pH 值对鞣制反应影响很大，pH 值不仅影响反应速度，也决定了反应的方向和程度，因而也决定了最终的鞣制效果。过强的酸或碱均不利于鞣制，在中性或微酸性条件下，反应较温和，在碱性条件下反应较快，容易产生表面过鞣等缺陷。当 pH 值低于 4 时，甲醛基本上不与皮蛋白结合，pH 值高于 4 以后，结合开始发生，以后随 pH 值提高，甲醛结合量逐渐提高。所以鞣制后期提高 pH 值，则可促使反应完成。生产中在甲醛鞣制开始，适宜将鞣液 pH 值控制在 6.5～7.5，鞣制后期逐渐将 pH 提高到 8 左右。pH 值偏低时，鞣制反应不完全，鞣制效果差；pH 值过高时，皮过度鞣制，皮板面积缩小，厚度增加，延伸性减小，强度下降，橡皮筋感强。

由于甲醛的鞣制反应是二级反应，所以增加鞣液中甲醛浓度可加速鞣制并增加鞣制的效果。可见提高体系的 pH 值或甲醛浓度都有利于反应发生，所以甲醛浓度越高，鞣制可采用的 pH 值范围越宽。例如，当甲醛含量为 1%～5% 时，pH 值在 4～5，甲醛就可产生鞣制作用，皮板收缩温度可超过 80℃，但当甲醛含量小于 1% 时，只有当 pH 值较高时（pH 值为 8 左右），甲醛才表现出鞣性。通常鞣制时，将甲醛浓度控制在 5～10g/L，甲醛的总用量比较低，鞣制后期必须将体系的 pH 值提高到 8 左右，但是并非 pH 值越高越好。在生产中甲醛鞣液可以多次重复使用，每次鞣制结束出皮时，鞣液的 pH 值在 8 左右，出皮后补加一定量的甲醛，将浸酸皮甩水后投入，划动均匀，酸碱平衡后溶液的酸碱值基本可维持在 7 左右，恰好能够满足鞣制的初始要求。

提高体系温度，甲醛鞣制速度加快，但是也容易造成甲醛挥发，污染大气和浪费材料，通常以 35℃ 为宜。温度偏低时，可适当延长鞣制时间。为了抑制酸皮在甲醛鞣液中产生膨胀作用，要在甲醛鞣液中加入 40～50g/L 的中性盐。

甲醛分子小，所以渗透比较容易，但甲醛在皮板内均匀分布及牢固结合需要较长时间，鞣制总时间 36～48h 比较合适。

四、油鞣法

油鞣是古老的鞣制方法。一些细皮如水貂皮、狐狸皮、黄狼皮、各类鼠皮等都沿用油鞣。油鞣皮的特点是皮板孔隙度大，密度小，柔软度高，丰满性和方向延伸性好，具有非常良好的卫生性能和耐水洗、耐皂洗性能，所以非常适合鞣制珍贵毛皮。但是油鞣消耗的化工材料成本高，要求有专用设备，生产周期长，工艺比较烦琐，皮板收缩温度低（70℃左右），机械强度不高。

（一）油鞣剂及踢皮油

从原理上讲，油鞣是用高度不饱和的（碘值为 140～160）、酸值比较低的（酸值 <15）、氧化时能与皮胶原发生化学结合而起鞣制作用的动物油（特别是海生动物油）和植物油作鞣制。古老的油鞣方法是用高碘值和低酸值的动物油或植物油直接进行鞣制，之后再在空气中进行氧化，最后将未结合的油脂除去。这种方法油脂渗透困难，氧化过程控制难，生产周期特别长，皮子上特别油腻，最后的除油操作难度较大，现在已基本不再使用。

现代的油鞣采用商品油鞣剂—踢皮油。踢皮油的主要成分是羊毛脂与甘油三酯以及合成加脂剂、柔软剂等，渗透性优良，油感强，但不太油腻，无腥味。目前我国使用的踢皮油主要靠进口，而国内无踢皮油产品。主要的产品有：劳恩斯坦公司的踢皮油 TP（Mink grease TP）、弗瑞索尔 UL-1（Friesol UL-1）和弗瑞索尔 U-88-L（Friesol U-88-L）；德国司马公司的踢皮油 N-11（Talvoflex N-11）、踢皮油 WL（Talvoflex WL）；科莱恩公司的踢皮油 180/3 和 200/3 等。

（二）油鞣操作要点

为了保证油脂的渗透，在鞣制准备阶段要充分松散胶原纤维；在油鞣前需先进行铝预鞣或甲醛预鞣，初步固定胶原纤维，增加纤维的脱水性。预鞣方法与常规的铝鞣或甲醛鞣方法相同；预鞣后甩水，使皮板中的水分保持在 25% ~ 30% 范围内；通过削匀或拉软，使皮板厚薄一致，纤维活络，以利于油脂的渗透和均匀分散；将踢皮油用热水浴或蒸汽浴预热到 40 ~ 45℃，均匀涂于皮板，静置 4 ~ 6h；为了促进油脂的渗透和氧化，将涂好油的毛皮在转鼓中转动或在踢皮机中踢皮。注意装皮不可过多，以保证皮在设备中自由翻转。机械作用大小一是要保证油脂渗透，二是不能引起锈毛；油鞣后用有机溶剂干洗或转锯末干洗，以除去毛被和皮板上多余的油脂。该工艺中所使用的主要化工材料为劳恩斯坦公司产品。

五、植鞣法

用植物鞣剂鞣制毛皮的方法叫植鞣法。植物鞣剂是从植物中提取的具有鞣性的有机多元酚类混合物，直接或经亚硫酸处理制成的粉末状材料。植物鞣剂中的鞣质分子大，鞣制填充性特强，鞣制的皮板具有紧实、浑厚，延伸性小，立体结构稳定，成型性好，压花花纹清晰，磨绒效果好，起绒短而均匀，耐打光，吸水性强。其缺点是鞣制的皮板欠柔软，皮面较粗糙，抗水性低，颜色深，耐光性差，收缩温度偏低（75℃左右），鞣制时鞣剂渗透慢。植物鞣剂与植鞣主要用于重革鞣制和轻革复鞣，极少用于毛皮鞣制。但随着生态毛皮的发展和毛皮产品应用范围的拓宽，许多毛皮产品如靴用毛革一体也需用植物鞣剂鞣制或复鞣填充。研究报道表明，植物鞣剂具有减少皮革中游离甲醛的作用。

（一）植物鞣质分类

根据植物鞣质在隔绝空气中加热到 180 ~ 200℃ 或遇碱熔融时所得到分解产物的不同，将其分为没食子类鞣质、儿茶类鞣质和混合类鞣质。根据鞣质的化学组成和化学键特征，将其分为水解类和缩合类鞣质两类。水解类鞣质主要有五倍子鞣质、橡椀鞣质、栗木鞣质、柯子鞣质、漆树鞣质等。缩合类鞣质主要有落叶松、荆树皮、坚木、柚柑、杨梅、红根、木麻黄、厚皮香鞣质等。

（二）植鞣要点

1. 预处理

为了有利于植物鞣剂的渗透，提高鞣制效果，在植鞣前可采用铝预鞣、甲醛预鞣、合成鞣剂预鞣、预加油、六偏磷酸钠预处理等。

2. pH 值控制

植物鞣剂水溶液存在以下平衡：大颗粒（分子聚集态）⇌粗分散体系⇌胶体⇌真溶液（分子态或离子态）。植物鞣质及粒子在水溶液中主要带负电荷。鞣制过程中真溶液中的鞣质分子或离子向皮内渗透，平衡向正方向移动。提高溶液的 pH 值能够使平衡向正方向移动，使鞣剂颗粒变小（解聚），有利于鞣剂向皮内渗透；降低 pH 值使平衡向反方向移动，使鞣剂颗粒变大（聚集），有利于鞣剂固定在皮内，与皮胶原结合。故植鞣初期需提高 pH 值，以促进鞣剂向皮内渗透，鞣制后期需降低溶液 pH 值，以促进鞣剂与胶原的结合。浸酸后若不经过其他预处理，则植鞣前需先用弱碱性材料将皮板中和到 pH 值4 ~ 5，待鞣剂渗透完成后再用酸性材料将 pH 值降至3.5 ~ 4.2。

3. 其他要点

（1）植物鞣剂与合成鞣剂配合使用能促进植物鞣剂的渗透。

（2）由于植鞣皮偏硬，故要重视鞣制后的加油、回潮和作软操作。

（3）植物鞣制过程中及植鞣未干燥的皮不能与铁类物质接触，因植物鞣质与铁离子反应会生成黑色或蓝色或绿色沉淀。因此在植鞣中最好加入除铁剂。

六、合成鞣剂鞣法

早期研究和使用合成鞣剂的目的是为了代替植物鞣剂或改善植物鞣剂，故至今仍将合成鞣剂叫合成单宁或单宁精。合成鞣剂种类繁多，根据其性能及用途分为代替型、辅助型、综合型、含铬或含铝型和两性离子型。

（一）代替型合成鞣剂

其主要为酚醛类、萘酚甲醛类、间苯二酚甲醛类、砜桥类、磺酰胺类缩合物，其分子比辅助型合成鞣剂要大，但比植物鞣质分子小。其与皮纤维的作用类似于植物鞣剂，但比植物鞣剂容易渗透，收敛性温和，较植物鞣剂肉皮颜色浅淡得多。鞣制后皮面可以保持良好的状态，柔软平细，耐光性能较好。其常规用量为2% ~ 5%。

（二）辅助型合成鞣剂

其主要是一些磺化苯酚的甲醛缩合物或萘磺酸的甲醛缩合物。其分子相对较小，分子上磺酸基多，不含酚羟基，渗透性好，基本无鞣性，主要用作漂洗剂、分散剂、匀染剂及中和剂使用。与植物鞣剂、树脂类鞣剂、代替型合成鞣剂配合使用，有助于这些大分子材料的渗透。与代替型合成鞣剂结合用于复鞣和填充，可使皮面细致、色泽浅淡均匀、皮张身骨柔软。

（三）含铬型合成鞣剂

其是合成鞣剂与铬鞣剂的嫁接产品，属替代型鞣剂。该鞣剂对纤维的收敛作用小，填充作用强，鞣制的皮面平滑饱满，柔韧性和弹性好。含铬合成鞣剂的使用方法类似于铬鞣剂，用量为2% ~ 6%，使用前需降低浴液的 pH 值，鞣制后需提碱，鞣制温度为30 ~ 38℃，时间40min 至数小时不等。与含铬合成鞣剂类似的产品还有含铝合成鞣剂。

（四）综合型合成鞣剂和两性合成鞣剂

综合型合成鞣剂即混合型合成鞣剂，兼具助剂与鞣剂功能。虽然不能单独用于鞣皮，但使用后，除具有一定的填充作用外，特别能充当"调和剂"或"缓和剂"的作用，如平衡前后工序的 pH 值，调和坯革的电荷性质，减缓材料的结合速度等。

两性合成鞣剂也属于综合型合成鞣剂，多以苯胺和酚类缩合而成，具有温和的鞣性及填充作用。用其复鞣可改善革面状况，如可使革面松弛柔软，上染率增加，与加脂剂配合使用，可增加革表面的滋润感等。

综上所述，与植物鞣剂相比，合成鞣剂具有以下优点：①分子较小，渗透性好，收敛性低；②稳定性好，不易被氧化变色，色泽浅淡均匀，耐光性较好；③鞣皮细致、柔软；

④与金属离子不易生成有色沉淀，分子大小、鞣性受 pH 值的影响小。在毛皮加工中，合成鞣剂主要用于结合鞣和复鞣，除含铬合成鞣剂外，其他产品一般不能单独用来鞣皮。

七、结合鞣法

结合鞣法是指用两种或两种以上鞣剂鞣制的方法。其目的是使不同的鞣制方法优势互补，产生正的协同效应，获得单一鞣法无法得到的性能。在毛皮鞣制中，最常用的结合鞣法是铝—铬结合鞣、醛—铬结合鞣、铝—醛结合鞣、铝—油结合鞣、醛—油结合鞣、铬—合成鞣剂结合鞣、铝—合成鞣剂结合鞣，若植鞣能在毛皮鞣制中得到应用，那么铝—植结合鞣、醛—植结合鞣、植—合成鞣剂鞣将获得发展。

采用结合鞣法的关键是做好工艺平衡。因每种鞣法有其特定的鞣制条件，而这些条件或一致，或相互矛盾。采用结合鞣法的另一个关键点是如何使几种鞣剂的用量比例达到最佳。

八、小湖羊皮加工方法举例

（一）鞣制流程

回软脱脂→复浸水→去肉→甩水称重→脱脂软化→浸酸→预鞣→鞣制→水洗中和→甩水加脂→干燥→转锯末→拉软→转鼓→转笼→除尘→整理入库。

（二）具体操作过程

1. 回软脱脂

水量 1.5 L/张，温度 41~42℃，时间 5h，洗涤剂 4g/L，JFC0.15g/L，纯碱 1~2g/L，浸水酶 100 - C 0.3~0.5g/L，pH 值 7~7.5。

操作：放水，加温至 42℃，投皮划动均匀，加洗涤剂以及 JFC，30min 后加纯碱调 pH 值至 7~7.5，再加入浸水酶，注意皮板软度和毛被情况。到时间后放弃废液，清水洗 3 次。

2. 复浸水

水量 1.5 L/张，常温，时间 16~20h，食盐 20~30g/L，硫酸 0.5g/L，漂白粉 0.3g/L（冬天不加），焦亚硫酸钠 0.6g/L，JFC 0.2g/L，pH 值 5~5.5。

操作：放水，加入上述化工材料，连续划动皮张 30min，检查 pH 值，以后间隔 20min，划动皮张 5min，重复 4~5 次，停放过夜。

3. 去肉

手工或小型去肉机铲皮。将油皮去净，四肢铲出边，两边要横铲，不能竖铲。陈板皮要进行拉软。

4. 甩水、称重

去肉皮张应及时甩水并称重。

5. 脱脂软化

液比 1:12（以湿皮重计），温度 40℃，食盐 5g/L，6BK，3942 蛋白酶 3~5U/mL，洗涤剂 2g/L，用纯碱调 pH 值至 7.5~8.0。

操作：放水调温至 42℃，投皮后划匀并加入所有其他化工材料。软化期间要勤检查，观察是否有脱毛现象，用手指轻推皮张的前腿窝，如有毛脱落即软化完成，放掉软化液，用清水冲洗一次。小湖羊皮软化后特易掉毛，故应特别小心。

6. 浸酸、预鞣

液比 1：12，温度 40℃，铵明矾 20g/L，食盐 70g/L，硫酸约 2.5g/L（以调 pH 值 2.5 为准），总时间 5h。

操作：用旧浸酸预鞣液，补加化工材料，用硫酸调 pH 值使之能稳定在 2～2.5，2.5h 后用纯碱调 pH 值至 3.6～3.8，进行预鞣。整个过程要勤划动，浸酸开始和调碱后要在预鞣液中多划动皮张。

7. 鞣制

液比 1：12，温度 30℃，时间 8h，甲醛 6～10g/L，食盐 40g/L，小苏打 4g/L（以调 pH 值 8.3～8.5 为准）。

操作：用旧鞣液，补加化工材料，皮张在鞣液中划动 15min 后，用小苏打逐步调 pH 值至 8.3～8.5。2h 后稳定在规定 pH 值。整个过程要勤划动皮张。

8. 水洗、中和、复鞣

第一液：常温清水洗 10～15min。第二液：液比 1：12，温度 45℃，时间 6～6.5h，漂毛剂 1.5g/L，食盐 10g/L，平平加 0.3g/L，铵明矾 15g/L，铬鞣液（折 Cr_2O_3）0.1g/L，pH 值结束 3.6～3.8。

操作：放水、加温，划动皮张，加入食盐。平平加和漂毛粉剂，控制 pH 值 6.0～6.5，1.5h 后加铵明矾和铬鞣液，控制 pH 值 3.6～3.8，到时候出皮。

9. 甩水、加脂

加脂剂 Eskatan GLS 100g/L，刷于皮板，将板对板静置 4h 以上。

10. 挂晾干燥

晾干至七成干。

11. 滚软

将七成干的皮张装入转鼓，转 1h，并严格控制皮时的干湿度。

12. 拉软

滚软后及时拉软，要注意用力轻而匀。

13. 转锯末

此时皮张用锯末转动，转 2h。

14. 转笼除尘

将皮子取出放转笼中除尘及除去杂物。

15. 拉软

再次将皮张拉软，用力轻而匀。

16. 整理入库

按照要求整理好皮张，并轻拿轻放，清点入库。

第七章　毛皮加工中的污染与环境保护技术

第一节　毛皮加工过程中的污染

一、毛皮加工中污水的产生

毛皮加工业以羊皮、牛皮、兔皮、貉子皮、狐狸皮、水貂皮等动物毛皮为原料，通过处理和机械加工使其成为具有使用价值的毛皮成品。加工工序繁复，并且大多数工序以水为介质，耗水量大，同时要使用大量的化工原料，如酸、碱、盐、表面活性剂、鞣剂、加脂剂、染料等。在以水为介质的加工过程中，原料皮上大量的蛋白质、脂肪转移到水中和废渣中，使用的化工材料约有 60% ~ 70% 被毛皮吸收，其余部分则残留水中。如果将这些毛皮加工液直接排放不仅造成环境污染，还会浪费水和化工原料。

二、毛皮加工所产生污水中的主要污染物

毛皮加工流程可分为三大部分：准备工段、鞣制工段、整饰工段。各工段的污水和主要污染物见表 7 - 1 所示。

表 7 - 1　毛皮生产污水来源和主要污染物

工段		内容
准备工段	污水来源 主要污染物	水洗、浸水、脱脂、软化等工序 有机废弃物：污血、蛋白质、油脂等 无机废弃物：氯化钠、碱、酸等 有机有机化合物：表面活性剂、酶、杀菌剂、浸水助剂、脱脂剂等 此外还含有大量的毛发、泥沙等固体悬浮物
	污染物特征指标	色度、COD、BOD、SS、pH 值、油脂、氨氮
	污水和污染负荷比例	污水排放量约占毛皮加工总水量的 60%； 污染负荷占总排放量的 50%，是毛皮加工污水的主要来源，同时是废水中污染物的主要来源
鞣制工段	污水来源	浸酸、鞣制、漂洗等工序
	主要污染物	鞣剂、氯化钠、碱、酸、蛋白质、悬浮物、油脂等
	污染物特征指标	COD、BOD、SS、pH 值、Cr^{3+}、油脂、氨氮
	污水和污染负荷比例	污水排放量约占毛皮加工总排放量的 20%； 污染负荷占总排放量的 20%

（续表）

工段		内容
整饰工段	污水来源	脱脂、中和、复鞣、加脂、染色等工序
	主要污染物	复鞣剂、加脂剂、染料、蛋白质、油脂、氯化钠、硫化物、酸、表面活性剂、悬浮物等
	污染物特征指标	色度、COD、BOD、SS、pH 值、Cr^{3+}、S^{2+}、油脂、氨氮
	污水和污染负荷比例	污水排放量约占毛皮加工总排放量的 20%；污染负荷占总排放量的 30%

三、毛皮加工所产生污水的特点及危害

（一）毛皮加工中污水的特点

由于毛皮加工工艺的特点，其生产的废水水质主要有以下特性：量大、成分复杂、色度深、耗氧量大和气味刺鼻。

1. 废水量大

毛皮加工是带毛和保毛加工，因此耗水量相对较大。

2. 毛皮废水成分复杂

毛皮加工工序繁多，每道工序所用的材料不一样，所排放的废水成分也不一样，形成了毛皮废水的复杂性。毛皮加工废水中主要含有以下各种物质。①无机类物质，如 NaCl、Na_2SO_4 等，还有铬的各类络合物。②有机小分子物质，如有机酸及其盐类、醛类等。③天然有机物，如油脂、酶、蛋白质及其分解产物。④合成材料，如表面活性剂、复鞣剂、填充剂、染料等。

3. 颜色深

毛皮废水的颜色很深，色度的高低是用稀释倍数表示。取一定量澄清了的水样，在直径为 20～25mm 量筒或比色管中用蒸馏水稀释，同时取同样量筒装上等量蒸馏水在白色背景下相比，一直稀释到两者无明显差别时的倍数即为稀释倍数。毛皮废水的稀释倍数一般可达 300～3 500 左右，主要是由染色废液、铬鞣废液和复鞣废液等所造成的。

4. 耗氧量大

由于毛皮废水中含有大量的有机物质，其生物耗氧量和化学耗氧量都很高，分别为 1 500～2 000mg/L（BOD_5）和 1 000～4 000mg/L（COD_{Cr}）。

注：BOD5 是指五日生物需氧量，就是水中的有机污染物被微生物降解的所消耗的氧量。

COD_{Cr} 是采用重铬酸钾（$K_2Cr_2O_7$）作为氧化剂测定出的化学耗氧量，即重铬酸盐指数。

5. 气味难闻

毛皮厂的气味主要是由于原皮保存、酶软化和脱脂处理等的废水中含有许多蛋白质水解产物，其中的小分子容易挥发而产生令人不快的气味。

（二）毛皮加工中污水的危害

毛皮废水含有很多种对环境有害的物质，加上浓度又高，因而被列为特别有害的废水

之一。主要的有害物质如下。

1. 铬离子

六价铬离子是剧毒物质，它损害人体肝肾，与皮肤大面积接触会造成肾损伤，皮肤溃疡，人口服重铬酸钾的致死量为 2g。当水中六价铬离子浓度超过 0.2mg/kg 时，就会阻碍鱼类的生长，浓度超过 5mg/kg 时，就会影响烟叶、大豆等植物的生长。六价铬的允许排放浓度为 0.5mg/L，饮用水中的浓度不超过 0.05mg/L。一般情况下，废水中六价铬离子含量不大，主要是由未充分还原的铬鞣剂带入的，另外如果使用了氧化剂，三价铬离子会转化为六价铬离子。

毛皮废水中的铬离子主要是三价铬离子，三价铬离子对消化道有刺激作用，吸入氧化铬浓度达到 0.015 ~ 0.033mg/m³ 时，会引起鼻出血、声音嘶哑、鼻黏膜萎缩、鼻中膈穿孔，甚至肺癌。Cr^{3+} 对皮肤有刺激作用，有些人过敏，皮肤会得湿疹。废水排入农田，会对植物造成影响。植物中水稻和萝卜都会吸收三价铬离子，当其浓度达到 50mg/L 以上时，会抑制水稻的发芽和发根，当浓度大于 200mg/L 时就会无法生长。三价铬离子对鱼类也有毒性，对白鲢鱼来说，三价铬离子比六价铬离子的毒性要大 10 倍。铬离子在生物体内会积累，如鸡吃了含铬的革屑，铬离子会残留在体内，最后鸡蛋、鸡肉及其内脏的含铬量远远大于一般水平，有的甚至是正常值的几千倍。

2. 氯化物及硫酸盐

氯化钠俗称食盐，是生物体所必需的，但过量的氯化钠对人体有害。饮用水中氯化钠含量超过 500 ~ 1 000mg/L 时，可以明显尝出咸味，如浓度高达 4 000mg/L 时，会对人体产生有害影响。

当水中硫酸盐含量超过 100mg/L 时，会使水变苦，并产生腹泻作用。含有大量中性盐的水长期用于农田灌溉会使土壤盐碱化，这方面硫酸盐的危害性大于氯化物。水泥建筑物长期浸泡在含大量中性盐的水中，会受到腐蚀破坏。

3. 化学耗氧量（COD）和生物耗氧量（BOD）

毛皮废水中含有大量从原料皮上降解下来的有机物，有的有机物是由化工材料带入的。一般化学耗氧量在 1 000 ~ 3 000mg/L 时，会使水中的微生物，包括传染病菌获得足够的营养而迅速繁殖，引起水源污染，危害人体健康。另外，水中含大量有机物时，会消耗掉水中的溶解氧，当水中溶解氧小于 4mg/L 时，鱼类等水生动物会逐渐变得呼吸困难、窒息甚至死亡。因而国家标准规定，毛皮废水排放应达到三级标准，即化学耗氧量应小于 300mg/L，生物耗氧量应小于 60mg/L。随着环保要求的不断提高，工业废水的防治和排放标准将会更加严格。

4. 悬浮物

毛皮废水中的悬浮物主要由油脂、浮毛、皮渣、污血、泥沙、蛋白质分解产物以及氢氧化铬沉淀物组成。水中的悬浮物不仅会堵塞排水管道，其中的有机悬浮物还会使水中的耗氧量增加，恶化水质。

5. 酚类

酚类物质的来源主要是原料皮保存和生产过程中加入的防腐剂、防霉剂，以及含酚基的合成鞣剂、脱脂剂和加脂剂等。酚是有毒物质，当水中酚的含量达到几个毫克每升时，对鱼类就会产生毒害。国家标准允许排放的最高浓度为 0.5mg/L，毛皮废水中的少量酚可通过生化处理除去。

除了毛皮加工中废水的排放造成污染外，固体废弃物和废气产生的污染也不容忽视。

毛皮加工过程中产生的"三废"对环境造成污染之外，目前和今后对毛皮成品中的有害物质及其含量也有或将有严格的限制和规定，因此，毛皮加工的清洁化、生态化、绿色化就包含了更为丰富的内容，也就是说，毛皮的生态化不仅是指毛皮加工过程中尽可能采用节水、环保型的化工材料和清洁技术，而且毛皮产品必须达到有关机构、客户、国家、地区或行业的质量技术标准及其环保健康要求，这就对毛皮加工企业提出了新的挑战和更高的要求。因此，为了确保本企业及其产品始终保持强有力的竞争实力和产品的市场竞争优势，必须紧跟毛皮的国际要求，采取切实有效的措施和技术，以适应毛皮国际形式的变化和对产品的质量要求，特别是要符合欧盟地区有害物质含量限制标准（欧盟指令、规定）。

第二节　毛皮加工业污水处理现状

毛皮生产工序繁复，某些工段排水中含有毒有害物质，为减轻综合生产污水处理负荷和保持生化处理中微生物活性，或对有些可循环利用物质进行回收，一般对这些有害或可回用的污水单独处理，然后进入综合污水做后续处理。其中，含铬废水必须单独处理，加碱沉淀压滤成铬饼后回用或做为危险固体废弃物处理。

污水处理一般采用物理、化学和生物方法有机结合的方式，分步骤循序渐进地将各类污染物进行去除，毛皮工业污水也不例外。毛皮加工业排放污水特性与制革业类似，只是比制革业少了脱毛的工序，因此，污水中不含硫化物，悬浮物也减少了。毛皮生产污水处理可以借鉴制革废水的处理方法。主要有氧化沟、生物膜法和批次式活性污泥法（SBR）等。这几类处理工艺的特点如下。

一、氧化沟

氧化沟是活性污泥法的一种改进，使用范围较广，氧化沟污水处理技术具有如下特点：工艺流程简单，构筑物少，运行管理方便；可操作性强，维护管理高，设备可靠，维修工作量少；处理效果稳定、出水水质好，并可以实现一定程度的脱氮；基建投资省、运行费用低；能承受水量水质冲击负荷。一般工艺流程为：生产废水→格栅→沉砂池→曝气调节池→氧化沟→二沉池→排气。

由于其整个工艺的构筑物简单，运行管理方便且处理效果稳定，所以氧化沟工艺越来越为制革和毛皮废水处理工程所采用。经过一定的对废水处理厂进行改造，改造后处理厂出水水质达到 GB 8978—96 污水综合排放二级标准。

二、生物膜法

生物膜法是一种行之有效的废水处理方法。为了防止微生物被废水带出反应器，在系统内添加填料，使微生物附于填料上生长，废水流经填料表面，与形成于填料表面的生物膜接触，废水中的污染物成分为生物膜所吸收，为微生物生长代谢利用而降解，从而实现污染物的去除。生物膜法包括生物滤池、生物转盘、生物流化床和生物接触氧化等。制革和毛皮工业废水处理多采用接触氧化法与其他工艺相结合的手段。一般工艺流程为：生产废水→格栅→初沉池→曝气调节池→混泥沉淀池→接触氧化池→二沉池→排气。

生物接触氧化法处理制革废水具有如下优点：有较强的耐冲击负荷能力，即使负荷有所增加，也不致产生太大影响；由于采用人工曝气，加速了生物膜的更新，使生物膜能一直保持较好的活性；没有活性污泥中常见的污泥膨胀问题；出水水质较好且稳定；运行管理较方便。

不足在于，该技术如果维护不好，膜表面容易结污垢而导致处理效果下降；生物填料需要定期更换，重新挂膜，不能长时间稳定运行；此外，如果布水、曝气不均匀，可能会出现死角。采用碱沉酸化法回收铬鞣废水中的铬，上清液与综合废水混合后，经混凝沉淀—水解酸化—悬挂链曝气—生物接触氧化组合工艺路线，处理效果令人满意，出水各项指标均达到 GB8978—96 污水综合排放一级标准。

三、批次式活性污泥法（SBR 法）

SBR 法即批次式活性污泥法，通过间歇曝气方式，使废水在同一个反应池中完成反应、沉淀、排水和排除剩余污泥等工序，大大简化了处理流程。工艺流程为：生产废水→格栅→初沉池→曝气调节池→混泥沉淀池→SBR 池→排气。该技术具有如下特点：不需二沉池和污泥回流设备，造价低，占地少；污泥易于沉淀，一般不产生污泥膨胀现象；操作管理比较简单；耐冲击负荷能力较强；出水水质较好，最主要的是具有较好的脱氮效果。

组合工艺对制革和毛皮废水的处理有强化效果。有人将生物膜法和批次式活性污泥法结合在一起称为组合式 SBBR 工艺，来处理制革废水，实验结果表明 SBBR 法具有高效有机物和氨氮去除率，而且产泥率极低。在用调节 SBBR-BAF 工艺方法处理猪皮制革废水时，应用了最佳运行效果和条件及水处理后的回收利用可行性，表明在合理的工艺条件下，可实现出水达到国际 GB8978-96 污水综合排放一级标准。

四、原料皮的防腐和环保

（一）毛皮保存过程中的环境问题

毛皮加工过程和制革类似，是通过毛皮原料皮和化工材料在物理、机械、化学及生物酶等作用下，加工生产人们所需要的毛皮产品，同时也有许多副产物甚至是污染物的产生，由此产生一系列的生态或环境问题。相对于制革原料皮而言，毛皮原料皮的保存有其特殊性，即不仅要保存好皮板，还要使毛被完好。从毛皮动物体剥下的鲜皮，含有大量水分和蛋白质，如果在温度较高的条件下储存，必须及时采取防腐措施。因为动物的皮上常存有 20 多种细菌，能使蛋白质分解的腐败细菌繁殖很快。大多数细菌在 15min 内就可繁殖 1 次，而且繁殖是按几何级数进行的。如果生皮从动物躯体剥离后，温度适宜，却不及时防腐、鞣制，在存放过程中，生皮因遭受细菌、自溶菌以及酶的作用使蛋白质分解，造成腐败变质，降低生皮的利用价值。所以由毛皮动物体剥下的鲜皮，只要不是就近加工处理的，应在冷却 1~2h 后及时进行防腐处理。其处理原则是：降低温度；除去或降低鲜皮中的水分；利用防腐剂、消毒剂或化学药品等处理，消灭细菌或阻止酶和细菌对生皮的作用。原料皮防腐的基本原理是在生皮内外造成一种不适合细菌生长繁殖的环境，或者说是破坏细菌生长繁殖的环境，以抑制细菌的繁衍或直接杀死细菌。根据原料皮防腐的原理的不同，主要有干燥防腐法、食盐防腐法、酸盐防腐法、冷冻防腐法、射线照射防腐法。

（二）原料皮的防腐剂、消毒剂

为避免原料皮在保藏时受到微生物的侵蚀或昆虫伤害，在原料皮保藏前必须采用防腐剂、消毒剂对原料皮进行防腐和消毒处理。有时在生皮处理过程中也易发生腐败，因此也需添加防腐剂，防止微生物对处理皮的侵蚀。防腐、杀虫剂大部分是普通化学品或农用杀虫剂。无机药剂可获得较好的防腐、消毒效果，并且价格较低，但有些药剂毒性很大，而且易产生环境污染，已逐渐淘汰，如氟化钠、亚砷酸钠等。有机杀虫剂品种较多，具有杀虫广谱性，人、畜毒性小。

第三节 毛皮加工过程中的环境保护技术

一般毛皮的加工流程为：浸水→去肉→脱脂→软化→浸酸→鞣制→媒介→染色→加脂→整饰→整理入库。在整个毛皮制造过程中产生的环保问题是由于使用了不符合环保要求的化工材料所致。以下详细分析各环节存在的环保问题。

一、浸水中的环保技术

浸水是毛皮加工的第一道工序。它是将生皮通过水处理充分回鲜的过程，通过浸水也可去掉原料皮上的污物和血迹。如浸水控制不当，极易出现烂皮和掉毛、溜针现象。为了防止生皮腐烂变质，有很多企业在浸水过程中加入五氯苯酚、五氯酚钠或甲醛，这些物质，若在毛皮制品中有残留，易违反欧盟 2002/233/EC 或 2002/234/EC 的规定。目前，市场上的一些专用浸水助剂既能促进生皮回软，也具有较强的防腐作用，可完全取代五氯苯酚和甲醛，应大力推广使用。

二、毛皮脱脂中的环保技术

毛皮脱脂。脱脂是最大限度地去除皮板和毛被上的脂和类脂物，去除污物以利于后期加工过程中化工材料的渗透和作用。氯化烷烃或四氯乙烯对原皮的天然油脂具有很强的萃取作用，所以有些企业脱脂过程中使用含氯烷烃汽油，这些含氯化合物残留易违反欧盟 2002/237/EC 规定。

毛皮的脱脂对毛皮产品的质量有很大的影响，尤其是多脂的绵羊皮。绵羊皮是属于多脂皮类，其真皮和毛被中都含有大量的脂肪，绵羊皮中含脂量可达真皮质量的30%，毛被中羊毛脂和类脂物占毛质量的10%。绵羊皮不同部位脂腺发达情况也不同，颈部最多，腹部最少，臀背部居中；皮内的脂肪如不除去，就会影响后工序操作的顺利进行，化料不能均匀进入皮内，造成鞣制不良，使染色不匀，成品板硬，皮板较重等缺陷。若毛被上带有过多的油脂，则影响毛的光泽、洁白度和灵活性，因此，这些油脂必须去净。但毛被上的油脂也不能去除太净，如毛被上油脂低于2%，则毛发脆、干枯。

三、毛皮浸酸、鞣制过程中的环保问题

毛皮浸酸通常和软化同浴进行，循环使用，只是在使用一段时间后部分或全部更换，

所以排放较少。

鞣制是毛皮加工的关键工序之一，直接影响着毛革的加工及其质量。就毛皮加工而言，可采用的鞣制方法无机鞣法有：铬鞣法、铝鞣法等；有机鞣法有：甲醛鞣、戊二醛鞣、油鞣等；结合鞣法有：铬—铝结合鞣、甲醛—铬结合鞣等；新型无铬或无金属鞣制：有机鞣剂等几种。

由于各种鞣制的特点，如铬鞣毛皮皮板丰满、厚实，收缩温度（Ts）高，但皮板带蓝色，皮板较重，控制不当有绿毛现象；甲醛鞣毛皮洁白、皮板轻、柔、延伸性好，收缩温度可达80℃左右，但较扁薄，丰满性不足；铝鞣毛皮洁白、皮板轻、柔、收缩温度为75℃左右，但不耐水洗。因此，毛皮鞣制方法的选择取决于毛皮成品的要求及其染整工艺的配套。

甲醛鞣制是最广泛的毛皮鞣制方法。由于其有板轻、柔软、抗氧化性强的特点，被很多企业和很多产品应用，但若皮中存在大量的游离甲醛易违反欧盟2002/233/EC规定。为了替代甲醛进行毛皮的鞣制，有关公司已经开发出了相应的甲醛鞣替代产品。法国罗地亚公司的Albrite鞣剂是原A＆W公司的专利产品，Albrite是一类具有广泛用途的产品，具有广阔前景。由于其较好的鞣性，可用于无铬鞣制中。在毛皮领域，广泛应用于生产纯白皮、耐水洗皮、预鞣水性脱脂等方面。此外，Clairiant（科莱恩））等公司也有类似的白色鞣剂可用于毛皮的白鞣处理。

四、染色中的环保问题

（一）染料及其相关规定

通过染色可赋予毛皮产品各种各样的色彩，因此，染色在目前毛皮加工过程中非常普遍。尤其是近年来毛皮美化新技术的突破使毛皮和纺织品有机地结合起来，提高了毛皮的使用价值，也使传统的毛皮步入到时尚的服饰行列。

我国应用较广的毛皮染色方法是20世纪50年代由苏联引进的氧化染色法，但氧化染料系芳香族蒽醌类化合物，经分解可产生芳香胺，毒性较大，污染环境，且染色牢度差，尤其是耐热、耐光牢度差。从20世纪60年代起，日本、美国、西欧等国家开始用酸性染料来取代氧化染料，以减轻污染和对人体的危害；我国在1965年也开始了毛皮酸性染料染色技术的研究，并于20世纪70年代形成了较为完整的酸性染料染色工艺体系。毛皮的染色是毛皮整饰过程中很重要的工序之一。通过染色，可以改善毛皮、毛被的色泽，消除毛色不一致的缺陷。随着色泽鲜艳的毛皮制品受到越来越多消费者的欢迎，品种齐全的毛皮专用染料将会受到越来越多的毛皮生产厂家的欢迎和使用。

通常用于毛皮染色的有酸性染料、氧化染料、直接染料、金属络合染料、碱性染料、分散染料。其中大多数氧化染料致人体过敏，后期能释放出对人体有害的芳香胺。而酸性染料、直接性染料、金属铬合染料、分散染料和碱性染料等这些染料的部分品种经还原裂解能释放出22种致癌的芳香胺，见表7－2。

表 7-2 MAK（Ⅲ）A_1 及 A_2 组芳香胺名称

序号	芳香胺名称	GAS 登记号	毒性 T
1	4-氨基联苯（4-Aminodiphenyl）	92-67-1	MAK ⅢA1
2	联苯胺（Benzidine）	92-87-5	MAK ⅢA1
3	4-氯邻甲苯胺（4-Chloro-2-toluidine）	95-69-2	MAK ⅢA1
4	2-萘胺（2-Naphthylamine）	91-59-8	MAK ⅢA1
5	对氯苯胺（p-Chloroaniline）	106-47-8	MAK ⅢA2
6	2，4-二氨基苯甲醚（2，4-Diaminoanisole）	615-05-4	MAK ⅢA2
7	4，4'-二氨基二苯甲烷（4，4'-Diaminodiphenyl-methane）	101-77-9	MAK ⅢA2
8	3，3'-二氯联苯胺（3，3'-Dichlorobenzidine）	91-94-1	MAK ⅢA2
9	3，3'-二甲氧基联苯胺（3，3'-Dimethoxybenzidine）	119-90-4	MAK ⅢA2
10	3，3'-二甲基联苯胺（3，3'-Dimethylbenzidine）	119-93-7	MAK ⅢA2
11	3，3'-二甲基-4，4'-二氨基二苯甲烷（3，3'-Dimethyl-4，4'-Diaminodiphenylmethane）	838-88-0	MAK ⅢA2
12	2-甲氧基-5-甲基苯胺（p-Cresidine）	120-71-8	MAK ⅢA2
13	3，3'-二氯-4，4'-二氨基二苯甲烷（4，4'-Methylene-bis（2-chloroaniline）	101-14-4	MAK ⅢA2
14	4，4'-二氨基二苯醚（4，4'-Oxydianiline）	101-80-4	MAK ⅢA2
15	4，4'-二氨基二苯硫醚（4，4'-Thiodianiline）	139-65-1	MAK ⅢA2
16	邻甲苯胺（O-Toluidine）	95-53-4	MAK ⅢA2
17	2，4-二氨基甲苯（2，4-Toluylenediamine）	95-80-7	MAK ⅢA2
18	2，4，5-三甲基苯胺（2，4，5-Trimethylaniline）	137-17-7	MAK ⅢA2
19	2-氨基-4-硝基甲苯（2-Amino-4-nitrotoluene）	99-55-8	MAK ⅢA2
20	邻氨基偶氮甲苯（O-Aminoazotoluene）	97-56-3	MAK ⅢA2
21	邻甲氧基苯胺（邻氨基苯甲醚）（O-Anisidine）	90-04-0	MAK ⅢA2
22	2，4-二甲基苯胺（2，4-Xylidine）	95-68-1	MAK ⅢA2
23	2，6-二甲基苯胺（2，6-Xylidine）	87-62-7	MAK ⅢA2

　　国产毛皮专用染料较少，国内还有很多企业用醋酸铅、海波或硫化碱制作草上霜产品。这种工艺本身在制造过程中能释放出大量的 H_2S 气体，致人受伤害，同时大量的金属铅盐附着在毛被上。1994 年德国就对制革用的偶氮染料做出限用规定。2002 年 9 月 11 日欧盟正式颁布了 2002/261/EC 指令，禁止使用有害偶氮染料及销售含有这些物质的产品。欧盟成员国被要求在 2003 年 9 月 11 日前实施此项指令。这样使国产毛皮染料受到一定制约。因此，需要研制开发无致癌毒性的染料。北京泛博科技有限责任公司引进先进设备、原料和制造技术，于 1998 年成功地开发出了"希力"系列毛皮染料。该系列染料不

属于德国政府规定的禁用染料，是安全型染料，即不属于德国政府规定的禁用染料。美国劳恩思坦公司作为著名的皮革化工公司具备系列毛皮专用染料，此外，国内的石家庄永泰染料化工公司，其他外国公司如 BASF、TFL 等也有毛皮染料可供选用并且符合欧盟的要求。

（二）稀土用于毛皮的助染

稀土在纺织上的应用研究较早，从 20 世纪 80 年代开始，稀土在纯毛毛线、棉纤维、丝绸、合成纤维等材料的染色中都有研究应用。受纺织行业稀土助染的启示，皮革工作者开始探讨稀土在毛皮染色中的应用。经过数年的不懈努力，普遍认为稀土的助染效果明显，不仅能够改善被染物的色泽与牢度，而且可以降低染色废液的色度。

（三）毛皮草上霜的制作

毛革毛被的染色，可以采用特殊的染色方法，以形成一毛双色或一毛多色效应。比较流行的有一毛双色的草上霜效应，有的也称雪花膏色，即毛被的中底部被染色，而毛尖部则依然保留其原有本色，对于白色毛皮，如绵羊皮，就形成了类似于北方初冬季节枯草尖挂白霜的效果。

关于草上霜效应的形成目前有两种方法，一种是对毛尖进行防染处理后再对毛被染色而形成；另一种方法则是对已染毛被的毛尖进行拔染处理，使毛尖还原为原来的白色而形成。传统的方法有氯化亚锡仿染的氧化染料染色法、醋酸铅染色法，这些方法由于都用到了有毒的材料如重铬酸钾、氧化染料、醋酸铅及硫化物等，应用受到了限制，现在普遍采用可以拔色的草上霜毛皮专用染料制作毛皮的草上霜效应，以满足市场的需求。

五、加脂环节的环保技术

毛皮加脂是将一部分油脂重新加入到皮纤维中，使毛皮制品变得更加柔软丰满，同时也具有一定的抗水能力，特别是制造毛皮两用产品，加脂是关键的工序。常用的加脂剂有动物脂、植物油和矿物油。而矿物油中的氯化石蜡由于不污染毛被，有很多用于毛皮加脂剂的制造过程。这些物质结合于皮板，易违反欧盟 20021/237/EC 的规定。由于在制革、毛皮加工中加脂剂的耗用量较大，为了减轻加脂对环境的污染和提高加脂效率，一方面应选用易降解的加脂剂产品，另一方面应采用提高加脂剂利用率的加脂方法如刷加脂和分步加脂等工艺，提高加脂剂的吸收利用率。

六、毛皮特殊处理中的环保技术

毛被的烫直毛、固定的目的是使弯曲的毛向同一方向拉直并且直立得到永久性固定，此外，通过这一处理也可提高毛被之灵活性、弹性和光泽。这一过程要用到甲酸、甲醛等，烫毛时由于操作过程温度很高可达 190～220℃，甲醛很容易挥发，使空气中有一定的甲醛气体而影响人体健康，所以，烫毛操作环境一定要加强通风。

羊剪绒是羊皮整饰的典型代表。羊剪绒的制造是通过烫毛和剪毛过程实现。在生产过程中固定毛被需使用大量的甲醛，这些甲醛有一部分和毛被在高温下结合，还有一部分甲醛以游离状态存在于毛被上，处理不当易违反欧盟 2002/233/EC 的规定。

为了减轻或避免甲醛的污染，国内外相关公司、厂商开发研制或推广无醛或少醛烫直毛材料和工艺，例如，德国波美公司就开发了科托辉熨烫（Cutafix）工艺，主要相关材料如科托辉（Cutafx）RL，作用是毛皮熨烫出光，为固定剂；安迪锡迪琴 L6：为除静电剂，能消除熨烫中的静电，阻止毛相缠结；科托辉 RF：为皮定型熨烫剂，低甲醛量熨烫剂，尤其适用于毛难以定型的毛皮；干斯勒达 S：为增光熨烫剂，用于最后熨烫，使毛皮增加光泽及染色鲜艳度。

七、毛皮产品的防霉

毛皮的成品和半成品（浸酸皮、蓝湿革等）同样也是霉菌的营养源，在适当的温度、湿度条件下，霉菌会迅速在毛皮上繁殖，使毛皮产生霉腐变质，严重影响毛皮及其制品的外观质量和使用价值。毛皮上主要的霉菌是黑曲霉、橘霉、黄曲霉、绿色木霉、顶青霉等。

依照毛皮种类的不同的环境条件的改变，毛皮的防霉主要是通过在适当加工工序如浸酸、加脂、涂饰等工序中加入防霉剂，防止霉腐微生物的滋生，保证毛皮及制品的质量。防霉剂实际上是杀菌剂，其作用机制主要有 3 个方面：抑制蛋白质合成，使菌体凝固；抑制真菌麦角甾醇合成，使菌体失活；使代谢机能受阻，抑制产孢或孢子萌发。

有的材料只对细菌有抑制和灭绝作用，是单纯的防腐剂；有的材料只对霉菌有抑制和灭绝作用，是单纯的防霉剂；而有的对细菌和霉菌都有抑制和灭绝作用，因而既是防腐剂又是防霉剂。应尽量少用毒性大、易造成环境污染的防腐剂，并禁用六六六、五氯酚钠等。提倡使用低毒环保防腐剂。

在开发新型的皮革防腐剂和防霉剂时，必须考虑低毒、环保；对人、畜及周围环境安全可靠，可被生物降解，产物不会造成二次污染；稳定性好，有足够的持效期，适用的 pH 值及温度范围宽；渗透性与配伍性好，能较快地渗入皮（革）内部，且不与不同各种皮革助剂发生化学反应而影响效果；在皮革生产过程中使用方便，不影响正常的生产操作；不影响皮革制品的外观及理化性能；来源广、价格便宜。

第八章 毛皮质量评价

第一节 生毛皮的质量评价

一、绵羊皮

（一）生皮初加工要求

清除残脂和余肉，皮形完整，晾晒平展。盐腌皮撒盐应均匀，腌透，防止盐花板。

（二）等级标准

1. 细毛、半细毛绵羊皮等级标准

细毛、半细毛绵羊皮等级标准见表 8-1。

表 8-1　细毛、半细毛绵羊皮等级标准

等级	要求	等级比差
特级	饭质良好，皮形完整、平展，被毛紧密，毛丛呈柱状，同质毛占全皮总面积 90% 以上，细毛羊皮毛长 3.5cm 以上，半细毛羊皮毛长 4cm 以上，全皮面积在 0.6m²（5.40 尺²）以上，主要部位带有硬伤不超过一处，面积不超过 5cm² 或长度不超过 5cm，次要部位可带疔、痘、伤痕、疥癣、刀伤等伤残或缺点总面积不超过 55cm² 或长度不超过 20cm。具有特等皮板质和毛质，带有特等皮伤残或缺点，全皮面积在 0.7m²（6.3 尺²）以上，面积每增加 0.1m²（0.9 尺²），等级比差提高 10%。	120%
一等	具有特等皮的板质和毛质，可带特等皮伤残或缺点，全皮面积在 0.5m²（4.5 尺²）以上。	100%
二等	具有特等皮的板质和毛质，全皮面积在 0.44m²（4.0 尺²）以上，主要部位带有硬伤不超过两处，总面积不超过 15cm² 或长度不超过 10cm，次要部位可带疔、痘、伤痕、疥癣、刀伤等伤残或缺点不超过三处，总面积不超过 75cm² 或长度不超过 20cm。	80%
三等	具有特等皮的质量，全皮面积在 0.39m²（3.5 尺²）以上，主要部位可带有硬伤不超过两处，总面积不超过 15cm² 或长度不超过 10cm，次要部位可带疔、痘、伤痕、疥癣、刀伤等伤残或缺点不超过四处，总面积不超过 105cm² 或总长不超过 20cm。	60%

（续表）

等级	要求	等级比差
等外	不符合三等质量要求，具有利用价值。	在50%以下按质计价

注1：面积和毛质达到某等要求：有板质较瘦弱；颈肩部皮板略显厚硬的公羊皮；较轻的肋骨形皮之一的降一等。

注2：面积和板质达到某等要求：有被毛略疏松；粪尿污染程度较轻的圈黄皮；主要部位有硬伤不超过三处，总面积不超过100cm² 之一的降一等。

注3：面积达到某等要求：有板质瘦弱或被毛空疏；主要部位有硬伤不超过五处，总面积不超过200cm² 之一的降二等。

注4：受闷脱毛、霉烂、冻糠板、油烧板、癣癞等可根据轻重程度按质论价。对轻微伤残或缺点而不影响使用价值的不作缺点论。

注5：细毛、半细毛绵羊皮产毛量超过2.5kg，毛长在6cm以上，弱节毛可按毛板结合计价收购。

注6：半细毛羊皮被毛密度比细毛羊皮略差，应按品种区别对待。

2. 改良绵羊皮等级标准

改良绵羊皮等级标准见表8－2。

表8－2 改良绵羊皮等级标准

等级	要求	等级比差
特级	板质良好，皮形完整、平展，被毛密度好，基本同质毛占全皮总面积70%以上，毛长在4cm以上，全皮面积在0.60m²（5.4尺²）以上，在主要部位带有硬伤不超过一处，面积不超过5cm²或长度不超过5cm，次要部位可带疗、痘、伤痕、疥癣、刀伤等伤残或缺点不超过两处，总面积不超过55cm²或长度不超过20cm。具有特等皮面积和毛质，带有特等皮伤残或缺点，全皮面积在0.7m²（6.3尺²）以上，面积每增加0.1m²（0.9尺²），等级比差提高10%。	120%
一等	具有特等皮的质量，带特等皮伤残，全皮面积在0.5m²（4.5尺²）以上。	100%
二等	具有特等皮的板质和毛质，全皮面积在0.44m²（4.0尺²）以上，主要部位带有硬伤不超过两处，总面积不超过15cm²或长度不超过10cm。主、次两部位可带疗、痘、伤痕、疥癣、刀伤等伤残或缺点不超过三处，总面积不超过85cm²或长度不超过20cm。	80%

（续表）

等级	要求	等级比差
三等	具有特等皮的质量，全皮面积在 0.39m²（3.5 尺²）以上，主要部位可带有硬伤不超过两处，总面积不超过 15cm² 或长度不超过 10cm，次要部位可带疔、痘、伤痕、疥癣、刀伤等伤残或缺点不超过四处，总面积不超过 100cm² 或长度不超过 20cm。	60%
等外	不符合三等质量要求，具有利用价值	在 50% 以下按质计价

注1：面积和板质达到某等要求：基本同质毛占全皮面积的70%以下。

注2：面积达到某等要求：有板质较瘦弱；颈肩部皮板略显厚硬的公羊皮；较轻的肋骨形皮之一的降一等。

注3：面积和板质达到某等要求：有被毛略疏松；粪尿污染程度较轻的圈黄皮；主要部位有硬伤不超过三处，总面积不超过200cm² 之一者降一等。

注4：面积达到某等要求：有板质瘦弱或被毛空疏；主要部位有硬伤不超过四处，总面积不超过200cm² 之一的降二等。

注5：受闷掉毛、霉烂、冻糠板、油烧板、癣癫、陈皮、弱节毛等可根据轻重程度按质论价，对有轻微缺点不影响使用的不按缺点论。

注6：半细毛改良羊的被毛密度比细毛改良羊被毛密度差，应按品种区别对待。

3. 本种绵羊皮（包括寒羊皮）等级标准

本种绵羊皮（包括寒羊皮）等级标准见表8-3。

表8-3 本种绵羊皮（包括寒羊皮）等级标准

等级	要求	等级比差
特级	板质良好，皮形完整、平展，被毛良好，全皮为异质被毛，毛长 4cm 以上，全皮面积在 55m²（5 尺²）以上，在主要部位带有硬伤不超过一处，总面积不超过 5cm² 或长度不超过 5cm。主、次两部位可带疔、痘、伤痕、疥癣、刀伤等伤残或缺点不超过三处，总面积不超过 55cm² 或长度不超过 20cm。具有特等皮板质和毛质，带有特等皮的伤残或缺点，全皮面积在 0.65m²（5.9 尺²）以上，面积每增加 0.1m²（0.9 尺²）等级比差提高 10%。	120%
一等	具有特等皮的板质和毛质，可带特等皮伤残，全皮面积在 0.5m²（4.5 尺²）以上。	100%

（续表）

等级	要求	等级比差
二等	具有特等皮的板质和毛质，全皮面积在 0.44m²（4尺²）以上，主要部位带有硬伤不超过两处，总面积不超过 15cm² 或长度不超过 10cm，次要部位可带疗、痘、伤痕、疥癣、刀伤等伤残或缺点的总面积不超过 80cm² 或总长度不超过 20cm。	80%
三等	具有特等皮的质量，全皮面积在 0.39m²（3.5尺²）以上，主要部位带有硬伤不超过两处，总面积不超过 15cm² 或长度不超过 10cm，次要部位可带疗、痘、伤痕、疥癣、刀伤等伤残或缺点不超过四处，总面积不超过 120cm² 或总长不超过 20cm。	60%
等外	不符合三等质量要求，具有利用价值	在 50% 以下按质计价

注 1：本、土种绵羊虽经改良，但基本同质毛占全皮面积在 50% 以下，仍按本种绵羊皮论。

注 2：面积和毛质达到某等要求：有板质较瘦弱；主要部位有硬伤不超过三处，总面积不超过 10cm² 之一的降一等。

注 3：面积和板质达到某等要求：有被毛略空疏或粗直、干、死毛较多；粪尿污染程度较轻的圈黄皮之一的降一等。

注 4：质量达到某等要求：有板质瘦弱或被毛空疏；主要部位有硬伤不超过五处，总面积不超过 200cm² 之一的降二等。

注 5：对受闷掉手、霉烂、冻糠板、油烧板、癣癞、陈皮等根据轻重程度按质论价，对有轻微缺点不影响使用的不按缺点论。

（三）比差

细毛、半细毛绵羊皮、改良绵羊皮无地区品质比差。

本种绵羊皮为 100%，寒羊皮为 120%，改良绵羊皮为 140%，细毛、半细毛绵羊皮为 170%。

（四）试验方法

1. 检验工具、设备与条件

钢质直尺；操作台；干燥、清洁、自然光线充足的房间或场所。

2. 检验方法

绵羊皮的检验主要包括品种、皮板、被毛、被毛长度及其面积的检验。绵羊皮品种的检验是根据毛被特征分清皮张的品种；皮板的检验是将皮面朝上，观察皮板质量、面积大小、有无伤残；被毛的检验是将皮毛面朝上，观察被毛的颜色、光泽、长短、密度、细度、油汗、纤维类型、有无伤残缺损等；被毛长度用米尺由体侧中部适当部位，将被毛拨开去除虚尖量其自然长度；毛皮面积测量是用米尺由颈部中间至尾根量出长度，在中腰处取适当部位，去半边胈（一边不去胈）量出宽度，长宽相乘，求出面积。

（五）绵羊皮检验规则

若绵羊皮为零星收购，须对皮张进行逐张检验。若为批量收购或交接，则按照 10 件以下逐张检验，10 件以上可随机抽验但不得少于总量的 20% 进行检验。毛皮的检验等级误差为 ±10%。如检验结果出现异议，可按批量比例另行抽样进行复验，以两次检验结果平均数作为该批绵羊皮的等级依据。

二、裘皮　小湖羊皮

（一）加工要求

（1）宰剥适当，皮形完整，毛、板洁净干燥。

（2）加工形状为"古钟形"方板，部位示意图见图 8 - 1、图 8 - 2、图 8 - 3、图 8 - 4。

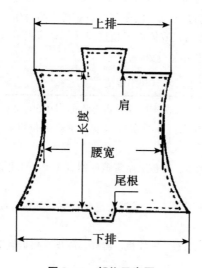

图 8 - 1　部位示意图

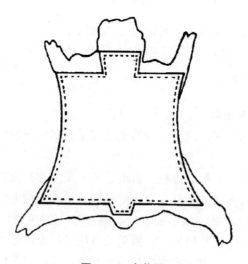

图 8 - 2　全落腿

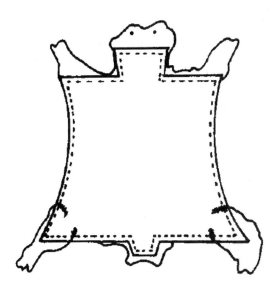

图 8-3 小抢腿

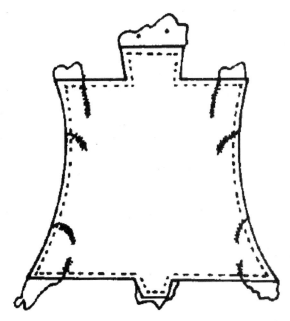

图 8-4 四抱腿

（3）皮板规格，见表 8-4。

表 8-4 皮片类型

皮片类型	上排（cm）	下排（cm）	长度（cm）	腰宽（cm）
大片皮	43	55	43	38
小片皮	40	51	40	35

（二）等级规定，见表8-5。

表8-5 小湖羊皮等级标准

等级	要求	等级比差
一等	小毛，色泽光润、大片皮，板质良好，毛细波浪形卷花或片花形花纹占全皮面积1/2以上；或中毛弹性较好波浪形卷花占全皮面积3/4以上	100
二等	中毛，色泽光润，大片皮，板质良好，毛细波浪形卷花或片花形花纹占全皮面积1/2以上；或小毛花纹欠明显或毛略粗花纹明显；或具有一等皮品质的小片皮	80
三等	大毛，色泽欠光润，大片皮，板质尚好。波浪形卷花欠显明或片花形占全皮面积1/2；或小毛，花纹隐暗；或毛粗涩有花纹或具有二等皮品质的小片皮	65
等外一	不符合等内皮品质的大片皮；或具有等内品质，长度36.3cm、腰宽29.7cm以上的小片张皮；或花纹明显颈部有底绒的非纯种大片皮	40
等外二	凡不符合等内和等外一品质，具有制裘价值的大、小皮均属之	20以下

（三）被毛长度规定，见表8-6。

表8-6 被毛长度

被毛类型	小毛	中毛	大毛
被毛长度（cm）	1~2.5	2.6~3	3.1~3.5

为使皮张整齐，对四腿缝合的线缝不作缺点论。凡毛绒空疏或轻微折痕、瘦薄板、淤血板、陈板等可以视品质酌情定级。对黄板、水伤皮、烘熟板、花板等，均按等外皮定级。不符合大片皮规格的降一级，不符合小片皮规格的按等外皮定级。

（四）检验方法

1. 检验工具、设备与条件

米尺、梳子、镊子、操作台。各项检验均应将皮张平展地放在操作台上，在自然光线充足，阳光不直射的室内检验。

2. 小湖羊皮的检验

板质的检验是将皮板朝上，观察其皮板是否洁白和伤残情况，抚摸板面厚薄是否适中均匀和坚韧。然后将毛朝上，在室内对着自然光线（阳光不能直射），观察毛面上所反射出的光泽程度。并在皮的荐部，用镊子将一束毛轻轻拉直，用米尺从毛根到毛稍进行毛长度的测量。将皮板毛朝上，上下边对折，花纹面积余缺互补，求得合理的花纹面积。

皮板规格的检验是将皮板朝上，用米尺从肩部至尾根部测出长度，腰部择最窄位置测出宽度，从左腿至右腿测出上下排宽度。

（五）检验规则

50捆（每捆100张）以下，应逐张检验；50捆以上，每增加10捆，随机抽验2捆进行批量检验。其检验误差为±15%。若双方对检验结果有异议，对有异议的部分进行复验。如双方仍有异议，则协商解决。

三、三北羔皮

（一）三北羔皮部位划分

三北羔皮的部位划分见图8-5。

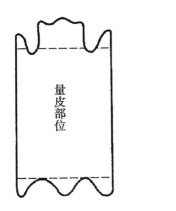

图8-5　部位划分示意图

（二）技术要求

1. 毛色比差

黑色100%，灰色120%，杂色（纯一色）80%，杂色（花色）60%。

2. 三北羔皮等级标准

三北羔皮的等级标准见表8-7。

表8-7　三北羔皮的等级标准

等级	要求	缺陷规定	面积/cm²
一等	光泽、毛色、密度、丝性正常，毛卷坚实，花纹清晰，分布均匀，头颈四肢有花纹。正身部位有75%以上弹性良好的卧蚕型卷；或全部被毛为排列整齐而规则的鬣型卷或肋型卷。		≥1 000
二等	光泽、毛色、密度、丝性正常，毛卷坚实，花纹清晰，分布均匀。正身部位有50%以上弹性良好的卧蚕型卷；或正身部位75%以上较松的卧蚕型卷；或正身部位排列不整齐或不规则的鬣型卷或肋型卷。	正身部位无任何伤残。其他部位可有折痕、撕破口，不超过两处，总长度不超过5cm；刀洞、虫蚀、鼠咬等不超过两处，总面积不超过5cm²。	≥1 000
三等	光泽、毛色、密度、丝性正常。正身部位有25%以上弹性良好的卧蚕型卷，或正身部位有50%以上较松的卧蚕型卷；或正身部位为弹性良好的环型卷、半环型卷。		≥800
四等	具备三北羔皮毛卷特征，不符合一等、二等、三等要求者。		—

注1：灰色被毛的羔羊皮，要求可低于黑色的一个等级。

注2：外观符合要求，伤残超过规定的，降一级。

注3：花皮、不符合级内要求、有脱毛或胶板等缺陷者为等外皮。

（三）检验方法

1. 检验工具、设备与条件

钢质直尺、钢卷尺，最小刻度1mm；长、宽、高适度，台面平整，样品能在台上摊平；自然光线，阳光不直射。

2. 三北羔皮的检验

用感官进行检验。

分别从毛面、板面进行检验，用钢质直尺量出缺陷的长度、宽度，求出伤残面积。

将皮张在检验台上摊放平直，板面朝上，用钢质直尺从颈部中间直线量至尾根，测出长度；在长度中心附近，用钢质直尺横向测出宽度；长度乘以宽度求出面积。

（四）检验规则

以同一品种、同一产地、同一规格的产品组成一个检验批。

逐张进行检验，应符合其等级标准的要求规定。

（五）包装、运输、贮存

产品的包装应采用适宜的包装材料，防止产品受损。

防暴晒、防雨雪；保持通风干燥，防蛀、防潮、防霉，避免高温环境；远离化学物质、液体侵蚀。

四、滩二毛皮、滩羔皮

（一）加工要求

宰剥适当，全头全腿、皮形完整，展平晾干成长方形。

（二）等级规定

（1）滩二毛皮等级规定，见表8-8。

表8-8 滩二毛皮等级规定

等级	毛绺长度（cm）	毛绺花弯（个）	感官要求	面积（cm²）	伤残占全张面积比（%）
一等	7~8	≥6	皮形完整，板质优良，毛被光亮、柔和、滋润	≥2 400	≤1
二等		7~8	≥6	皮形完整，板质优良，毛被欠光润	≥2 000	≤2
		≥6	皮形完整，板质略薄，毛被光润	≥2 000	≤2
		4~5	皮形完整，板质优良，毛被光亮、柔和、滋润	≥2 000	≤2
三等	7~8	≥4	皮形完整，板质薄弱，毛被欠光润	≥2 000	≤3
四等	7~8	≥3 或毛松散	板质薄弱，毛被欠光润，毛稍发黄	≥1 500	≤5

（2）滩羔皮的等级规定，见表8-9。

表8-9 滩羔皮的等级规定

等级	毛绺长度（cm）	毛绺花弯（个）	感官要求	面积（cm²）	伤残占全张面积比（%）
一等	≥5	≥5	皮形完整，板质优良，毛被光亮、柔和、滋润	≥1 500	≤1
二等	≥4	≥5	皮形完整，板质优良，毛被欠光润	≥1 300	≤2
	5		皮形完整，板质略薄，毛被光润	≥1 300	≤2
	≥4		皮形完整，板质优良，毛被光亮、柔和、滋润	≥1 300	≤2
三等	≥4	≥3	皮形完整，板质薄弱，毛被欠光润	≥1 300	≤3
四等	≥4	≥2	板质薄弱，毛被欠光润，毛稍发黄	≥1 000	≤5

（三）检验方法

1. 检验设备、工具与条件

钢质直尺、钢卷尺、最小刻度1mm；长、宽、高适度，台面平整，样品能在台上摊平；自然光线，阳光不直射。

2. 滩二毛皮、滩羔皮的检验

将皮张在检验台上摊放平直，毛面朝上，在中脊两侧适当部位将毛绺轻轻拉直，用钢质直尺从毛绺根部量至除去虚毛尖部位，测出毛绺长度。

分别从毛面、板面进行检验，用钢质直尺量出缺陷的长度、宽度，求出伤残面积。

将皮张在检验台上摊放平直，板面朝上，用钢质直尺从颈部中间直线量至尾根，测出长度；在长度中心附近，用钢质直尺横向测出宽度；长度乘以宽度求出面积。

（四）检验规则

以同一品种、同一产地、同一规格的产品组成一个检验批。

逐张进行检验，应符合各等级标准要求的规定。

五、猾子皮

（一）猾子皮的分类

猾子皮分为青猾皮、白猾皮、西路黑猾皮、中卫猾皮和杂路猾皮。

（二）猾子皮主要部位划分

猾子皮主要部位划分，见图8-6、图8-7、图8-8。

图 8-6　青猾皮、白猾皮

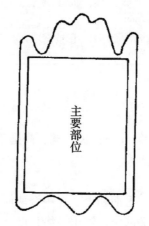

图 8-7　西路猾皮、杂路猾皮

图 8-8　中卫猾皮

（三）技术要求

1. 加工要求

宰剥适当，形状完整，全头全腿；青猾皮、白猾皮按梯形钉板晾干；西路黑猾皮、杂路猯皮和部分地区的白猯皮自然伸开，平展晾晒成长方形状；中卫猯皮自然伸开，平展晾晒呈正（长）方形，见图 8-6、图 8-7、图 8-8 中的方形。

2. 等级规定

（1）青猯皮的等级规定，见表 8-10。

表 8-10　青猯皮的等级规定

等级	板质	毛色	光泽	毛粗细	毛密度	花纹	毛长（cm）	面积（cm²）	伤残	等级比差
一等	良好	正青、略深略浅	光润	适中	密	明显坚实	1.5 上下	≥950	无	100
二等	良好	正青、略深略浅	光润	适中	密	明显坚实	1.5 上下	≥890	无	75
	良好	较深较浅	有	略粗略细	密	有或阴暗	1.5 上下	≥950	主要部位硬伤不超过 2 处	
三等	良好	较深较浅	有	略粗略细	密	有或阴暗	1.5 上下	≥780	主要部位硬伤不超过 1 处	50
	略薄	色浅或欠均匀	较差	较粗较细	略空疏	无	1.3~2.0	≥850	次要部位硬伤不超过 3 处	
等外	不具等内品质要求或带大量白针毛或铁青色									≤20

（2）白猯皮的等级规定，见表 8-11。

表 8-11　白猯皮的等级规定

等级	板质	毛色	光泽	毛粗细	毛密度	花纹	毛长（cm）	面积（cm²）	伤残	等级比差
一等	良好	色正或白中显黄	光润	适中	密	明显	1.8 上下	≥950	无	100
二等	良好	色正或白中显黄	光润	适中	密	明显	1.8 上下	≥850	无	75
	略薄	白色或白中显黄	有	适中	密	有	1.8 上下	≥900	次要部位硬伤不超过 2 处	
三等	略薄	白色或白中显黄	有	适中	密	有	1.8 上下	≥800	次要部位硬伤不超过 2 处	50
	较略薄	略黄	暗淡	略粗略细	略空疏	无	1.5~2.5	≥850	主要部位伤残	
等外	不具等内要求。									≤20

（3）西路黑猯皮的等级规定，见表 8-12。

表 8 - 12　西路黑猾皮的等级规定

等级	板质	毛色	光泽	毛粗细	毛密度	花纹	毛长 (cm)	面积 (cm²)	伤残	等级比差
一等	良好	色正	光润	适中	密	分脊明显有插式花纹	1 上下	≥540	无	100
二等	略薄	显红	有	适中	密	明显或有分脊	1 上下	≥540	无软伤残	75
三等	较略薄	显红	有	略粗略细	略空疏	有	1 上下	≥540	无软伤残	50
等外	不具等内要求。									≤20

（4）中卫猾皮的等级规定，见表 8 - 13。

表 8 - 13　中卫猾皮的等级规定

等级	板质	毛色	光泽	毛粗细	毛绺弯曲	毛长 (cm)	面积 (cm²)	伤残	等级比差
一等	良好	一致	光润	适中	多	6~7	≥2 200	无	100
二等	良好	一致	有	适中	较多	6~7	≥1 800	无软伤残	80
三等	略薄	一致	有	略空疏	有	6~7	≥1 350	无软伤残	60
等外	不具等内要求。								≤20

（5）杂路猾皮的等级规定，见表 8 - 14。

表 8 - 14　杂路猾皮的等级规定

等级	质量要求	等级比差（%）
等内	板质良好；毛细密或毛粗有花纹；有光泽；毛长 1.3~2cm；面积≥750cm²；主要部位无伤残	100
等外	不具等内要求的。	≤40

3. 伤残规定

主要部位伤残每处长不超过 1cm 或面积不超过 0.5cm²；次要部位伤残每处长不超过 2cm 或面积不超过 1cm²。一处伤残长度或面积超过规定一倍按 2 处计算。

（四）检验方法

1. 用具、设备、条件

米尺、操作台；在阳光不直射，自然光线充足的室内。

2. 猾子皮的检验

板质、毛色、光泽、毛粗细、毛密度、花纹，伤残的检验：均采用感官检验的方法。

将毛面朝上，展平放在操作台上，取脊背两侧中间部位的一束毛自然拉直，从毛根量至毛尖（中卫猾皮除虚尖）测定毛长度。然后将毛面朝下，展平放在操作台上，用米尺从颈部中间部位量至尾根测出长度，在腰间适当部位测出宽度，长乘宽求出其面积。

（五）检验规则

獾子皮逐张检验。其检验误差 ±10%，按分等数量计算，10% 以内按原等级交换，超出 10% 的部分，升降相抵后按检验等级交换。若双方对检验结果有异议，应对有异议的部分进行复验。如双方仍有异议，则协商解决。

六、水貂皮

（一）加工要求

皮形完整，头、耳、须、尾齐全。去净油脂，去掉前爪掌将前腿放入腿筒内使毛面平整，风干成毛朝外的筒皮，按标准撑植晾干。

（二）等级规格，见表 8 – 15

表 8 – 15　水貂皮等级规格

级别	品质要求
一级	正季节皮、皮形完整、毛绒平齐、灵活、毛色纯正、光亮，背腹基本一致，针、绒毛长度比例适中，针毛覆盖绒毛良好，板质良好，无伤残
二级	正季节皮，皮形完整，毛绒品质和板质略差于一级皮标准，或有一级皮质量，可带下列伤残、缺陷之一者：①针毛轻微勾曲或加工撑拉过大。白咬伤、擦伤、小疤痕、破洞或白撮毛集中一处，面积不超过 2cm²。②皮身有破口，总长不超过 2cm。③皮身有破口，总长不超过 27cm
次级	不符合一、二级品质要求的皮（如受闷脱毛、流针飞绒、焦板皮、开片皮、灰白绒，毛锋勾曲或缠结毛较重等）
备注	彩貂皮（含十字貂皮）适用此品质要求

下列情况按使用价值酌情定级。

缺材、破耳、破鼻、皮型不整、刮油洗皮不净、污染皮、春季淘汰皮、非季节死亡皮、缠结毛、毛绒空疏和保存较差的陈皮。

对不具备色型特征的彩貂皮和杂花色皮，按次级皮处理。

（三）品质比差

等级比差　一级 100%，二级 80%，三级 70%，等外 50% 以下，按质论价。

公母比差　公皮 100%，母皮 70%。

长度规格与比差，见表 8 – 16。

表 8 – 16　长度规格与比差

尺码号	长度（cm）	比差（%）	
		公皮	母皮
0	>77	130	—
1	71 ~ 77	120	—
2	65 ~ 71	110	130
3	59 ~ 65	100	120

（续表）

尺码号	长度（cm）	比差（%）	
		公皮	母皮
4	53 ~ 59	90	110
5	47 ~ 53	80	100
6	< 47	—	80

（四）毛色比差

标准水貂皮毛色比差，褐色以下95%，褐色100%，褐色以上105%。彩色水貂皮不实行毛色比差，均执行100%。

（五）检验方法

1. 设备

检验室：不受自然直射光线干扰的清洁房间。

检验台：高度87cm，宽度95cm（或根据工作情况自定高低），长度根据需要而定。台面涂浅色油漆。量皮板，见图8-9。卷尺或木尺。

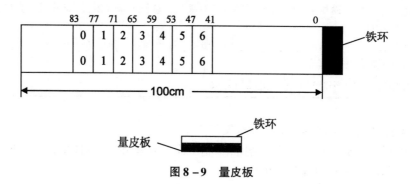

图8-9　量皮板

灯光：由40W日光灯管四支，或80W日光灯管2支为1组，与台面平行架设，灯源与检验台面距离为70cm。

2. 方法

（1）分拣。标准色与彩色水貂皮分开；彩色水貂皮按色型分开；各色型水貂皮按性别分开；在以上分色基础上，按品质等级、长度（尺码）分开；标准色水貂皮按比差色样分开。

（2）验质定级。一摸，二抖，三目测，依据毛绒品质、皮板颜色、伤残程度综合评定。方法如下：

①一手捏住水貂皮头部，另一手自颈部至尾根捋过，感知毛绒密度、针绒毛弹性、板质状况；

②将水貂皮托在手中，也可压在检验台上，右手的腕力自然抖动，使毛绒恢复自然状态，目测周身毛绒成熟程度（包括毛绒密度，针绒毛比例，针毛覆盖能力，光泽度，交叉毛，毛绒是否平齐、灵活等）；

③验看嘴、眼、耳的边缘部位，夏毛脱换状况和头部皮板颜色，断定剥皮季节；

④翻转皮身，目测腹部毛绒发育状况，比较背、腹部毛绒有无差异和伤残处数及部位；

⑤用手摸拭或用手指拨动局部毛绒（必要时可用嘴吹），对不明显的伤针毛，灰白绒，轻微缠结毛小破洞，小脱毛等断定伤残程度；

⑥双手将两后腿向外拨开，目测露出皮板部分的色素深浅，皮板加工情况，有无霉变和虫蚀等。

（3）公母皮鉴别。一手拿鼻部提起，另一手拿臀部，目测皮型和毛绒特征，同时摸拭下腹部两腿之间的生殖器遗痕，可区分公母皮。

（4）长度测量。见图 8 - 10 所示。

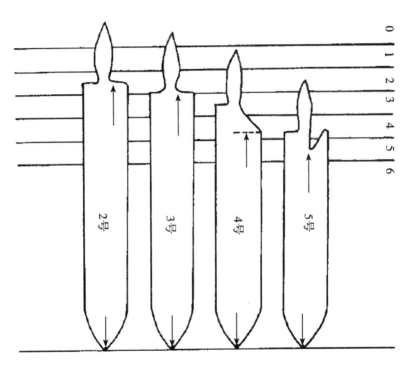

图 8 - 10　长度测量示意图

方法是：

①将皮平放于检验台上，自鼻尖至尾根量出长度，确定尺码档次；

②后档开割不正的水貂皮，按自鼻尖至臀部最近点的垂直距离测量长度；

③水貂皮长度介于两档之间（即上下尺码号交叉线）时，就下不就上。

（六）检验规则

1. 标准色水貂皮毛色鉴别

逐张皮抖开毛绒，与色样对照，分出褐色、褐色以上、褐色以下三类选定褐色标准色样。

下列情况不按缺点论：

（1）缺尾不超过全尾的 50% 。

（2）腹部正中有垂直白线，宽度不超过 0.5cm 。

（3）公皮秃裆，面积不超过 5cm²。

（4）皮身有少数分散白针毛。

（5）尾部和爪部板面略带灰色素。

（6）下颌白斑面积不超过 5cm²。

（7）耳、眼、鼻边缘略带夏毛。

（8）保存良好的陈皮。

2. 收购、交接检验规定

零星收购和批量交接均要逐张检验；批量交接技术等级升降幅度为张数的 ±5%；交接中发生等级质量争议，可对争议部分进行复验；复验后如仍有争议，双方应协商解决。

（七）国际拍卖标准

国际上拍卖水貂皮时是根据皮的种类、性别、尺寸、颜色、质量和清晰度来进行分级并组成不同的批次拍卖。例如世家皮草将水貂皮分为"世家皇冠级"、"世家级"以及一级和二级共 4 个级别。最好的毛皮被授予"世家皇冠"、"世家"商标。根据针毛和绒毛的长度、密度、光泽度、平顺度、弹性以及伤残等进行质量分级。颜色种类名称分别为：本黑马赫根尼、深咖、红咖、浅咖、银蓝、蓝宝石、珍珠、白貂等，此外还有黑十字、浅咖十字、蓝宝石十字等。

尺寸大小划分标准是：大于 95cm 为 40 号，89～95cm 为 30 号，83～89cm 为 00 号，77～83cm 为 0 号，71～77cm 为 1 号，65～71cm 为 2 号，59～65cm 为 3 号，53～59cm 为 4 号，47～53cm 为 5 号。

底绒的颜色决定水貂皮的清晰度，蓝色底绒为清晰度 1 号，灰蓝色底绒为清晰度 2 号，棕色底绒为清晰度 3 号，红棕色底绒为清晰度 4 号，红色底绒为清晰度 5 号。

七、蓝狐皮

（一）加工要求

皮形完整，头、耳、须、尾、腿齐全，毛朝外的圆筒皮，按标准撑楦晾干。

（二）质量标准

品质等级，见表 8 – 17。

表 8 – 17　品质等级

级别	品质要求
一级	正季节皮、皮形完整，毛绒厚密，针毛齐全灵活，被毛蓬松、颜色均匀、有光润、皮板细韧、颜色洁白、无明显伤残
二级	正季节皮、皮形基本完整，毛绒较厚密，针毛较齐全、灵活，被毛较蓬松、颜色较均匀、有光润、皮板较细韧、有小伤残
等外	不符合一、二级品质要求的皮（如受闷脱毛、流针飞绒、焦板皮、毛峰勾曲、或缠结毛较重）

下列情况按使用价值酌情定级。

皮型不整、刮油洗皮不净、污染皮、春季淘汰皮、非季节死亡皮、缠结毛、毛绒空疏及陈皮。

（三）品质比差

级别比差：一级 100%，二级 80%，等外 60% 以下，等外以下按质论价。

长度规格与比差，见表 8 - 18。

表 8 - 18　长度规格与比差

尺码号	长度（cm）	比差（%）
000	≥115	120
00	≥106 且 < 115	110
0	≥97 且 < 106	100
1	≥88 且 < 97	90
2	≥79 且 < 88	80
3	< 79	70

（四）检验方法

1. 设备

检验室：不受自然直射光线干扰的清洁房间。

检验台：高度 87cm，宽度 95cm（或根据工作情况自定高低），长度根据需要而定。台面涂浅色油漆。量皮板，见图。卷尺或木尺。

灯光：由 40 W 日光灯管四支，或 80 W 日光灯管 2 支为 1 组，与台面平行架设，灯源与检验台面距离为 70cm。

2. 检验程序

1 000 张以下逐张抽取；1 000 张以上每增加 100 张增抽 50 张，隔张抽取，不足 100 张按 100 张计。

3. 检验规则

对抽取样品逐张检验。

感观检验：先看毛面，后看皮板，测量尺码，结合伤残，综合判断等级。

毛绒质量检验：一只手捏住狐皮头部，另一只手自颈部至尾根部捋过，体察毛绒密度、针毛弹性及板质状况，然后手抖使毛绒恢复自然状态。抖皮时先将皮张平放在检验台上，用一只手按住皮的后臀部，另一只手的拇指和食指捏住鼻吻部，利用腕力将皮上下抖动，次数以毛绒恢复自然状态为止。观察针毛是否齐全，毛绒长度、密度、光泽、颜色，毛被是否整齐平滑。是否有塌陷及流针飞绒、掉毛。当毛绒出现可疑现象时，可采用嘴吹方法来协助检验。

皮板质量检验：检验完毛绒后，翻转验看皮板的颜色，以确定皮张的生产季节，检查去脂和洗净程度，有无霉变、虫蛀以及伤残情况。

长度测量：量取鼻尖至尾根的长度。

分色：参考实物色样分色，颜色分深、中深、中浅、浅色。

八、银狐皮

（一）加工要求

与蓝狐皮相同。

（二）等级规格

一级皮　正季节皮，毛色深黑，针毛分布均匀，银毛率75%以上，背带明显。皮张完整，毛峰整齐，底绒丰足，色泽光润，板质良好，毛根不带任何伤残，皮张面积2 111 cm² 以上。

二级皮　毛色较暗黑或略褐，针毛分布均匀，带有光泽，绒毛较短，毛峰略稀，有轻微塌脖或臀部毛峰有擦落，皮张完整，刀伤或破洞不得超过2处，总长度不得超过10cm，面积不超过4.4cm²。

三级皮　毛色暗褐欠光泽，银针分布不甚均匀，绒短略薄，毛峰粗短，中脊部略带粗针，板质薄弱，皮张完整，刀伤或破洞不超过3处，总长度不得超过1cm，面积不超过6.7cm²。

等级比差、尺码比差与蓝狐皮相同。

彩色狐皮要求毛皮颜色要符合类型要求、毛色不正的杂花皮按等外皮论价。

九、貉皮

（一）加工要求

野生貉皮加工要求：剥皮适当，皮型完整，头、腿、尾齐全，去净油脂，抽掉尾、腿骨，按要求加工成毛朝外开后裆的圆筒皮或开片皮。

人工饲养貉皮加工要求：宰剥适当，去净油脂，割掉爪掌，抽掉尾、腿骨，按统一标准植板上檀，风干成毛朝外开后裆的筒状皮。干燥温度一般在22～25℃。

（二）质量要求

1. 野生貉皮质量要求

见表8-19。

表8-19　野生貉皮质量要求

等级	品质要求	面积规定（cm²）		等级比差（%）
		北貉皮	南貉皮	
一级	正季节皮，毛绒丰足，针毛齐全，色泽光润，板质良好，可带破洞2处，总面积不超过11cm²	1 776	1 443	100
二级	正季节皮，毛绒略空疏或略短黄。可带一级皮伤残或具有一级皮毛质，板质，可带破洞3处，总面积不超过17cm²	1 443	1 221	80
三级	毛绒空疏或短薄，可带一级皮伤残或具有一、二级皮毛质，板质，破洞总面积不超过56cm²	1 221	999	60
次级	不符合一、二、三级品质要求的皮			30 以下

2. 人工饲养貉皮质量要求

见表 8 – 20。

表 8 – 20 人工饲养貉皮质量要求

等级	品质要求	等级比差（%）
一级	正季节皮，皮形完整，毛绒丰足，针毛齐全，绒毛清晰，色泽光润，板质良好，无伤残	100
二级	正季节皮，皮形完整，毛绒略空疏，针毛齐全，绒毛清晰，板质良好，无伤残，或具有一级皮质量，带有下列伤残之一者： 1. 下颌和腹部毛绒空疏，两肋或后臀部略显擦伤、擦针； 2. 咬伤，疤疤和破洞，面积不超过 13.0cm²； 3. 破口长度不超过 7.6cm²； 4. 轻微流针飞绒； 5. 撑拉过大者	80
三级	皮形完整，毛绒空疏或短薄，或具有一，二级品质，带有下列伤残之一者： 1. 刀伤，破洞总面积不超过 26.0cm²； 2. 破口长度不超过 15.2cm； 3. 两肋或臀部毛绒擦伤较重； 4. 腹部无毛或较重刺脖	60
次级	不符合一、二、三品质要求的皮	30 以下

3. 颜色比差

见表 8 – 21。

表 8 – 21 颜色比差

绒毛颜色	针毛尖颜色	比差（%）
青灰色	黑色	100
黄褐色	褐色	90
白灰色	灰白色	60
白色	黄白色	30

4. 长度要求

见表 8 – 22。

表 8 – 22 长度要求

尺码号	00	0	1	2	3	4
长度（cm）	>106	106 ~ 97	97 ~ 88	88 ~ 79	79 ~ 70	< 70

（三）检验方法

采用以量具测量与感观鉴定相结合的检验方法。

操作台、米尺；光线充足（阳光不能直射）。

1. 毛绒检验

将皮平放于操作台上，一手按住皮的臀部，另一手捏住皮的头部，上下抖拍，使毛绒恢复自然状态。先看颈背部，后看腹部的毛绒是否丰足、平齐、灵活、光润及毛绒颜色，有无蹲裆、刺脖等伤残。

2. 皮板检验

看皮型是否完整，脂肪是否去净，有无油烧板等伤残。手感皮板的厚薄，从板面颜色看季节特征和是否陈皮。

3. 野生貉皮面积测量

将皮平放于操作台上，用米尺从耳根至尾根量出长度，选择腰间适当部位量其宽度，长宽相乘，求出面积，见图 8 – 11。

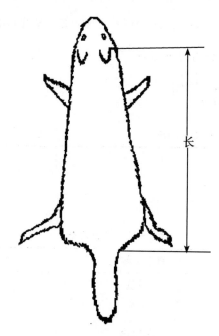

图 8 – 11　野生貉皮面积测量图

4. 人工饲养貉皮长度测量

将皮平放于操作台上，用直尺自鼻尖至尾根量出长度，确定尺码号。

5. 伤残面积测量

将皮平放于操作台上，用米尺量出伤残的长度、宽度，长宽相乘求出面积。

（四）检验规则

零星收购和批量交接均要逐张按质量标准检验。交接中发生等级质量争议，可对争议部分进行复验。复验后如仍有争议，双方应协商解决。

十、獭兔皮

(一) 加工要求

生后 5~6 月龄，体重 2.5kg 时可以宰剥，但以 12 月龄左右为佳。每年 11 月份至翌年 2 月份取皮为宜。去掉耳、尾、腕关节前的爪皮，切开后肢跗关节周围的皮肤，皮形筒皮或片皮。

(二) 质量等级评定

獭兔皮品质等级，见表 8 - 23。

表 8 - 23　獭兔皮品质等级

等级	品质要求	面积（cm^2）	绒长（cm）
特级	绒面平齐，密度大，毛色纯正、光亮，背腹毛一致，绒面毛长适中，有弹性；枪毛少，无缠结毛、旋毛，板质良好，无伤残	>1 500	1.6~2.0
一级	绒面平齐，密度大，毛色纯正、光亮，背腹毛基本一致；绒面毛长适中，有弹性；板质良好，无伤残	>1 200	1.6~2.0
二级	绒面平齐，密度较好，毛色纯正、光亮平滑，腹部绒面略有稀疏；板质好，无伤残	>1 000	1.4~2.2
三级	毛绒略有不平，密度较好，腹部毛绒较稀疏；板质较好；次要部位 1cm^2 以下的伤残不超过 2 个	>800	1.4~2.2
等外	不符合特级、一级、二级、三级以外的皮张		

(三) 检验方法

1. 检验工具、设备与条件

直尺、电子显微游标卡尺；操作台；在阳光不直射、自然光线充足的地方进行检验。

2. 感官检验

毛被检验：左手捏住颈部，右手捏住尾部，右手上下轻轻抖动后将毛面朝上平铺于操作台上，观察绒面毛被密度、毛绒长度、平度、光泽、毛色，以及有无枪毛、旋毛、脱毛，背腹部是否一致，有无伤残。用右手自颈部向尾部捋过，体察毛绒弹性。

皮板检验：板面朝上，检查板质、去脂程度、有无霉变、有无虫蛀以及伤残情况。

密度检验：用嘴吹被毛，被毛呈旋涡状，不露出皮肤的为密，露出皮肤越多毛越稀。

面积检验：板面朝上，用直尺自颈部中间至尾根测量长度，从腰中部两边缘之间量出宽度，长、宽相乘求出面积，面积单位为 cm^2。

绒长检验：毛面朝上，用电子显微游标卡尺在皮心部位量取绒长，单位为 cm。

伤残面积检验：用直尺量出伤残的长度、宽度，长、宽相乘求出面积，单位为 cm^2。

(四) 检验规则

抽样数量：每 50 张为 1 小捆，每 4 小捆（200 张 1 袋）为 1 件。200 件内随机抽检 10%，200 件以上，增加部分随机抽验 5%，以件为单位抽取。

检验规则：逐张检验。

检验误差：定等误差为 ±5%。

十一、麝鼠皮

（一）加工要求

挑裆从膝关节处将皮肤环状切开，开后裆，皮形完整，头、腿齐全，去掉爪、尾，除净油脂，毛朝外圆筒撑展，晾干。

（二）等级规格

一级皮：毛峰平整，底绒密实，色泽光亮，皮板清洁，无黄色或青色斑点，不带伤残，皮面积不小于 $450cm^2$。

二级皮：毛峰平整，底绒较疏，色稍深，有光泽，皮板有青色或略带伤残。皮面积不小于 $350cm^2$。

三级皮：毛峰不齐，底绒空疏，色浅且欠光泽，皮板发青或带伤残较严重。皮面积不小于 $250cm^2$。

十二、狸獭皮

（一）加工要求

从后肢膝关节处、前肢肘关节处，尾根处均割成圆形切口；在皮上不带尾和爪。剥成毛朝外的圆筒皮，刮净油脂。

（二）等级规格

一级皮　底绒丰厚，背、腹部毛绒致密，色泽基本一致，板质好，皮长60cm以上，皮张面积 $1\,833.3cm^2$ 以上。伤残只限1处，刀伤长度不得超过3.3cm，破洞面积小于 $1cm^2$。

二级皮　底绒稍欠丰厚，背、腹部毛绒密度和色泽差别较明显。板质良好，皮长40~42cm，皮张面积 $1\,380.9cm^2$ 以上。刀伤破洞只限2处，总长度不超过5cm，破洞面积小于 $2.7cm^2$。

三级皮　底绒较稀薄，背、腹部毛绒密度、色泽差别明显。皮质薄弱。皮长30~40cm，皮张面积 $1\,100cm^2$ 以上。刀伤破洞只限3处，总长度不超过6.7cm，破洞面积不超过 $11cm^2$。

等外皮　皮长小于30cm，不符合等级皮皆列为等外皮。

（三）品质比差

1. 等级比差

一级皮100%，二级皮75%，三级皮50%，等外皮25%，以下以质论价。

2. 性别比差

公皮100%，母皮80%。

3. 尺码比差（表8-24）

表8-24　狸獭皮尺码比差

长度（cm）	< 40	40~50	50~60	>60
比差（%）	50	75	100	125

4. 面积比差（表8-25）

表8-25 狸獭皮面积比差

面积（cm²）	<800	800~1 200	1 200~2 000	2 000~2 400	>2 400
	等外	小号	中号	大号	特号
比差（%）	—	50	75	100	125

十三、黄鼬皮

（一）黄鼬皮的分类

根据产区不同，加工方法不同其商品名也不同，一般分为三种，分别称为元皮、黄狼皮、京东条。

1. 黄鼬元皮

主要产于东北三省、内蒙古的东四盟（呼伦贝尔、兴安、哲里木、赤峰市）和河北省北部的部分地区。

其特点是毛长绒足，色泽金黄，毛绒灵活，加工成板朝外，毛朝里，不开后裆，头腿、尾齐全的圆筒皮。

2. 黄狼皮

除了元皮产区和京东条产区之外所生产的黄鼬皮。

毛绒与元皮比略显短而空疏，因产地不同毛色有杏黄、浅黄、黄棕、黄褐等颜色。加工成头、腿、尾齐全，除净油脂，从腹中线剖开的片状皮。

3. 京东条

主要产于河北省唐山地区，天津部分地区。

其特点是毛色浅黄，毛绒丰厚，比元皮毛绒略短粗，皮板油性大，发红色，有的身体背中部针毛发暗灰色、尾尖毛也发黑，以河北省黄鼬皮质量为最好。一般加工成板朝里、毛朝外、头、腿、尾齐全的圆筒皮。

（二）技术要求

1. 黄鼬元皮

沿嘴部开刀，用退套的方式翻剥成为皮板朝外，头、腿、尾齐全，抽出尾骨、腿骨，除净油脂，四肢翻出并外露，尾从肛门处抽出，不开后裆，圆筒晾干的完整皮。

2. 黄狼皮

沿嘴部开刀，用退套的方式剥成头、腿、尾齐全，抽出尾骨、腿骨，除净油脂，按要求上钉板或植架，加工成从腹中线剖开的长宽比例4：1的宝塔形片皮。

（三）质量规格

1. 黄鼬元皮等级要求

元皮品质要求，见表8-26。

表 8 - 26 黄鼬元皮品质要求

等级	季节特征	限定伤残	面积	等级比差（%）
一级	正冬皮：皮板为白色，板质良好，毛绒丰足，尾毛蓬松，色泽光润。 早冬皮：毛绒品质与正冬皮相似，皮板臀部后端呈青灰色，尾毛欠丰满。 晚冬皮：皮板颈部或两侧粉红色，毛绒品质与正冬皮相似，尾毛尖略显弯曲	可带轻斑疹、轻血污或在次要部位有小孔两个。	公皮300cm²以上，母皮无面积要求	100
二级	晚秋皮：后背部皮板呈青灰色，尾毛不蓬松，毛绒欠丰足，尾毛较短 早春皮：颈部皮板较厚硬，呈红色，尾毛尖较弯曲，毛绒弹性，光泽较差	具有一级皮毛质，板质可带下列伤残之一： 1. 撕破口，总长度不超过3cm； 2. 破洞，疮疤，硬伤掉毛3处，总面积不超过1cm²； 3. 较重斑疹或较重血污或掉一只腿小伤身皮。	公皮300cm²以上，母皮无面积要求。	80
三级	中秋皮：背部呈灰黑色，毛绒短。 稀春皮：皮板厚硬呈红色，毛绒无弹性，无光泽，尾毛尖弯曲	具有一、二级皮的毛质，板质，可带有下列伤残之一： 1. 撕破口，总长度不超过6cm； 2. 破洞，疮疤，硬伤掉毛5处，总面积不超过3cm²； 3. 重斑疹或重血污； 4. 毛朝外无伤残的圆筒皮。	公皮300cm²以上，母皮无面积要求	60
次级	不符合一、二、三级要求的皮张			20 以下按质计价

凡撑板、病瘦皮、黑背皮、破头皮、懒出洞皮、干板后翻身皮、烟筒皮、箭杆皮、缺尾皮、上翻尾皮、冻糠皮、较重火烤皱缩及烟熏皮、脏皮均降一级。

凡夹伤皮、破口线缝皮、火燎皮、狗咬皮、咬脖子皮、受闷脱毛皮、虫蛀皮均酌情降级。夏皮、油烧板等无使用价值的皮不收购。

2. 黄狼皮等级要求

黄狼皮品质要求，见表 8 - 27。

表 8 – 27　黄狼皮品质要求

等级	季节特征	限定伤残	面积（cm²）	等级比差（%）
一级	正冬皮：皮板为白色，毛绒丰足整齐，灵活，色泽光润，尾毛蓬松； 初冬皮：颈肩部或臀部略呈灰暗，底绒略丰足，带少数硬针，表面整齐，尾毛较蓬松； 迎春皮：颈部皮板局部微呈红色，周身毛绒与冬皮同，色泽略欠光泽	可带下列伤残之一： 1. 撕破口两处，总长度不超过 3 crn； 2. 破洞，擦伤 2 处，总面积不超过 1cm²	公皮 >500 母皮 >300	100
二级	晚秋皮：皮板略青，毛绒短、平齐，尾毛平伏，硬针较多； 早春皮：皮板略厚微呈红色，毛绒较空疏，毛面尚整齐。	可带下列伤残之一： 1. 可带一级皮伤残； 2. 具有一级皮毛质、被质，可带撕破口 3 处，总长度不超过 8cm，破洞、擦伤不超过 3 处，总面积不超过 4cm²	公皮 >500 母皮 >300	60
次级	不符合一、二级要求的皮。		≤40 按质计价	

等级皮规定的伤残面积，指公皮。对母皮应缩小一半。在耳根以下 3cm 以内带夹伤总面积不超过 1cm² 不算缺点。严重斑疹，严重疮疤，火烧、陈皮、受闷脱毛，尾部损伤超过尾长的 1/3 均酌情定级。其他伤残处理同元皮。

3. 京东条的等级要求

品质要求，见表 8 – 26（同黄狼皮）。

公母皮比差：公皮 100%，母皮 50%。

（四）检验方法

室内光线应适宜，避免直射阳光或暗光；操作台、米尺。

1. 操作步骤

按照特征分出元皮、京东条、黄狼皮。

鉴别公母皮：公皮张幅大，皮板厚，腹部有生殖器痕迹。尾巴较长，尾毛长且粗。母皮张幅小，皮板略薄，腹部无生殖器痕迹。尾巴较短，尾毛短而细。

2. 质量检验

元皮：一手拿皮头部，一手拿皮后臀部，首先检验头部毛绒品质，皮板背部和腹部颜色、油性、伤残情况，然后用手捻动皮筒，手感板质的厚、薄、软、硬程度，毛绒的丰厚、稀疏程度及伤残。用一手食指、拇指轻捋尾毛，观察是否有掉毛现象，尾骨是否抽出等，最后一手移到尾尖，捏头的手上下抖动。观察尾毛的长短、弹性、形状、蓬松程度，综合各方面情况确定生产季节和皮张质量。

黄狼皮：将皮毛朝上放在工作台上，一手捺住皮的后臀部，一手的拇指和食指捏住吻鼻部，利用腕力将皮上下抖拍（次数以所有毛绒恢复到自然状态，蓬松为止），观看毛绒的长度、密度、光泽、颜色、毛被表面是否有伤残。手摸被毛，感觉毛绒的丰厚程度。对有疑问处用嘴吹毛绒，协助验证其质量。验完毛绒将皮翻成板朝上，检验皮张的厚度、颜色、油性等。综合各方面条件确定皮的生产季节和质量。

京东条：一手拿皮的头部，一手拿皮后臀部，利用手腕力抖动，使毛绒恢复自然状态，检验毛绒的长度、密度、光泽、颜色，毛被表面是否整齐平顺，尾毛是否蓬松，然后用手感觉毛绒的丰厚、皮板厚薄程度。有疑问处，用嘴吹毛绒，协助检验。最后综合各方面条件确定生产季节和质量。

3. 面积测算

长、宽的测量：元皮从两眼中间量至尾根为长度，选腰间适当部位量宽度（圆筒皮宽度加倍）。黄狼皮从鼻尖量至尾根为长度，选腰间适当部位量宽度。京东条量皮方法同黄狼皮（圆筒皮宽度加倍）。

面积计算：长、宽相乘求出面积。

4. 检验规则

逐张按等级要求进行检验。

对硬伤要求宽，软伤要求严；在次要部位伤残要求宽，主要部位要求严；对集中分布的伤残要求宽，分散的伤残要求严。

交接中发生等级质量争议，可对争议部分进行复验。复验后仍有争议，双方应协商解决。

第二节 鞣制毛皮的质量评价

一、羊毛皮

（一）羊毛皮的分类
羊毛皮的分类见表 8－28。

表 8－28　产品分类

第一类	第二类
绵羊毛皮	羔羊毛皮
山羊毛皮	猾子毛皮

（二）羊毛皮的要求
1. 基本要求
有害物质限量值应符合的规定见表 8－29。

表8－29 有害物质限量值

项目	限量值		
	A类（婴幼儿用品）	B类（直接接触皮肤的产品）	C类（非直接接触皮肤的产品）
可分解有害芳香胺染料（mg/kg）	≤30		
流离甲醛（mg/kg）	≤20	≤75	≤300

注：有害芳香胺名称见表7－2。如果4-氨基联苯和（或）2-萘胺的含量超过30mg/kg，且没有其他的证据，以现有的科学知识，尚不能断定使用了禁用偶氮染料。

2. 物理机械性能

物理机械性能应符合表8－30的规定。

表8－30 物理机械性能指标

项目		第一类	第二类
规定符合伸长率（5N/mm²）（%）	≥	15	20
撕裂力（N）	≥	15	9
收缩温度（℃）	≥	75	70
气味（等级）	≤	3	
染色毛皮耐摩擦色牢度（级）	≥	3/4	
	≥	3.0	
毛皮耐汗渍色牢度（级）	≥	3	
毛皮耐日晒色牢度（级）	≥	3	

3. 化学指标

化学指标应符合表8－31的规定。

表8－31 化学指标

项目	指标
水分及其挥发物（%）	10～18
四氯化碳萃取物（%ᵃ）	5～15
总灰分（%）	≤8
pH	3.8～6.5
稀释差ᵇ	≤0.7

注：a 四氯化碳萃取物、总灰分按水分0%的结果为准。

b 当pH≤4.0时，检验稀释差。

（三）感官要求

皮板柔软、丰满、延伸性好，皮板基本完整、平展，无制造伤，皮里洁净，无油腻感，厚薄基本均匀，不应有僵板、酥板。

毛被平顺、灵活松散、洁净，不掉毛，无严重浮毛、油毛、结毛；染色牢固，无浮色、无明显色花、色差（特殊效应除外）。

（四）试验方法

动物毛皮物理指标规定负荷伸长率、撕裂力、收缩温度、摩擦色牢度、毛皮耐汗渍色牢度的和毛皮耐日晒色牢度的检测，按照"第十章第五节动物毛皮物理性能检测方法"进行；动物毛皮化学性能指标禁用偶氮染料、流离甲醛、水分及其挥发物、四氯化碳萃取物、总灰分和 pH 值的检测，按照"第十章第六节动物毛皮化学性能检测方法"进行。

感官要求：在自然光线下，以感官进行检验。

（五）羊毛皮的分级

产品经过检验合格后，根据整张毛皮可利用面积的比例进行分级，应符合表 8－32 的规定。

表 8－32　羊毛皮等级标准

项目	等级			
	一级[a]	二级[a]	三级	四级
可利用面积（%）	≥90	≥80	≥70	≥60
可利用面积内允许轻微缺陷（%）		≤5		

注：轻微缺陷指不影响产品的内在质量和使用，只略影响外观的缺陷，如轻微的色花、色泽不均匀等。

a 皮心、臀背部无影响使用功能的伤残。

（六）检验规则

以同一品种原料投产、按同一生产工艺出来的同一品种的产品组成一个检验批。

产品出厂前应经过检验，经检验合格并附有合格证（或检验标识）后方可出厂。

从经检验合格的产品中随机抽取三张（片）进行检验。

单张（片）合格判定规则：

可分解有害芳香胺染料、游离甲醛、撕裂力、摩擦色牢度、气味中如有一项不合格，或出现影响使用功能的严重缺陷，即判该张（片）不合格，技术要求中其他各项，累计三项不合格，则判该张（片）不合格。

整批合格判定原则：在三张（片）被测样品中，全部合格，则判该批产品合格，如有一张（片）及以上不合格，应加倍抽样六张（片）进行复检，六张（片）中如有一张（片）及以上不合格，则判该产品不合格。

注：测定可分解有害芳香胺、流离甲醛时，可分别从三张（片）被测样品上取样，制样后均匀混合，以混合样的测试结果作为判定依据。

二、兔毛皮

（一）兔毛皮基本要求

兔毛皮中有害物质限量应符合表 8－33 的规定。

表 8 – 33　有害物质限量值

项目	限量值		
	A 类（婴幼儿用品）	B 类（直接接触皮肤的产品）	C 类（非直接接触皮肤的产品）
可分解有害芳香胺染料（mg/kg）		≤30	
流离甲醛（mg/kg）	≤20	≤75	≤300

注：有害芳香胺名称见表 7 – 2。如果 4 – 氨基联苯和（或）2-萘胺的含量超过 30mg/kg，且没有其他的证据，以现有的科学知识，尚不能断定使用了禁用偶氮染料。

（二）物理机械性能

兔毛皮的物理机械性能应符合表 8 – 34 的规定。

表 8 – 34　物理机械性能指标

项目		指标
规定符合伸长率（5N）（%）	≥	20
撕裂力（N）	≥	10
收缩温度（℃）	≥	70（油鞣≥55）
气味（等级）	≤	3
染色毛皮耐摩擦色牢度（级）	干擦　≥	3/4
	湿擦　≥	3
毛皮耐汗渍色牢度（级）	≥	3
毛皮耐日晒色牢度（级）	≥	3

（三）化学指标

兔毛皮的化学指标应符合表 8 – 35 的规定。

表 8 – 35　化学指标

项目	指标
水分及其挥发物（%）	10 ~ 18
四氯化碳萃取物（%[a]）	5 ~ 15
总灰分（%）	≤8
pH 值	3.8 ~ 6.5
稀释差[b]	≤0.7

注：a 四氯化碳萃取物、总灰分按水分 0% 的结果为准。

b 当 pH 值≤4.0 时，检验稀释差。

（四）感官要求

1. 皮板

柔软、丰满、延伸性好，皮形基本完整、平展，无制造伤，皮里洁净，不应有僵板、酥板。

2. 毛被

毛被平顺、灵活松散、洁净，针绒齐全（剪绒、拔针除外），无钩针，无明显掉毛、油毛、结毛；染色牢固，无浮色，无明显色花、色差（特殊效应除外）。

（五）试验方法

动物毛皮物理指标规定负荷伸长率、撕裂力、收缩温度、摩擦色牢度、毛皮耐汗渍色牢度和毛皮耐日晒色牢度的检测，按照"第十章第五节动物毛皮物理性能检测方法"进行；动物毛皮化学性能指标禁用偶氮染料、流离甲醛、水分及其挥发物、四氯化碳萃取物、总灰分和 pH 值的检测，按照"第十章第六节动物毛皮化学性能检测方法"进行。

在自然光线下，以感官进行检验。

（六）分级

产品经过检验合格后，根据整张兔皮可利用面积的比例进行分级，应符合表 8 – 36 的规定。

表 8 – 36　分级

项目	等级			
	一级[a]	二级[a]	三级	四级
可利用面积（%）	≥90	≥80	≥70	≥60
可利用面积内允许轻微缺陷（%）	≤5			

注：轻微缺陷指不影响产品的内在质量和使用，只略影响外观的缺陷，如轻微的色花、色泽不均匀等。

a 皮心、臀背部无影响使用功能的伤残。

（七）检验规则

以同一品种原料投产、按同一生产工艺生产出来的同一品种的产品组成一个检验批。产品出厂前应经过检验，经检验合格并附有合格证（或检验标识）后方可出厂。

1. 型式检验

有下列情况之一时，应进行型式检验：

（1）原料、工艺、化工材料有重大改变时；

（2）产品长期停产（三个月）后恢复生产时；

（3）国家技术监督机构提出进行型式检验的要求时；

（4）生产正常时，每六个月至少进行一次型式检验。

2. 抽样数量

从经检验合格的产品中随机抽取三张（片）进行检验。

3. 合格判定

（1）单张（片）判定规则。可分解有害芳香胺染料、游离甲醛、撕裂力、摩擦色牢度、气味中如有一项不合格，或出现影响使用功能的严重缺陷，即判该张（片）不合格，技术要求中其他各项，累计三项不合格，则判该张（片）不合格。

（2）整批判定原则。在三张（片）被测样品中，全部合格，则判该批产品合格，如有一张（片）及以上不合格，应加倍抽样六张（片）进行复检，六张（片）中如有一张（片）及以上不合格，则判该批产品不合格。

注：测定可分解有害芳香胺、游离甲醛时，可分别从三张（片）被测样品上取样，制样后均匀混合，以混合样的测试结果作为判定依据。

三、羊剪绒毛皮

（一）羊剪绒皮基本要求

羊剪绒皮中有害物质限量应符合表 8 – 37 的规定。

表 8 – 37　有害物质限量值

项目	限量值		
	A 类（婴幼儿用品）	B 类（直接接触皮肤的产品）	C 类（非直接接触皮肤的产品）
可分解有害芳香胺染料（mg/kg）	≤30		
流离甲醛（mg/kg）	≤20	≤75	≤300（白羊剪绒≤600）

注：有害芳香胺名称见表 7 – 2。如果 4-氨基联苯和（或）2-萘胺的含量超过 30mg/kg，且没有其他的证据，以现有的科学知识，尚不能断定使用了禁用偶氮染料。

（二）物理机械性能

羊剪绒皮的物理机械性能应符合表 8 – 38 的规定。

表 8 – 38　物理机械性能指标

项目		指标
规定符合伸长率（5N/mm^2）（％）	≥	25
撕裂力（N）	≥	15
收缩温度（℃）	≥	75
气味（等级）	≤	3
染色毛皮耐摩擦色牢度（级）	干擦　≥	3/4
	湿擦　≥	3
毛皮耐汗渍色牢度（级）	≥	3
毛皮耐日晒色牢度（级）	≥	3
毛皮耐熨烫色牢度（级）	≥	4

（三）化学指标

羊剪绒皮的化学指标应符合表 8 – 39 的规定。

表 8 - 39　化学指标

项目	指标
水分及其挥发物（%）	10 ~ 18
四氯化碳萃取物（%[a]）	8 ~ 16
总灰分（%）	≤7
pH 值	3.8 ~ 6.5
稀释差[b]	≤0.7

注：a 四氯化碳萃取物、总灰分按水分0%的结果为准。

b 当 pH 值≤4.0时，检验稀释差。

（四）感官要求

1. 皮板

柔软、丰满、延伸性好，皮形基本完整、平展，无制造伤，皮里洁净，不应有僵板、酥板。

2. 毛被

毛被平顺、灵活松散、洁净，毛被整齐无剪花、掉毛、油毛、结毛；染色牢固，无浮色，无明显色花、色差（特殊效应除外）。

（五）试验方法

动物毛皮物理指标规定负荷伸长率、撕裂力、收缩温度、摩擦色牢度、毛皮耐汗渍色牢度的和毛皮耐日晒色牢度的检测，按照"第十章第五节动物毛皮物理性能检测方法"进行；动物毛皮化学性能指标禁用偶氮染料、游离甲醛、水分及其挥发物、四氯化碳萃取物、总灰分和 pH 值的检测，按照"第十章第六节动物毛皮化学性能检测方法"进行。

在自然光线下，以感官进行检验。

（六）分级

产品经过检验合格后，根据整张毛皮可利用面积的比例进行分级，应符合表 8 - 40 的规定。

表 8 - 40　分级

项目	等级			
	一级[a]	二级[a]	三级	四级
可利用面积（%）	≥90	≥80	≥70	≥60
可利用面积内允许轻微缺陷（%）			≤5	

注：轻微缺陷指不影响产品的内在质量和使用，只略影响外观的缺陷，如轻微的色花、色泽不均匀等。

a 皮心、臀背部无影响使用功能的伤残。

（七）检验规则

以同一品种原料投产、按同一生产工艺生产出来的同一品种的产品组成一个检验批。

产品出厂前应经过检验，经检验合格并附有合格证（或检验标识）后方可出厂。

1. 型式检验

有下列情况之一时，应进行型式检验：

（1）原料、工艺、化工材料有重大改变时。

（2）产品长期停产（三个月）后恢复生产时。

（3）国家技术监督机构提出进行型式检验的要求时。

（4）生产正常时，每六个月至少进行一次型式检验。

2. 抽样数量

从经检验合格的产品中随机抽取三张（片）进行检验。

3. 合格判定

（1）单张（片）判定规则。可分解有害芳香胺染料、游离甲醛、撕裂力、摩擦色牢度、气味中如有一项不合格，或出现影响使用功能的严重缺陷，即判该张（片）不合格，技术要求中其他各项，累计三项不合格，则判该张（片）不合格。

（2）整批判定原则。在三张（片）被测样品中，全部合格，则判该批产品合格，如有一张（片）及以上不合格，应加倍抽样六张（片）进行复检，六张（片）中如有一张（片）及以上不合格，则判该批产品不合格。

注：测定可分解有害芳香胺、流离甲醛时，可分别从三张（片）被测样品上取样，制样后均匀混合，以混合样的测试结果作为判定依据。

四、狐狸毛皮

（一）狐狸毛皮基本要求

狐狸毛皮中有害物质限量应符合表 8 - 41 的规定。

表 8 - 41　有害物质限量值

项目	限量值		
	A 类（婴幼儿用品）	B 类（直接接触皮肤的产品）	C 类（非直接接触皮肤的产品）
可分解有害芳香胺染料（mg/kg）		≤30	
游离甲醛（mg/kg）	≤20	≤75	≤300

注：有害芳香胺名称见表 7 - 2。如果 4-氨基联苯和（或）2-萘胺的含量超过 30mg/kg，且没有其他的证据，以现有的科学知识，尚不能断定使用了禁用偶氮染料。

（二）物理机械性能

狐狸毛皮的物理机械性能应符合表 8 - 42 的规定。

表 8 – 42　物理机械性能指标

项目		指标
规定符合伸长率（5N/mm²）（%）	≥	25
撕裂力（N）	≥	15（沙狐：≥12）
收缩温度（℃）	≥	55（沙狐：≥50）
气味（等级）	≤	3
染色毛皮耐摩擦色牢度（级） 干擦	≥	3/4
湿擦	≥	3
毛皮耐汗渍色牢度（级）	≥	3
毛皮耐日晒色牢度（级）	≥	3

（三）化学指标

狐狸毛皮的化学指标应符合表 8 – 43 的规定。

表 8 – 43　化学指标

项目	指标
水分及其挥发物（%）	10 ~ 18
四氯化碳萃取物（%ᵃ）	5 ~ 15
总灰分（%）	≤8
pH 值	3.8 ~ 6.5
稀释差ᵇ	≤0.7

注：a 四氯化碳萃取物、总灰分按水分 0% 的结果为准。

b 当 pH 值≤4.0 时，检验稀释差。

（四）感官要求

1. 皮板

柔软、丰满、延伸性好，皮形完整、平展，无制造伤。皮里洁净，无油腻感，厚薄基本均匀，不应有僵板、酥板。

2. 毛被

毛被平顺、灵活松散、洁净，针绒齐全，无钩针、掉毛、油毛、结毛；无明显色花、色差（特殊效应除外）。

（五）试验方法

动物毛皮物理指标规定负荷伸长率、撕裂力、收缩温度、摩擦色牢度、毛皮耐汗渍色牢度的和毛皮耐日晒色牢度的检测，按照"第十章第五节动物毛皮物理性能检测方法"进行；动物毛皮化学性能指标禁用偶氮染料、游离甲醛、水分及其挥发物、四氯化碳萃取物、总灰分和 pH 值的检测，按照"第十章第六节动物毛皮化学性能检测方法"进行。

在自然光线下，选择能看清的视距，以感官进行检验。

（六）分级

产品经过检验合格后，根据整张毛皮可利用面积的比例进行分级，应符合表8-44的规定。

表8-44 分级

项目	等级			
	一级[a]	二级[a]	三级	四级
可利用面积（%）	≥90	≥80	≥70	≥60
可利用面积内允许轻微缺陷（%）		≤5		

注：轻微缺陷指不影响产品的内在质量和使用，只略影响外观的缺陷，如轻微的色花、色泽不均匀等。

a 皮心、臀背部无影响使用功能的伤残。

（七）检验规则

以同一品种原料投产、按同一生产工艺生产出来的同一品种的产品组成一个检验批。产品出厂前应经过检验，经检验合格并附有合格证（或检验标识）后方可出厂。

1. 型式检验

有下列情况之一时，应进行型式检验：

（1）原料、工艺、化工材料有重大改变时。

（2）产品长期停产（三个月）后恢复生产时。

（3）国家技术监督机构提出进行型式检验的要求时。

（4）生产正常时，每六个月至少进行一次型式检验。

2. 抽样数量

从经检验合格的产品中随机抽取三张（片）进行检验。

3. 合格判定

（1）单张（片）判定规则。可分解有害芳香胺染料、游离甲醛、撕裂力、摩擦色牢度、气味中如有一项不合格，或出现影响使用功能的严重缺陷，即判该张（片）不合格，技术要求中其他各项，累计三项不合格，则判该张（片）不合格。

（2）整批判定原则。在三张（片）被测样品中，全部合格，则判该批产品合格，如有一张（片）及以上不合格，应加倍抽样六张（片）进行复检，六张（片）中如有一张（片）及以上不合格，则判该批产品不合格。

注：测定可分解有害芳香胺、游离甲醛时，可分别从三张（片）被测样品上取样，制样后均匀混合，以混合样的测试结果作为判定依据。

第九章　毛皮服饰质量评价

皮革市场上的裘皮服装有高、中、低档之分，以紫貂皮、水貂皮、狐皮、猞猁皮等制成的大衣为高档制品；时尚流行蓝狐夹革条翻毛女大衣，毛绒细长而密集，颜色浅淡适中，穿在身上显得素雅高贵。以狸子皮、猸子皮制成的裘皮为中档制品。狸子皮制成的长短大衣，中间用浅色或白色同类毛皮补空连接，颜色对比明显，富有立体感，深受女性消费者的喜爱。以羊、狗、猫、兔皮制成的裘装为低档制品，如羊皮大衣或猎装，毛绒又多又密，保暖性好，价格较便宜，是我国北方大众化的裘装。兔皮与狗皮翻毛大衣，物美价廉，深受工薪阶层的喜爱。近年来，用羊皮制成的羊皮夹克、羊皮长短大衣也很流行，穿起来显得潇洒美观，又挡风御寒。

消费者在购买裘皮服装时，应注意认真挑选，要善于鉴别毛皮品质及做工好坏。先要仔细看看整件裘皮毛绒是否平齐光润，有无较大面积缺少针毛和露出底绒的现象，然后用手轻握毛皮，看皮板手感如何；再将皮毛甩一甩，针毛在外，绒在底的为上品。还可以对着皮毛吹一下，看看毛绒是否灵活，是否根清底亮，吹过以后即恢复原状，便是真货。若毛绒僵硬挺直，便是仿裘皮。鉴别做工好坏，主要是看其选料是否合理，每块皮板的毛性是否一致，颜色是否协调，衣领、衣袖是否匀称熨帖，衣襟是否齐整，线缝是否紧密。当然，穿着合身，款式新颖优雅，也是应当注意的环节。

挑选裘装的方法，概括来说，即"一看、二摸、三吹、四嗅、五穿"。

一看：是否针毛齐全，毛峰灵活，底绒丰厚，光泽润亮，工艺精，针眼细。要求无污迹、无未缝牢和无线头等质量问题。

二摸：皮质是否柔软、平整，手感是否松、散、滑，皮板是否破皮拼缝多等。

三吹：吹一吹看皮毛是否整齐，有无缺毛、掉毛现象。用嘴哈气，再用白纸顺毛擦一下，看看染色毛是否掉色。

四嗅：有无酸、腥、臭味，一般无臭味。

五穿：裘皮服装因制作工艺的需要，大小、宽窄是固定的。因此，一定要亲自穿一穿，重点看领口、袖口、底边是否均匀、对称、齐边、平整。

毛皮服饰的质量评价主要分为外观质量评价和内在质量评价，采用感官检验和理化检验相结合的方法。

第一节　毛皮服装的外观质量评价

毛皮服装的外观质量评价主要是通过感官检验的方法，感官检验是通过眼看、手摸、鼻闻、弯曲、拉伸等方法进行检验。内容包括毛皮的色泽、气味、厚薄、柔软程度、延伸性、丰满度、完整性、美观、灵活性，针毛、绒毛是否整齐等。

一、裘皮大衣

一件优质的裘皮大衣，应具备以下几方面的条件：

（一）毛面

整件大衣色泽光润，毛面平顺，针毛、绒毛齐全，不能有溜沙（掸毛针）、落绒（掸绒毛）、油毛、锈毛、严重鸡鸽毛、钩针、秃针和影响毛面的光板；不能污染其他颜色，无异味、无灰尘；本色大衣背脊线应清晰、顺直，一件衣服毛性（针毛绒毛高度、密度、粗细度、底绒颜色）应基本一致，主要部位尤其应一致；增色或染色的水貂大衣，染色牢固，不能有浮色，色泽光润，无深浅不一的色花；以串刀做法的大衣，串刀宽窄均匀相称，不应露刀痕。

（二）皮板

柔软、有弹性、厚薄均匀；板面洁净，无硬板、响板、糟板、夹生板、油板；加革条的大衣，革条应质量良好，宽度适宜。

（三）缝制

缝制应平整，交缝不能过大或过小，针码均匀，线路顺直，整齐，松紧适宜，不得有跳线、断线和漏缝。

（四）辅料

衣里用料考究，无明显影响美观的疵点、油污、水渍及极光（熨斗熨后留下的光亮）；衣里料与毛面颜色协调，用线相似（特殊要求例外）；镀层、喷漆或其他任何材料的配件，如搭扣、装饰扣等，应光滑、均匀、坚实、无斑点、无锈蚀、互相吻合良好，与毛面颜色相随。

（五）做工

1. 领子

上领端正，领口圆顺，脖头平展，领形左右对称。

2. 肩部

平伏，肩缝顺直，宽窄一致。

3. 前身

门襟自然下垂时挺直，不搅不豁，下角不里卷、不外翻，大襟与底襟长短一致。胸部丰满，肩缝位置适中，长短、高低一致。口袋位置准确，左右对称，袋口合拢，平伏。

4. 袖子

绱袖圆顺，吃纵均匀，有袖缝的必须对准肩缝。两袖平顺，不得超前或超后，两袖长短、袖口大小均应保持一致。

5. 摆缝

摆缝顺直、平整。

6. 后身

后身平服，开叉顺直，长短一致。

7. 衣里

衣里松紧适宜，有坐势的必须匀称，不扭曲。

8. 止口

各部位止口挺直，不得弯曲和露翻（反吐或倒吐）。

（六）其他要求

扣与扣眼定位准确，大小适宜，钩扣钉牢；锁毛梳出，刀口毛除净；烫熨平伏、整洁；款式好。

二、镶头围脖

一个完整的鞣制后的动物皮筒，经过修整、填补、镶嵌，做成具有原动物形态的围脖，就成为镶头围脖。镶头围脖大多是用狐狸皮或水貂皮做成，也有用兔皮或其他碎料缝制的。

镶头围脖的质量与原料皮的质量直接相关。优质的原料皮应为正季节皮，毛绒丰满密集，有光泽。狐狸皮无塌脖、浮毛、蹄裆、掉毛等缺欠。水貂皮无严重勾曲毛，头尾完整，鞣制良好。

做工也很重要，一般狐狸皮内加一层薄衬里子，以便使围脖更显丰满。镶头应端正，脑门圆顺，鼻眼位置适当，眼睛颜色、大小与原动物相似，双耳大小适度。有的镶头围脖四腿爪齐全，有的只留后腿，前腿将爪去掉，做法不同，不应以缺点论。

镶头围脖嘴内的夹子，张合自如，缝合应尽量自然，合上后应不露痕迹。尾骨应全部抽掉，去脂完全，吊扣钉牢。

整个镶头围脖应无异味，无溜沙。

第二节　毛皮服装内在质量评价

一、毛皮检验的抽样和取样

毛皮的原样来自不同种类、不同条件下生长的动物皮，各个皮张之间的构造不可能一致。即使对同一张毛皮而言，其不同部位的组织构造也有很大差异。因此，同批原样皮加工成的毛皮皮张，每张之间和各个部位之间的理化性能也不可能一样。在实际检验中对所有成品及各个部位全面试验也不可能，只能采用"抽样检查"，即"取样"的方法来选取具有代表性、能反映同一批毛皮特征的一部分毛皮为样品进行检验。取样部位和取样方法对于所取试验样品的代表性极为重要。

（一）样块的取样方法

按照毛皮张幅的大小，毛皮可分为大皮类、中皮类、小皮类。这3类毛皮样块的取样位置按照标准要求各不相同，需在毛皮的规定部位切取样块。样块的表面不应有明显的各种类型的缺陷，如刮伤和剥皮伤，样块在剃毛时应注意保护粒面不受到破坏。

（二）物理性能测试用试片的裁取

物理机械性能测试用的试片，需按照毛皮产品测试目的不同，用刀模在样块上裁取不同形状的试片，试片的形状和数量需按照相应的方法标准而确定。

（三）化学分析试样的制备

样块中切取的物理测试用试片的剩余部分，用切粒机或剪刀将其切割成长和宽均小于

4mm 的碎块，如数量不足，可切取样块邻近部位补充。

将切取的试样立即混合均匀，并装入清洁、干燥、密闭的磨口瓶中。

二、物理机械性能的检验

（一）空气调节

由于毛皮是一种亲水物质，毛皮成品的特性是其含水量会随周围空气湿度的变化而改变。同一张毛皮放在不同温度和湿度的空气中，其水分含量不同。

毛皮中水分含量影响其物理机械性能检验的结果，因此，物理机械性能试验时，必须先将试样进行空气调节，使其含有一定量的水分，以便在统一条件下，取得可以比较的数据，从而正确地判断成品的质量。

空气调节的方法：根据部颁标准 QB/T 1266《毛皮 物理和机械试验 试样的准备和调节》的规定，毛皮试片在测试前48h 内应在温度为（20±2）℃，相对湿度为（65±3）%的标准空气中进行空气调节，以达到平衡。其放置应留有使空气能自由接触其表面的空隙，一般需放置24h。如无恒温、恒湿设备，可用下述化学试剂和方法来达到所需的温度和湿度。

1. 试剂

硝酸铵（化学纯）或亚硝酸钠（化学纯）的过饱和溶液或36%硫酸溶液。

2. 使用方法

将上述任何一种溶液放在干燥器中，再将干燥器放入温度为（20±2）℃的恒温箱中，这样干燥器内就能达到上述的标准温度和湿度。空气调节24h 后，将试样取出称重，然后每隔1h 称样1次，直到连续2次所得重量差不大于样品重的0.1%，即认为已达平衡。

（二）厚度和宽度、抗张强度、伸长率、收缩温度、色牢度、稠密度、柔软度、透气性和透水汽性及保温性能的测定

厚度和宽度、抗张强度、伸长率、收缩温度、色牢度、稠密度、柔软度、透气性和透水汽性及保温性能的测定方法见第十章。

几种毛皮抗张强度和负荷伸长率指标的要求见表9-1和表9-2。

表9-1　几种毛皮抗张强度指标的要求

毛皮名称	抗张强度（N/mm^2）
绵羊皮、山羊皮、猾子皮	≥10
羊剪绒皮、染色羊剪绒皮	≥8
羔羊皮、兔皮	≥7
染色兔皮	≥5

表9-2 几种毛皮负荷伸长率指标要求

毛皮名称	规定负荷伸长率（%）
绵羊皮、羔羊皮、猾子皮	≥30
山羊皮、兔皮、羊剪绒皮、染色羊剪绒皮	≥25
染色兔皮	≥20

几种毛皮收缩温度指标的要求见表9-3。

表9-3 几种毛皮收缩温度指标要求

毛皮名称	收缩温度（℃）
绵羊皮、山羊皮、猾子皮	≥70
羔羊皮、兔毛皮、染色兔皮	≥75
羊剪绒皮、染色羊剪绒皮	≥80

三、化学性能检验

毛皮服装化学物质含量检测方法见第十章。其中，几种毛皮四氯化碳萃取物指标要求见表9-4，皮总灰分指标要求见表9-5。

表9-4 几种毛皮四氯化碳萃取物指标要求

毛皮名别	四氯化碳萃取物（%）
绵羊皮	7～19
羔羊皮	7～14
山羊皮，猾子皮	5～12
兔皮	2.5～15
染色兔皮	5～15
羊剪绒皮	6～12
染色羊剪绒皮	8～16

表9-5 几种毛皮总灰分指标要求

毛皮名称	总灰分（%）
绵羊皮、羔羊皮、兔皮、羊剪绒皮、染色羊剪绒皮	≤7
山羊皮	≤10
猾子皮	≤6
染色兔皮	≤8

第三节　毛皮服装质量要求

一、毛皮原料感官要求

毛板厚薄基本均匀，无严重刀伤，无破洞。允许内刀伤深度不超过厚度的1/2，但必须胶补。毛板手感柔软、丰满，延伸性好。无僵板、酥板，无异味。皮里洁净，无肉渣，无油腻感。毛被平顺，灵活松散。毛被长短、粗细基本一致，无明显掉毛、落绒（掉绒毛）、油毛、锈毛、结毛、浮毛，无影响毛被的光板。染色牢固，无明显浮色。色泽适宜，无明显色花、色差。

二、辅料和配件

辅料和配件应符合表9-6的规定。

表9-6　辅料和配件

品种	质量要求
皮革	按 QB/T 1872 等标准选用（特殊风格感官要求的产品除外），并符合本表的规定。
毛革	按 QB/T 2536 等标准选用，并符合本表的规定。
纺织品	性能与毛皮原料性能相适宜，收缩率应与毛皮原料性能相适宜，无明显跳丝，无明显的色差、色花等缺陷，跳丝不得超过2处，每处长度不大于5mm，明显部位无影响美观的疵点存在。
配件	无锈蚀，无毛刺，安装牢固。
拉链	拉合滑顺，无错位、掉牙，缝合平直，边距一致。
纽扣	光滑、耐用，无锈蚀，无毛刺。
缝线	性能与面料、里料相适应。
商标	位置端正、牢固，正确、清晰。

三、缝制要求

缝制要求应符合表9-7的规定。

表9-7　缝制要求

项目	质量要求
针距	与材料性能、厚度、缝线、制作工艺、缝合强度相适应，毛皮原料缝纫线不少于7针/30mm。
针迹	自然顺直，针距均匀，上下线吻合，松紧适宜，无严重歪斜及皱翘。起落针处应有回针或打结，空针、漏针、跳针各不得超过2针，主要部位不得超过2处，总数不得超过5处。
缝纫表面	原料表面无针板及送料牙所造成的明显伤痕。接缝处应平服。
扣眼	眼位与扣相对、适宜，钉扣收线打结须牢固。

四、外观质量

外观质量应符合表 9-8 的规定。

表 9-8　外观质量

部位	质量要求
领子	领面平服，领窝圆顺，左右适宜。
肩	肩部平服，肩缝顺直，肩省长短一致，左右对称。
袖	绱袖圆顺，吃势均匀，两袖长短一致，相差不大于 5mm；两袖口大小（宽度）相差不大于 5mm。
门襟、内襟	止口顺直平挺，松紧适宜，门襟不短于内襟，长短相差不大于 5mm。
背叉、摆叉	不吊、不歪，平服，长短相差不大于 5mm。
口袋	左右袋高低、前后对称，袋盖与袋宽相适宜，相差不大于 3mm。
扣眼	长短宽窄一致，扣眼对应边距相等，不歪斜，相差不大于 2mm。
袢	左右高低、长短一致，不歪斜，牢固，相差不大于 3mm。
腰头	面、里、衬平服，松紧适宜。
前、后裆	口圆、平服。
串带	长短、宽窄一致，相称，高低相差不大于 3mm。
裤腿	两裤腿长短、肥瘦一致，相差不大于 5mm。两裤脚口大小（宽度）相差不大于 5mm。
夹里	与面料相适应，坐势松紧适宜。
整体要求	整体成衣色泽相称，毛绒大小、粗细、花型相遂，中背对齐，排节对齐，串刀、加革宽窄均匀相称。主要部位毛针无明显钩针、断针、脱针、落绒现象。周身平服，松紧适宜，不得打裥、吊紧或拔宽，黏合衬部位无严重开胶，整体不得有污渍、烫痕、划破、吊扣、拉链头脱落损毁、严重异味等。

五、试验方法

（一）仪器与条件

钢质直尺（最小刻度 0.5mm、1mm）；钢质卷尺（最小刻度 1mm）；检验台；照度（不低于 750lx）。

（二）型号和规格

型号按 GB/T 1335.1—2008 和 GB/T 1335.2—2008 的规定进行检验。

当相关方对规格及允许偏差（表 9-9）有异议时，按设计规定及表 9-10 进行检验。

表 9-9　规格允许偏差

部位名称	允许偏差（mm）
衣长	±10
胸围	±15

（续表）

部位名称	允许偏差（mm）
袖长	±10
总肩宽	±8
领围	±8
裤长、裙长	±15
腰围	±10

表 9–10　测量方法

部位名称	测量方法
前衣长	由领侧最高点垂直量至底部。
后衣长	由后领中点垂直量至底部。
胸围	扣好纽扣或拉好拉链，正面摊平，沿袖窿底缝横量乘以"2"。
袖长	从袖子最高点量至袖口边，从后领接缝中点量至袖口边。
总肩宽	从左肩袖接缝处量至右肩袖接缝处（背心包括挂肩边）。
领围	领子摊平横量，立领量上口，其他领量下口。
裤长	由腰上口沿侧缝摊平垂直量至裤脚口。
裙长	由腰上口垂直量至底边最下端。
腰围	扣好裤扣，拉好拉链，正面摊平，沿腰宽中间横量乘以"2"。

注：特殊款式按设计规定。

（三）毛皮原料（含皮革、毛革）

在裁缝、制作以前，按 GB/T 19941、GB/T 19942、QB/T 1280、QB/T 1284、QB/T 1286、QB/T 1872、QB/T 2536、QB/T 2923、QB/T 4203、QB/T 4366 等标准规定进行检验。

（四）针距

用钢质直尺在成品任意部位（厚薄部位、刺绣部位除外）取 50mm 测量。

六、检验规则

以同一品种原料投产，按同一生产工艺生产出来的同一品种的产品，组成一个检验批。

（一）成品缺陷等级划分

成品缺陷等级划分以缺陷是否存在及其轻重程度为依据。

缺陷：单件产品不符合本标准所规定的要求即构成缺陷。按照产品不符合标准和对产品的使用性能、外观的影响程度，缺陷分为 3 类。

1. 轻微缺陷

轻微不符合标准的规定，但不影响产品的使用性能，对产品的外观有较小影响的缺陷称为轻微缺陷。

2. 一般缺陷

较大程度不符合标准规定，但不影响产品的使用性能，对产品的外观略有明显影响的缺陷称为一般缺陷。

3. 严重缺陷

严重降低、影响产品的基本使用功能，严重影响产品外观的缺陷称为严重缺陷。

（二）缺陷判定依据

1. 轻微缺陷

定量指标中，超过标准值50%以内（含）的缺陷；定性指标中，轻微不符合标准规定的缺陷。

2. 一般缺陷

定量指标中，超过标准值50%以上、100%以内（含）的缺陷；定性指标中，较大程度不符合标准规定的缺陷；号型标志表示方法不符合国家标准规定，均为一般缺陷。

3. 严重缺陷

定量指标中，超过标准值100%以上的缺陷；可分解有害芳香胺染料含量超标，游离甲醛含量超标；掉毛严重；严重掉色、严重色花、油腻；严重异味；破损、熨烫伤、较严重、大面积的伤残，刀伤超过厚度的1/2；使用粘合衬部位严重开胶；皮革（毛革）表面裂面、裂浆、掉浆等；成品出现15mm以上断缝纫线，拉链损坏等，均为严重缺陷。

注：定量指标—本标准中有数值规定的指标。

（三）合格判定

1. 单件判定规则

被测样品缺陷数符合以下条件之一者，则判该产品合格：

（1）严重缺陷数 = 0，一般缺陷数 = 0，轻微缺陷数≤8。

（2）严重缺陷数 = 0，一般缺陷数 = 1，轻微缺陷数≤6。

（3）严重缺陷数 = 0，一般缺陷数 = 2，轻微缺陷数≤4。

2. 批量判定规则

3件被检测样品全部达到合格品要求，则判该批产品合格。如有1件（及以上）不合格，则加倍抽样6件复验。复验中6件全部合格，则判该批产品合格。

第四节　毛皮围巾、披肩质量检验

一、规格及允许偏差

规格可根据客户需要自行设计，成品的规格以协议双方确认的设计书或实物标样为准，成品规格以 cm 表示，允许偏差应符合表 9 – 11 的规定。

表9-11　允许偏差

项目	要求（mm）	
	设计规格（长度）≤55	设计规格（长度）＞55
允许偏差	+3.0～-2.0	+4.0～-3.0
对称边长互差	≤1.5	≤3.0

二、毛皮原料

按 QB/T 1280，QB/T 1284，QB/T 1286，QB/T 2923、QB/T 4203、QB/T 4366 或有关毛皮标准选用，并符合表9-12的规定。

（一）有害物质限量

毛皮有害物质限量应符合 GB 20400 和表9-12的规定

表9-12　有害物质限量

项目	限量值	
可分解有害芳香胺染料（mg/kg）		≤30
游离甲醛（mg/kg）	婴幼儿用品	≤20
	设计规格（长度）小于等于55cm的围巾	≤75
	其他产品	≤300

注：被禁芳香胺名称见表7-2。如果4-氨基联苯和（或）2-萘胺的含量超过30mg/kg，且没有其他的证据，以现有的科学知识，尚不能断定使用了禁用偶氮染料。

（二）感官要求

皮板手感柔软、丰满、延伸性好。无僵板、响板、糟板。皮板厚薄基本均匀，皮里洁净，无肉渣，无油腻感，无异味。毛面平顺，针毛齐全，灵活松散，毛被长短、粗细基本一致，无落绒、油毛、锈毛、结毛、勾针、秃针和影响毛被的光板。染色牢固，色泽光润，无严重浮色及明显色花、色差（特殊风格产品除外）。

三、辅料和配件

辅料和配件应符合表9-13的规定。

表9-13　辅料和配件

品种	质量要求
纺织品	性能与毛皮原料相适应，收缩率应与毛皮原料相适宜，无明显跳丝，无较明显的色差、色花等缺陷，跳丝不应超过2处，每处长度不大于5mm
网片	性能与毛皮原料相适应，收缩率应与毛皮原料相适宜，无明显跳丝，无较明显的色差、色花等缺陷
卡扣/钮扣	光滑，无斑点，无锈蚀，无毛刺，松紧适宜

品种	质量要求
配件	无锈蚀，无毛刺，安装牢固。
缝线	性能与原料相适应。
商标	位置端正、牢固、正确、清晰。

四、缝制要求

缝制要求应符合表 9 – 14 的规定。

表 9 – 14　缝制要求

项目	质量要求
针距	与材料性能、厚度、缝线、制作工艺、缝合强度相适应，整皮缝纫不少于 7 针/30mm，编织定型带缝纫不少于 6 针/30mm，手针缝接毛皮条不少于 2 针/5mm
针迹	自然顺直，针距均匀，上下线吻合，松紧适宜，无严重歪斜及皱趄。起落针处应有回针或打结，空针、漏针、跳针各不应超过 2 针，总数不超过 5 处
扣眼	服位与扣相对、适宜，钉扣收线打结应牢固。装饰固定扣定位准确、牢固

五、整体要求

整体色泽相称，毛绒大小、粗细、花型相遂，开条宽窄均匀相称。整体平服、不扭曲，松紧适宜，无吊紧或拔宽。整体无污渍、扯破、严重异味等。

六、试验方法

（一）装置与条件

钢质直尺，最小刻度 0.5mm（测针距用）、1mm；钢卷尺，最小刻度 1mm。检验台（长、宽、高适度，台面平整，样品能在台上摊平）。照度（不低于 750lx）。

（二）规格及允许偏差

当相关方对规格及允许偏差有异议时检验此项。将样品摊放平直，恢复自然，应符合设计规定和表规定。

（三）毛皮原料基本要求

在裁剪、制作以前，按 GB/T 19941、GB/T 19942、QB/T 1280、QB/T 1284、QB/T 1286、QB/T 2923、QB/T 4203、QB/T 4366 等标准规定进行检验。

七、检验规则

以同品种原料投产、按同一生产工艺生产出来的同一品种的产品，组成一个检验批。

（一）成品缺陷等级划分规则

成品缺陷等级划分以缺陷是否存在及其轻重程度为依据。

单件产品不符合本标准所规定的要求即构成缺陷。按照产品不符合标准和对产品的使用性能、外观的影响程度，缺陷分为三类。

1. 轻微缺陷

轻微不符合标准的规定，但不影响产品的使用性能，对产品的外观有较小影响的缺陷称为轻微缺陷。

2. 一般缺陷

较大程度不符合标准的规定，但不影响产品的使用性能，对产品的外观略有明显影响的缺陷称为一般缺陷。

3. 严重缺陷

严重降低、影响产品的基本使用功能，严重影响产品外观的缺陷称为严重缺陷。

（二）缺陷判定依据

1. 轻微缺陷

定量指标中，超过标准值50%以内（含）的缺陷；定性指标中，轻微不符合标准规定的缺陷。

2. 一般缺陷

定量指标中，超过标准值50%以上、100%以内（含）的缺陷；定性指标中，较大程度不符合标准规定的缺陷。

3. 严重缺陷

定量指标中，超过标准值100%以上的缺陷；可分解有害芳香胺染料含量超标，游离甲醛含量超标；僵板、响板、糟板；掉毛严重；严重掉色、严重色花；油腻、严重异味；破损、熨烫伤；成品出现15mm以上断缝纫线等，均为严重缺陷。

注：定量指标——指有数值规定的指标。

八、合格判定

（一）单件判定规则

被测样品缺陷数符合以下条件之一者，则判该产品合格：

（1）严重缺陷数=0，一般缺陷数=0，轻微缺陷数≤8。

（2）严重缺陷数=0，一般缺陷数=1，轻微缺陷数≤6。

（3）严重缺陷数=0，一般缺陷数=2，轻微缺陷数≤4。

（二）批量判定规则

3件被检测样品全部达到合格品要求，则判该批产品合格。如有1件（及以上）不合格，则加倍抽样6件复验。复验中6件全部合格，则判该批产品合格。

第五节　毛皮领子质量检验

一、规格及允许偏差

规格由企业自行设计，应符合设计规定，与配套服装相适应，规格允许偏差+5mm～-3mm。

二、毛皮原料

按 QB/T 1280 ~ 1284、QB/T 1286、QB/T 2923、QB/T 4203、QB/T 4366 或有关毛皮标准选用，有害物质限量应符合 GB20400 和表 9 – 15 的规定。

表 9 – 15   有害物质限量

项目		限量值
可分解有害芳香胺染料（mg/kg）		≤30
游离甲醛（mg/kg）	婴幼儿用品	≤20
	羊剪绒	≤300
	其他产品	≤75

注：被禁芳香胺名称见表 7 – 2。如果 4 – 氨基联苯和（或）2 萘胺的含量超过 30mg/kg，且没有其他的证据，以现有的科学知识，尚不能断定使用了禁用偶氮染料。

三、感官要求

皮板手感柔软、丰满、延伸性好。无僵板、响板、焦板、糟板、夹生板。无严重刀伤，无破洞，允许内刀伤深度不超过厚度的 1/2，但应胶补。皮板厚薄基本均匀，皮里洁净，无肉渣，无油腻感，无异味。毛面平顺，针毛基本齐全，灵活松散，毛被长短、粗细基本一致，无明显掉毛、落绒（掉绒毛）、油毛、锈毛、结毛、浮毛，无影响毛被的光板。染色牢固，无明显浮色。色泽适宜，无明显色花、色差。

四、辅料和配件

辅料和配件应符合表 9 – 16 的规定。

表 9 – 16   辅料和配件

品种	质量要求
纺织品	性能与毛皮原料相适应，收缩率应与毛皮原料相适宜，无明显跳丝，跳丝不应超过 2 处，每处长度不大于 5mm。无较明显的色差、色花等缺陷
拉链	拉合滑顺，无错位、掉牙，缝合平直，边距一致
钮扣	光滑、耐用，无锈蚀，无毛刺
配件	无锈蚀，无毛刺，安装牢固
缝线	性能与原料相适应
商标	位置端正、牢固、正确、清晰

五、缝制要求

缝制要求应符合表 9 – 17 的规定。

表 9 – 17   缝制要求

项目	质量要求
针距	与材料性能、厚度、缝线、制作工艺、缝合强度相适应，针距密度不少于 7 针/30mm
针迹	自然顺直，针距均匀，上下线吻合，松紧适宜，无严重歪斜及皱趑。起落针处应有回针或打结，空针、漏针、跳针各不应超过 2 针，总数不超过 5 处
扣眼	眼位与扣相对、适宜，钉扣收线打结应牢固。装饰固定扣定位准确、牢固

六、整体要求

领面平服，领窝圆顺，左右领尖对称（特殊款式除外）、不翘；松紧适宜，不应起皱、打裥、吊紧或拔宽，整体不应有污渍、划破、烫痕、掉扣、掉勾、脱色等，无异味。

七、试验方法

（一）仪器与条件

钢质直尺，最小刻度 0.5mm（测针距用）、1mm；钢卷尺，最小刻度 1mm。检验台（长、宽、高适度，台面平整，样品能在台上摊平）。照度（不低于 750 lx）。

（二）规格允许偏差

当相关方对规格允许偏差有异议时检验此项。将样品皮板朝上，摊放平直，恢复自然，应符合设计规定。

（三）毛皮原料基本要求

在裁剪、制作以前，按 GB/T 19941、GB/T 19942、QB/T 1280、QB/T 1284、QB/T 1286、QB/T 2923、QB/T 4203、QB/T 4366 等标准规定进行检验。

（四）针距

用钢直尺在成品任意部位（厚薄部位、刺绣部位除外）取 50mm 测量。

八、检验规则

以同品种原料投产、按同一生产工艺生产出来的同一品种的产品，组成一个检验批。

（一）成品缺陷等级划分

成品缺陷等级划分以缺陷是否存在及其轻重程度为依据。

单件产品不符合本标准所规定的要求即构成缺陷。按照产品不符合标准和对产品的使用性能、外观的影响程度，缺陷分为三类。

1. 轻微缺陷

轻微不符合标准的规定，但不影响产品的使用性能，对产品的外观有较小影响的缺陷称为轻微缺陷。

2. 一般缺陷

较大程度不符合标准的规定，但不影响产品的使用性能，对产品的外观有略明显影响的缺陷称为一般缺陷。

3. 严重缺陷

严重降低、影响产品的基本使用功能，严重影响产品外观的缺陷称为严重缺陷。

（二）缺陷判定依据

1. 轻微缺陷

定量指标中，超过标准值50%以内（含）的缺陷；定性指标中，轻微不符合标准规定的缺陷。

2. 一般缺陷

定量指标中，超过标准值50%以上、100%以内（含）的缺陷；定性指标中，较大程度不符合标准规定的缺陷。

3. 严重缺陷

定量指标中，超过标准值100%以上的缺陷；可分解有害芳香胺染料含量超标，游离甲醛含量超标；僵板、响板、糟板；掉毛严重；严重掉色、严重色花；油腻、严重异味；破损、熨烫伤；成品出现15mm以上断缝纫线等，均为严重缺陷。

注：定量指标—指有数值规定的指标。

九、合格判定

（一）单件判定规则

被测样品缺陷数符合以下条件之一者，则判该产品合格：

（1）严重缺陷数=0，一般缺陷数0，轻微缺陷数≤4。

（2）严重缺陷数=0，一般缺陷数=1，轻微缺陷数≤6。

（二）批量判定规则

3件被检测样品全部达到合格品要求，则判该批产品合格。如有1件（及以上）不合格，则加倍抽样6件复验。复验中如只有1件不合格，则判该批产品合格。

第六节 皮褥子质量检验

一、湖羊皮褥子等级

（1）甲级——毛中短色泽光润，花纹波浪形；或卷花，片花形。

（2）乙级——毛中长色泽光润，花弯波浪形；或卷花、片花形，或毛较短而细，花纹欠明显，或毛略粗花纹明显。

（3）丙级——毛长，卷花或片花形，或毛小花形隐暗，或花细。

规格：48英寸×24英寸。

二、滩羊皮褥子等级（包括滩羔皮褥子）

（1）甲级——毛花细，花弯多，色泽光润。

（2）乙级——毛花略粗，花弯较少，色泽欠光润。

（3）丙级——毛粗根高花弯少，或色泽较差者。

三、检验

该商品是法定检验出口商品，必须经检验检疫机构检验合格后方可出口。出口湖羊、滩羊皮褥子的检验依据为SN/T0076—2010《进出口毛皮褥子检验规程》和《出口皮褥子分级暂行标准》以及合同和贸易双方确认的样品。

第七节 毛皮服装的毛皮真伪鉴别

主要通过识别毛皮服装上外露的毛与其他纤维的特点就可以鉴别毛皮服装的真伪。动物毛的形态结构与物理性能与其他纤维（纤维素纤维、矿物质纤维和合成纤维）有较大差别，以此来进行区别。下面介绍几种常用的方法：

一、捻搓试验

将纤维横置于拇指与食指之间，两指反复移动。若是毛，则会向根端方向移动。其他纤维，则无此现象。

二、燃烧试验

在检材量多的情况下使用。用此法能区别出4种未知纤维。

（一）纤维素纤维
能连续燃烧，并有纸燃味，余烬为细而软的灰黑或灰白絮状物。

（二）动物毛纤维
难以连续燃烧，有烧焦毛的气味，余烬为松而脆的黑色焦炭状。

（三）合成纤维
遇火收缩。

（四）矿物质纤维
不被燃烧。

三、10%氢氧化钠溶解试验

取检材少许，置试管内，加10%氢氧化钠溶液2~3mL，加热至沸。若是毛纤维，则逐渐软化至溶解，而纤维素纤维、矿物质纤维则无变化。

四、镜检

毛具有鳞片层、皮质层和髓质层结构，而其他纤维则无。

五、铜铵呈色溶解试验

将未知纤维分别浸泡在铜铵溶液中数分钟，加以鉴别，各纤维变化如下：

（一）棉、麻纤维

扭动、膨胀、稍溶解，不变色。

（二）蚕丝

变细，并呈蓝紫色。

（三）黏胶纤维

迅速全部溶解。

（四）合成纤维

无反应。

（五）毛纤维

呈蓝色。

第八节　毛皮成品常见缺陷

一、毛被常见缺陷

（一）配皮不良，等级毛性搭配不合理

成品裘皮服装上，尤其是主要部位，不同等级、不同毛性的皮配在一起，出现毛绒高低不平，毛密毛疏不均的现象。把服装挂在模特身上，顺光线观察，也可提起底摆转动模特，这一缺陷很容易发现。凡有伤残的皮，伤残部位有凹陷。毛低的皮条整体下陷，串刀水貂皮大衣表现为有的毛条高，有的毛条低，折光不均，明暗不匀。其他裘皮服装也因皮张等级、毛性的不同而出现光泽不均衡、不良皮凹陷的情况。

（二）毛被发暗，颜色、底绒深浅不一

不同颜色的皮或同一颜色（针毛）而底绒颜色不同的皮配在一起，就会出现服装颜色不顺、毛面发花的情况，尤其是染色毛皮的毛被，颜色深浅不一。在检验时要注意底绒的颜色，用手逆向轻握毛针或用嘴吹，观察底绒颜色是否相同，是鉴别这类缺陷的好办法。

（三）花纹搭配不协调

有些动物皮张带有花纹，在配成服装时应把花纹大小、深浅、图案类似的配在一件衣服上，否则影响整体服装的美观。

（四）做工不佳

除了大的做工毛病如领子不正，袖子前后长短不一致，底襟豁、翘外，常见的缺陷如下。

1. 排节不顺直

裘皮服装应根据做法，将排节尽可能地对齐，中脊线应从上到下贯穿一线，整皮或拼皮的同部位应当相对称，横向也应对应整齐，这样的服装穿起来才美观。

2. 刀路痕迹明显

裘皮服装在制作过程中常需走刀，但在成品大衣上刀路不应明显，串刀做法的应拼接合适，尤其是头部常有露刀现象，表面看起来和洗衣板的纹理一样。

3. 锁毛未梳出

大衣拼缝处有很深的凹痕，毛绒内陷，或裁线将毛锁住，毛面呈现出小的凹陷。这类缺点不算严重，用针梳或衣针将毛梳出或挑出即可。

4. 衣里吃纵不均

衣里做工不好，裘皮服装档次也下降。翻开门襟，看衣里吊制是否平顺，有无松紧不一，打褶起皱现象，吊牌是否齐全，名贵的大衣，衣里边应加花条。

5. 毛被的缺陷

结毛，毛绒相互缠结在一起。掉毛，毛根松动或毛从毛被上脱落。毛尖勾曲，毛被干枯粗涩，发黄，缺乏光泽和柔软性。毛被缺乏松散性和灵活性。

二、皮板常见缺陷

（一）硬板

皮板发硬，摇之发响。多见于老板、陈板、瘦板、油板等。

（二）贴板

毛皮经鞣制干燥后纤维粘贴在一起，皮板发黄发黑，干薄僵硬。

（三）糟板

皮板抗张强度很小，轻捅出洞，一撕即破，失去了针刺缝纫强度，无加工价值。

（四）缩板

毛皮经鞣制后，皮板收缩变厚，发硬，缺乏延伸性。

（五）油板

指含油脂量过多的皮张。油板主要是鞣制前脱脂不够或加脂不当，致使成品的油脂含量超过规定所造成。油板制成皮衣污染吊面衣料，长期贮存，皮板容易糟烂。

（六）返盐

在皮板表面有一层盐的结晶，并使皮板变得粗糙、沉重。

（七）裂面

毛皮鞣制干燥后，用力绷紧皮板以指甲顶划时，有轻微的开裂声。此缺陷常见于细毛羊皮、猾子皮。

第十章 动物毛皮理化性能及检测方法

第一节 动物毛皮质量检测的重要性

一、加强我国毛皮质量检测的重要性

我国目前从全球的毛皮加工中心转为销售中心，希望今后成为创新中心。目前还存在大量的家庭作坊式的小企业，还没有建立起类似西方的毛皮拍卖行制度。我国的毛皮交易主要集中在十余处原皮交易市场，这十余处原皮交易市场连接着养殖户和加工企业。根据中国毛皮产业综合性调查报告显示，尽管在毛皮动物养殖领域，政府一直在不断努力加强对农户的规范管理，特别是国家林业局已经出台了一系列行业规定和法规，但是依然缺少一个国家级的行业组织协助政府规范行业行为。毛皮加工领域缺乏政府的科学调研投入，用于研发硝染企业急需的新技术和新化学染剂，以帮助企业达到环境标准。我国裘皮制品的出口比重很大，因此国际上裘皮制品的主要消费国家和地区的政策法规会对我国裘皮制品出口产生一定影响。

全世界现有哺乳动物4 200多种，我国占12%左右，野生动物种类繁多，毛皮特征形态百千，一些物种因产地不同、生境不同、季节不同等情况，同种动物的毛皮出现不同的表现形态。千差万别的毛皮形态使毛皮鉴别困难重重。全球非法走私珍稀濒危野生动物皮张的现象日益严重，对鉴定部门在毛皮动物的物种识别、鉴定技术手段方面提出了更高的要求。随着国内外毛皮动物饲养业的迅速发展，毛皮生产和交易的数量逐年上升，同时社会经济发展及生活水平的提高，也促使市场对毛皮质量的要求进一步提升。我国亟须完善毛皮质量检验标准评价体系，以此规范毛皮市场管理。

二、现阶段我国毛皮质量检测工作中存在的问题及建议

据统计，全国毛皮生产企业中，除少部分为规模较大、技术力量雄厚的企业外，多数为个体作坊式的企业，这些小企业由于起步晚，资金相对不足，技术力量薄弱，其产品质量极不稳定，虽然这些企业对当地的经济发展做出了一定的贡献，但是，也造成了假冒伪劣产品、环境污染、无序竞争等问题。市场上也经常出现"以次充好"、"以假当真"的现象，对消费者及其整个行业带来非常恶劣的影响。动物毛皮种类的鉴别一直是广大消费者及质检部门关注的焦点，因此，必须加大行业的产品质量安全检测工作。加强行业管理，扶优限劣，凡是不具备生产条件，没有检测手段，而且产品质量低劣的，要坚决予以关闭。对于形成一定规模且产品质量不稳定的企业，要限期整改，使其生产条件和检验手段符合相应的要求。对于设备优良、工艺先进、管理科学，而且产品质量优良的企业，要

给予大力支持。在全行业积极推广和应用先进的生产工艺、鞣制技术，使毛皮行业整体向质量优、成本低、效益高的方向发展。此外，成立中国毛皮行业协会，全国性行业协会可以加强行业技术交流，促进行业指导，维护企业在进出口中的利益，进而从整体上提高我国毛皮行业产品质量，推动全国毛皮生产企业持续健康发展。

另外，目前我国对毛皮动物的物种鉴定、皮张的真伪、等级和品质等方面缺乏统一的检验鉴定方法和标准，没有统一的毛皮检验鉴定的内容与方法，缺乏完善的皮张及被毛来源动物物种的形态学鉴定，即在进行物种鉴定时，应该综合运用皮张的花纹特征、张幅、尾长、尾型、尾长占张幅比例、尾环周长、被毛类型，毛的颜色、长度、细度、鳞片类型及排列顺序、各鳞片类型所占比例、髓质花纹类型、髓质细度、髓质指数等形态学指标，使其可以有效地鉴别物种种类；在毛皮质量检验时，目前，可以参照的国家标准和行业标准不是特别的完善，有相当一部分标准是从外国标准演化而来，没有充分考虑我国的毛皮动物的自身特点，以及我国产毛皮的特有性质。比如，在毛皮种类鉴别时，目前，可参照的标准只有 QB/T 1261—1991 及 GB/T 16988—1997。QB/T 1261—1991 标准仅针对毛皮的工业术语进行了解释，包括如何对毛皮进行命名等，但对毛皮种类的鉴别方法没有提及。而 GB/T 16988—1997 标准仅介绍了羊毛和兔毛的显微镜鉴别法，而市面上出现较多的如水貂毛皮、狐狸毛皮、貉子毛皮等的鉴别方法没有提及。检测标准的不完善，造成了毛皮市场的混乱，导致大量的毛皮产品未经检验便流入市场。目前，国内相关研究部门也在积极研究毛皮检测的方法，但这些方法主要依赖于检验人员对动物毛皮的认知及经验，检测结果的主观干扰性很大，对于一些形态较为接近的毛皮或经过特殊处理工艺的样品鉴定，还存在着很多的疑点和难点。因此非常有必要进一步加强毛皮检测技术的开发，不断完善我国毛皮检测的相关国家标准和行业标准。

第二节　我国动物毛皮检测现状

一、我国动物毛皮检测的总体概况

目前国内外毛皮检测的指标主要包括物理指标和化学指标两大方面。通过这些指标可以初步判断毛皮的质量，方法有宏观观察法、显微镜观察法、DNA 分析法和近红外光谱法等。所有动物的毛都有其基本的形态和结构，而不同的动物在毛的形态上（如长短、粗细以及色泽等）又表现出很多的差异。人们通过对动物毛皮种类特征、生存环境和性别差异、颜色差异、季节差异的熟悉，根据不同动物皮张的大小、皮板厚度、毛密度、毛长度、毛的平齐度、灵活度、润滑度以及尾长与体长的比例等检测来评价毛皮的质量。宏观观察法对检验人员的专业知识及专业背景要求较高，大部分检测经验都是"只能意会，难以言传"，一个毛皮检验员需要对几十万张，甚至上百万张毛皮进行"眼看、手摸、嘴吹"的实践后，才能具备一定的检验能力。该方法比较依赖于检验者的经验，检验结果的主观性很强、准确度因人而异。

随着国家经济的发展和生产工艺、技术的提高，总的来看，我国毛皮产品质量在不断提高，一些影响产品质量的技术难题也正在逐步得到解决。但我们在检验工作中也发现，目前我国毛皮产品质量还存在一些急待解决的问题，主要有：有些产品的 pH 值超标，收缩温度、抗张强度、负荷伸长率偏低，有害物质残留比较严重等。导致这些问题的主要原因是生产工艺落后，工序条件控制不科学，对原材料质量把关不严等。

二、我国毛皮质量标准现状

我国有关毛皮的标准有基础标准、方法标准、产品标准和检验规程四大类。基础标准包括毛皮及其制品相关的名词术语，通用法则等；方法标准包括毛皮及其制品的外观特性、物理机构性能、化学组成等技术指标的分析测试方法；产品标准主要是规定毛皮产品的技术规格和性能要求的标准；检验规程是将产品标准和方法标准合二为一的标准。基础标准和方法标准最终都为产品标准服务，每个产品标准都需要相应的若干基础标准和方法标准作支持。我国的毛皮标准基本上都是推荐性标准，只有个别的强制性标准。截至2014年，我国共有毛皮及其制品包括毛皮服装标准共168项，其中，国家标准（GB）34项，出入境检验检疫行业标准（SN）38项，轻工行业标准（QB）96项。形成了以产品标准为主体，以基础标准和方法标准相配套的毛皮标准体系。从数量上基本满足了毛皮生产贸易的需要。中华人民共和国工业和信息化部发布2012年第55号公告，发布372项行业标准，已于2013-03-01实施，其中毛皮、纸板标准20项，涉及毛皮物理、化学试验方法，对旧标准的更新幅度大。

三、我国毛皮质量标准存在的问题

（一）标准严重老化

我国与皮革毛皮相关的国家标准有34项，其中1990年之前颁布的（标龄24年以上）15项，占44.12%，1990年到1997年颁布的（标龄17~24年）19项，占55.88%；进出口检验检疫行业标准（SN）38项，其中，1990年到1997年颁布的（标龄17~24年）21项，占55.3%，1998年到2001年颁布的（标龄13~16年）9项，占23.7%，2003年颁布的（标龄11年）8项，占21.0%；轻工行业标准（QB）96项，其中，1990年到1997年颁布的（标龄17~24年）64项，占66.7%，1998年到2001年颁布的（标龄13~16年）27项，占28.1%，2002年至2004年颁布的（标龄10~13年）5项，占5.2%。据2013年国家清理统计结果，我国国家标准平均标龄10.2年。而发达国家平均标龄为3~5年，也就是说，我国毛皮质量标准中，100%的国家标准，66.7%的轻工行业标准，55.3%的进出口检验检疫标准均超过我国国家标准的平均标龄。100%的国家标准，94.8%的轻工行业标准，79.0%的进出口检验检疫标准超过发达国家平均标龄。由此可见，我国毛皮质量标准已严重老化，无法适应快节奏的市场经济和毛皮国际贸易的需要。

（二）检测技术落后质量安全标准不健全

我国的毛皮检测方法标准技术含量低，检测手段落后，特别是生皮、鲜皮、板皮、裘皮原料皮仍然采用对照标样眼观、手摸等原始的感官检验方法，检验结果受人为因素影响大，很难保证检验结果的科学可靠，而且相关标准衔接不上。比如，水貂皮、狐狸皮等裘皮毛色检验需要标准色卡，可是这个标准色卡到目前为止仍然没有颁布，严重影响了检测结果的准确性和标准的操作性。毛皮特别是原料皮属于动物性产品，具有传播疫病的风险，比如某些人畜共患传染病如口蹄疫、禽流感、布氏杆菌病、炭疽、沙门氏菌、寄生虫病、皮肤病等。另外毛皮原料皮在剥取、存贮、运输中可能受各种致病菌的污染，比如绿浓杆菌、金黄色葡萄球菌、溶血性链球菌、还原亚硫酸盐的梭状芽孢杆菌和嗜中温需氧菌等。这些病菌有可能生成强大的芽孢很容易对人体造成伤害。另外，杀虫剂、防腐剂、防霉剂的残留是造成毛皮原料皮质量安全的重要因素，这些药物毒性大，难降解，并具有较强的起始活性和残留活性，接触皮肤后易被人体吸收，或通过呼吸道、消化道被人体吸收，引起中毒，威胁人体健康。在成品革和鞣制毛皮中六价铬、甲醛、禁用偶氮染料等有害物质超标等都给人类的健康造成了威胁。因此，近年来，毛皮、皮革的质量安全越来越受到重视。许多国际组织和国家相继制定了一些质量安全标准。我国是世界毛皮、皮革生产、消费大国，每年要进口大量的毛皮、皮革原料皮。但是，到目前为止，我国对毛皮、皮革特别是原料皮的安全卫生标准几乎空白。既不能有效地控制国外劣质产品流进我国，也不能保护我国从业人员的身体健康以及畜牧业的健康发展。因此，毛皮、皮革质量安全标准的制定是非常迫切和急需的。比如，毛皮、皮革、原料皮中致病菌含量限定及测定方法标准；毛皮、皮革、原料皮中微生物检测方法；毛皮、皮革中有毒有害化学残留物含量限定及检测方法标准；毛皮、皮革生产安全技术规范。

第三节　毛皮的物理性能

一、厚度和宽度

毛皮的厚度不仅与其本身的厚度和纤维编织疏密程度有关系，也与其受到的压力有关系，当压力增加时，其厚度相应地减少，这种现象对皮纤维编织疏松的皮板更为显著。QB/T 1268—1991《毛皮成品 试片厚度和宽度的测定》是测定毛皮厚度的标准。厚度值是测定毛皮抗张强度、伸长率等检测项目的基础数据，其结果的准确度不仅对本身试验结果产生影响，还会影响到其他试验结果。在检测工作中，毛皮表面的毛被会对样品厚度造成影响。

二、色牢度

毛皮色牢度是指毛皮的颜色对在加工和使用过程中各种作用的抵抗力，根据试样的变色和未染色贴衬织物的沾色来评定牢度等级，毛皮色牢度测试是毛皮内在质量测试中一项常规检测项目，根据试样的变色和未染色贴衬织物的沾色来评定牢度等级。毛皮在其使用过程中会受到光照、洗涤、熨烫、汗渍、摩擦和化学药剂等各种外界的作用，有些印染毛皮还经过特殊的整理加工，如树脂整理、阻燃整理、砂洗、磨毛等，这就要求印染毛皮的色泽相对保持一定牢度。色牢度好与差，直接涉及人体的健康安全，色牢度差的产品在穿着过程中，碰到雨水、汗水就会造成毛皮上的颜料脱落褪色，则其中染料的分子和重金属离子等都有可能通过皮肤被人体吸收而危害人体皮肤的健康，另一方面还会影响穿在身上的其他服装被沾色，或者与其他衣物洗涤时染脏其他衣物。

（一）染色牢度

所谓染色牢度（简称色牢度），是指毛皮在使用或加工过程中，经受外部因素（挤压、摩擦、水洗、雨淋、暴晒、光照、海水浸渍、唾液浸渍、水渍、汗渍等等）作用下的褪色程度，是毛皮的一项重要指标。因毛皮在加工和使用过程中所受的条件差别很大，要求各不相同，故现行的试验方法大部分都是按作用的环境及条件进行模拟试验或综合试验，所以染色牢度的试验方法内容相当广泛。但纵观国际标准组织（ISO）、美国染色家和化学家协会（AATCC）、日本（JIS）、英国（BS）等诸多标准，最常用的还是耐洗、耐光、耐摩擦及耐汗渍、耐熨烫、耐气候等项。而在实际工作中，主要是根据产品的最终用途及产品标准来确定检测项目。

（二）水洗色牢度

水洗色牢度是将试样与标准品缝合在一起，经洗涤、清洗和干燥，在合适的温度、碱度、漂白和摩擦条件下进行洗涤，使在较短的时间内获得测试结果。其间的摩擦作用是通过小浴比和适当数量的不锈钢珠的翻滚、撞击来完成的，用灰卡进行评级，得出测试结果。不同的测试方法有不同的温度、碱度、漂白和摩擦条件及试样尺寸，具体的要根据测试标准和客户要求来选择。一般水洗色牢度较差的颜色有翠蓝、艳蓝、黑大红、藏青等。

（三）摩擦色牢度

将试样放在摩擦色牢度仪上，在一定压力上用标准摩擦白布与之摩擦一定的次数，每组试样均需做干摩擦色牢度与湿摩擦色牢度两种试验。对标准摩擦白布上所沾的颜色用灰卡进行评级，所得的级数就是所测的摩擦色牢度。

（四）日晒色牢度

毛皮在使用时通常是暴露在光线下的，光能破坏染料从而导致"褪色"，使有色毛皮变色，一般变浅、发暗，有些也会出现色光改变，所以就需要对色牢度进行测试。日晒色牢度测试，就是将试样与不同牢度级数的蓝色羊毛标准布一起放在规定条件下进行日光暴晒，将试样与蓝色羊毛布进行对比，评定耐光色牢度，蓝色羊毛标准布级数越高越耐光。

（五）汗渍色牢度

将试样与标准贴衬织物缝合在一起，放在汗渍液中处理后，夹在耐汗渍色牢度仪上，放于烘箱中恒温干燥，用灰卡进行评级，得到测试结果。不同的测试方法有不同的汗渍液配比、不同的试样大小、不同的测试温度和时间。

（六）压烫色牢度

将干试样用棉贴衬织物覆盖后，在规定温度和压力的加热装置中受压一定时间，然后用灰色样卡评定试样的变色和贴衬织物的沾色。热压烫色牢度有干压、潮压、湿压，具体要根据不同的客户要求和测试标准选择测试方法。

三、透水汽性

毛皮的透水汽性能，是在规定温度时的湿度差下，单位面积毛皮上所透过的水蒸汽量，是指毛皮让水蒸气从湿度较大的空气透到湿度较小的空气中的能力，也指单位时间内所透过毛皮的水蒸气的量。但它并不是一个简单的物理过程，当水分子进入试样时，由于水分子是有极性的，所以，就会与亲水基发生化学反应，形成氢键，使水分子的进入和透出达到动态平衡。所以，从宏观的角度来看，透水性测试是物理与化学相结合的过程，它是"渗"和"透"的结合过程。测定透水汽性能指标，是在标准温湿度下，经一定时间透过单位面积材料的水汽量来确定。

四、抗张强度和伸长率

抗张强度，即抗拉强度，又称拉伸强度，扯断强度，表示单位面积的破碎力。材料或构件受拉力时抵抗破坏的能力，可用强度极限来表示，是毛皮机械性能的一项指标，单位为牛顿/平方厘米（N/cm^2）或帕斯卡（Pa）。抗张强度是指试样被拉伸断裂时承受最大载荷与试样横断面积的比值。

毛皮的抗张强度＝皮样断裂时的负荷（N）/皮样的横切面积（mm^2）

各种毛皮都被规定有应达到的抗张强度指标，如铬鞣黄牛皮正鞋面革的抗张强度为≥20N/mm^2。

五、撕裂强度和伸长率

毛皮的物理性能是毛皮质量的重要方面，而抗张强度、撕裂强度和伸长率是其中3项重要的物理参数。实际上，三者都是反映毛皮对拉力的承受能力。抗张强度是指毛皮试样在受到拉伸被拉断时，在断点处单位横截面上所能承受的最大的力，而伸长率是此时伸长的长度与原长度之比。撕裂强度是指试样孔的直边部分受到与之垂直方向相反的力的作用，试样被撕裂时的最大力（即为撕裂力）。三者之间存在某种关联。毛皮是非均一性的物料，来自不同路别，不同种类的原料皮制成的毛皮性能差异很大；同一张毛皮不同部位的组织构造也不尽相同，这样就给毛皮性能表征带来困难。长期以来，标准多规定在一个固定的标准部位分别取样测试。但是，当毛皮制成制品（比如羊皮服装）进入市场，商检部门进行抽检时，往往取成品服装上最薄弱的部位进行测试，指标却执行成品革的标准，这样就造成混乱。有关部门制定了成品服装的标准，但标准值如何确定则缺少了数据基础。毛皮不同部位、不同方向的物理机械性能差异到底有多大，长期以来只是停留在定性的描述上，而没有具体的定量数据。

六、收缩温度

毛皮的收缩温度是指毛皮试样在加热的水（或者甘油）中开始收缩时的溶液温度。毛皮收缩后，减少了胶原纤维的链间横键，失去了定向力，使键结构的排列发生了变化，导致物理机械性能降低。事实上，从热力学的角度看，毛皮的热收缩过程是一个焓增、熵增的过程。通过对毛皮收缩温度的测定，可反映出被测毛皮的鞣制情况和耐湿热稳定性，同时有助于确定毛皮的可加工性及检验某一化工材料对毛皮的耐湿热稳定性是否产生贡献。检测此收缩温度值具有相当重要的价值，只有精确测定毛皮的收缩温度，才能了解毛皮的耐湿热稳定性，了解不同工艺过程及化工材料对毛皮性能和质量的影响；只有准确地测定出毛皮的收缩温度，才能使毛皮加工者根据要求来指导毛皮制品的生产工艺，进而满足消费者对毛皮制品的高质量需求；同时也为毛皮科学研究人员研究毛皮的物理、化学性能等提供了良好的基础。

随着一些科研机构的开发、研制与改进，毛皮收缩温度检测的仪器结构、测定方法与测量精确度都得到了很大的提高，这将有利于毛皮行业的进一步发展。20世纪80年代初期，一些单位使用自制的简易收缩温度测定仪，这种仪器操作不便，需要分析人员眼盯守护，费时费事，更主要的是其形状多样，重锤质量不一，加热方式多采用电炉，还有用煤炉加热的，升温速度不能很好地控制等，这样测出的结果就无法准确、一致。1984年，汤清莲研制了适用于毛皮的收缩温度测定仪，用弹簧作为拉力装置，采取试样横置水浴的方式进行收缩温度的测量。1990年，MNTYSALO，ESA和MNTYSALO，AKI介绍了一种使用计算机、可同时测量 12 个毛皮试样的测定仪，温度均衡器保证样品温度精确在 1℃以内。此时国内用来检测毛皮收缩温度的仪器主要有 GJ901 型和 SW-I 型。GJ901 型是一种采用指针读数，可以由表盘上面的刻度，将读数换算为毛皮试样的收缩量，然后进行加热试验操作，同时观察指针是否到达已换算好的刻度处，当指针到达时记录温度计值，此温度值就是试验中毛皮的收缩温度。通常被称为第一代的 GJ901 型和 SW-I 型毛皮收缩温度检测仪存在着一些缺陷，例如：一次只可以检测一个试样，效率低。由于人为的读数误差和水温恒速上升这一指标的不易实现等，使得测量精确度不高；并且采用比较落后的加热方式，存在着一些不安全因素。近年来，随着毛皮行业的迅速发展，一些单位研制了几种类型的毛皮收缩温度测定仪器，较典型的有成都市桦明实业有限公司研制生产的"Hg收缩温度记录仪"，山东纺织研究所研制的"PS-83"型毛皮收缩温度测定仪等。但是在实验室及工厂里使用的还是比较落后的 GJ901 型指针式测量仪器。

七、柔软度

柔软度也是毛皮成品中不可忽视的一个重要指标，毛被的柔软度目前尚无测试仪器。国外一般采用毛的细度（微米）与毛的长度（毫米）之比作为柔软系数来表示。柔软系数越小，则表明毛越细，也就是越柔软。我国一般采用感官法，即采用揉搓和弯曲皮板的方法进行鉴定。

八、毛稠密度

一般以每平方厘米皮板面积上毛的根数来表示，它可利用显微镜来测定。当皮板面积收缩时，毛的稠密度增大。

九、保温性能

它取决于各种毛皮的毛内空气量、毛间空气层的厚度以及毛被的稠密度等。一般毛被越厚，毛间的空气越多，则毛被的保温性能越好；毛越细、越稠密，保温性能越好。毛越短、底绒稀少、毛被空薄的皮，保温性能越差。

第四节　毛皮的化学性能

毛皮及制品中含有多种有毒有害物质，会给人类健康和环境造成危害。我国是毛皮及制品的生产、进出口以及消费大国，但目前我国涉及毛皮及制品中有害物质限量要求的技术标准只有 GB20400—2006《皮革和毛皮有害物质限量》，涉及安全卫生、生态有毒有害物质的种类较少，与国际上发达国家有关毛皮及制品有毒有害物质限制的法规、指令和技术标准比较有较大差距。为了保障我国皮革、毛皮及制品消费者的身体健康和环境安全并与国际标准发展相适应，必须加强对我国毛皮及制品中有毒有害物质限量的研究，参考发达国家有关毛皮及制品有毒有害物质限制的法规、指令和技术标准，确定我国毛皮及制品中应控制的有毒有害物质的项目，研究相关的试验方法标准并进行系统验证试验，提出我国毛皮及制品中应控制的有毒有害物质限量的技术指标，为制修订相应的国家标准提供依据，为我国毛皮及制品生产企业提供技术规范要求，促进我国毛皮及制品产业转型升级。

按照我国目前毛皮及制品生产企业的实际情况，毛皮及制品中应控制的有毒有害物质项目为：可分解有害芳香胺染料、五氯苯酚（PCP）、2，3，5，6-四氯苯酚（TCP）、六价铬 Cr（VI）、游离甲醛、富马酸二甲酯和全氟辛烷磺酸盐等。

一、可分解有害芳香胺染料

（一）简介

可分解有害芳香胺染料即偶氮染料（azo dyes），偶氮基两端连接芳基的一类有机化合物，是在毛皮印染工艺中应用最广泛的一类合成染料，用于多种天然和合成纤维的染色和印花，也用于油漆、塑料、橡胶等的着色。在特殊条件下，它能分解产生 20 多种致癌芳香胺，经过活化作用改变人体的 DNA 结构引起病变和诱发癌症。1859 年 J，P. 格里斯发现了第一个重氮化合物并制备了第一个偶氮染料—苯胺黄。偶氮染料包括酸性、碱性、直接、媒染、分散、活性染料以及有机颜料等。按分子中所含偶氮基数目可分为单偶氮、双偶氮、三偶氮和多偶氮染料。单偶氮染料：$Ar-N = N-Ar-OH$（NH_2）；双偶氮染料：$Ar_1-N = N-Ar_2-N = N-Ar_3$；三偶氮染料：$Ar_1-N = N-Ar_2-N = N-Ar_3-N = N-Ar_4$，式中 Ar 为芳基。随着偶氮基数目的增加，染料的颜色加深。偶氮是染料中形成基础颜色的物质，如果摒弃了偶氮结构，那么大部分染料基础颜色将无法生成。有少数偶氮结构的染料品种在化学反应分解中可能产生以下 24 种致癌芳香胺物质，属于欧盟禁用的。这些禁用的偶氮染料品种占全部偶氮染料的 5% 左右，而且并非所有的偶氮结构的染料都被禁用。受禁的只是经还原会释出法规指定的 24 种芳香胺类的偶氮染料。这 24 种致癌芳香胺包括：①4-氨基联苯；②联苯胺；③4-氯-2-甲基苯胺；④2-萘胺；⑤4-氨基-3，2′-二甲基偶氮苯；⑥2-氨基-4-硝基甲苯；⑦2，4-二氢基苯甲醚；⑧4-氯苯胺；⑨4，4′-二氨基二苯甲烷；⑩3，3′-二氯联苯胺；⑪3，3′-二甲氧基联苯胺；⑫3，3′-二甲基联苯胺；⑬3，3′-二甲基-4，4′-二氨基二苯甲烷；⑭2-甲氧基-5-甲基苯胺；⑮4，4′-亚甲基-二（2-氯苯胺）；⑯4，4′-二氨基二苯醚；⑰4，4′-二氨基二苯硫醚；⑱2-甲基苯胺；⑲2，4-二氨基甲苯；⑳2，4，5-三甲基苯胺；㉑2-甲氧基苯胺；㉒4-氨基偶氮苯；㉓2，4-二甲基苯胺；㉔2，6-二甲基苯胺。

（二）危害性

含有这些受禁偶氮染料染色的毛皮或其他消费品与人体皮肤长期接触后，会与人体代谢过程中释放的汗液等成分混合并产生还原反应形成致癌的芳香胺化合物，这种化合物会被人体吸收，经过一系列活化作用使人体细胞的 DNA 发生结构与功能的变化，成为人体病变的诱因。鉴于此，1994 年德国政府正式在"食品及日用消费品"法规中，禁止某些偶氮染料使用于长期与皮肤接触的消费品，并于 1996 年 4 月实行；荷兰政府也于 1996 年 8 月制定了类似的法规；法国和澳大利亚正草拟同类的法例；我国国家质检总局亦于 2002 年草拟了"纺织品基本安全技术要求"的国家标准。自 1994 年 7 月 15 日德国政府颁布禁用部分染料法令以来，世界各国的染料界都在致力于禁用染料替代品的研究。

（三）国内外检测情况

随着各国对环境和生态保护要求的不断提高，禁用染料的范围不断扩大，欧盟近期已连续发布禁用偶氮染料法规，一旦禁令生效，对我国这样一个毛皮及毛皮制品出口大国的影响不言而喻。面对咄咄逼人的"绿色壁垒"，国内染料行业加紧替代产品的技术开发已刻不容缓。2002 年 9 月 11 日欧盟委员会发出第六十一号令，禁止使用在还原条件下分解会产生 22 种致癌芳香胺的偶氮染料，并规定 2003 年 9 月 11 日之后，在欧盟 15 个成员国市场上销售的欧盟自产或从第三国进口的有关产品中，所含会分解产生 22 种致癌芳香胺的偶氮染料含量不得超过 3.0×10^{-6} 的限量。2003 年 1 月 6 日，欧盟委员会进一步发出 2003 年第三号令，规定在欧盟的纺织品、服装和皮革制品市场上禁止使用和销售偶氮染料，并将于 2004 年 6 月 30 日生效。另外蓝色素是一种新的禁止使用的偶氮染料，这种铬酸盐类的蓝色偶氮染料，对水中鱼和其他水中生物有较大的毒性，而且很难生物降解，指令要求禁止销售和使用该染料对毛皮和皮革的染色，目前我国尚未有相关的检测方法。

二、五氯苯酚和四氯苯酚

（一）简介

五氯苯酚是一种白色粉末或晶体，分子结构式见图 10 - 1，相对密度 1.978（22℃），熔点 190℃，沸点 310℃（分解），几乎不溶于水，溶于稀碱液、乙醇、丙酮、乙醚、苯、卡必醇、溶纤剂等，微溶于烃类，与氢氧化钠生成白色结晶状五氯酚钠。有机毒品，可通过皮肤吸收，对肝、肾有损害。误食会中毒，严重时导致死亡。五氯苯酚（PCP）是一种重要的防腐剂，它能阻止真菌的生长、抑制细菌的腐蚀作用，长期以来均被用作皮革品和木材的防霉剂，对防治霉菌与一般虫类（如白蚁）均有效，其钠盐用于消灭血吸虫中间宿主钉螺和防治稗草等。对鱼类等水生物动物敏感，水中含量达 0.1 ~ 0.5mg/kg 即致死。

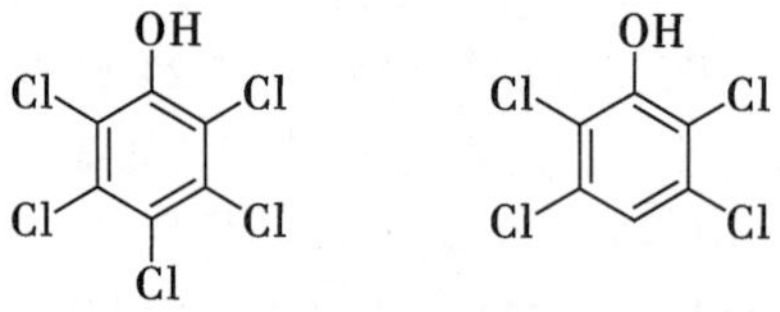

图 10 - 1　五氯苯酚和四氯苯酚分子结构

四氯苯酚的苯环上有五个取代基，其中有四个是氯原子，一个是羟基，有卤代烃的通性，有酚的通性。能被氧化。纯品为白色晶体（工业品为黄色或粉红色晶体，有不愉快的刺激性气味。熔点 43 ~ 44℃，沸点 220℃，相对密度 $1.2651g/cm^3$，折射率 1.5579，闪点 121℃。几乎不溶于水，溶于苯、乙醇、乙醚、甘油、氯仿、固定油和挥发油，溶解性：2.7g/100mL（20℃），用于合成染料中性艳绿 BL、医药安妥明及农药等，也可用作精制矿物油的溶剂。其毒性较大，严重刺激结膜和泪管。受热放出有毒氯气。资料报道，有致突变作用。LD_{50}：140mg/kg（大鼠经口）；485mg/kg（大鼠经皮）。

（二）危害性及国内外检测现状

在过去的十年，医学研究发现若经常与含五氯苯酚（PCP）的产品接触，极有可能影响人体健康，其症状包括头痛、腹痛、呕吐及对中央神经系统有所损害。德国政府已规定产品含有五氯苯酚（PCP）的成分不得高于 5mg/kg，这条例应用于各种曾受 PCP 及 PCP 化合物处理过的产品，如手袋和手表带等。所有出口到德国市场的产品，必须通过 PCP 及其化合物测试。中国的生态纺织标准和国际生态纺织协会的 oeko-tex 标准均对纺织品中的 PCP 残留量规定了不得超过 0.5mg/kg（婴幼儿用品不得超过 0.05mg/kg）的限量。五氯苯酚可作为毛皮制品中防腐剂使用。五氯苯酚可能含有在合成过程中生成的高毒性的氯化二苯并二噁英等副产物，氯化二苯并二噁英具有强致癌、致畸和致突变作用，世界卫生组织已经将其列为高危险度农药并逐渐禁用。德国食品、饲料、消费品法限制五氯苯酚在毛皮中的应用，限量为 5mg/kg。

三、甲醛和戊二醛

（一）甲醛

1. 简介

甲醛是一种无色、有强烈刺激性气味的气体，易溶于水、醇和醚，甲醛在常温下是气态，通常以水溶液形式出现，35%～40% 的甲醛水溶液叫做福尔马林，能与水、乙醇、丙酮等有机溶剂按任意比例混溶。分子结构式见图 10-2。

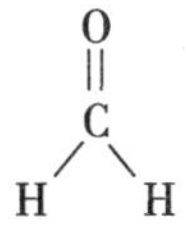

图 10-2 甲醛分子结构

甲醛分子中有醛基能发生缩聚反应，可以得到酚醛树脂（电木）。液体在较冷时久贮易混浊，在低温时则形成三聚甲醛沉淀。蒸发时有一部分甲醛逸出，但多数变成三聚甲醛。该品为强还原剂，在微量碱性时还原性更强。在空气中能缓慢氧化成甲酸。醛的化学式为 H_2CO。甲醛除 H_2CO 外还存在其他形式：三聚甲醛和多聚甲醛。甲醛是甲烷及碳化物氧化或燃烧的中间产物。森林大火、汽车尾气、香烟中都发现有甲醛。大气中的甲醛来自于阳光和氧气与大气中的甲烷和其他碳氢化物反应，因此它是烟雾污染的一部分。

2. 甲醛的危害性及国内外检测现状

甲醛的主要危害表现为对皮肤黏膜的刺激作用，甲醛在室内达到一定浓度时，人就有不适感，大于 $0.08mg/m^3$ 的甲醛浓度可引起眼红、眼痒、咽喉不适或疼痛、声音嘶哑、打喷嚏、胸闷、气喘、皮炎等。新装修的房间甲醛含量较高，是众多疾病的主要诱因。LD_{50}：800mg/kg（大鼠经口）；700mg/kg（兔经皮）。甲醛浓度过高会引起急性中毒，表现为咽喉烧灼痛、呼吸困难、肺水肿、过敏性皮炎、肝转氨酶升高、黄疸等。甲醛有刺激性气味，低浓度即可嗅到，人对甲醛的嗅觉阈通常是 $0.06～0.07mg/m^3$，但有较大的个体差异性，有人可达 $2.66mg/m^3$。长期、低浓度接触甲醛会引起头痛、头晕、乏力、感觉障碍、免疫力降低，并可出现瞌睡、记忆力减退或神经衰弱、精神抑郁；慢性中毒对呼吸系统的危害也是巨大的，长期接触甲醛可引发呼吸功能障碍和肝中毒性病变，表现为肝细胞损伤、肝辐射能异常等。2010 年来发现，醛能引起哺乳动物细胞核的基因突变、染色体损伤。甲醛与其他多环芳烃有联合作用，如与苯并芘的联合作用会使毒性增强。研究动物发现，大鼠暴露于 $15~\mu g/m^3$ 甲醛的环境中 11 个月，可致鼻癌。美国国家癌症研究所 2009 年 5 月 12 日公布的一项最新研究成果显示，频繁接触甲醛的化工厂工人死于血癌、淋巴癌等癌症的几率比接触甲醛机会较少的工人高很多。研究人员分析，长期接触甲醛增大了患上霍奇金淋巴瘤、多发性骨髓瘤、骨髓性白血病等特殊癌症的几率。日本的 112 法案对家庭用品中甲醛含量进行了严格限制，一般婴儿鞋：≤20mg/kg；其他鞋：≤75mg/kg。欧盟生态鞋类标准规定，鞋类皮革部件中的游离或可部分水解的甲醛含量不得超过 150mg/kg。我国强制性标准 GB20400—2006 对甲醛亦有严格要求，规定：婴幼儿用品

（24 个月以内）≤20mg/kg；直接接触皮肤的产品≤75mg/kg；非直接接触皮肤的产品≤ 300mg/kg。

（二）戊二醛

1. 简介

戊二醛是带有刺激性特殊气味的无色或淡黄色透明状液体，密度（g/mL，20℃）：1.06，熔点（℃）：-6，纯戊二醛熔点约 -14，沸点（℃）：187 ~ 189（分解），沸点（℃，常压）：101，沸点（℃，1.33kPa）：71 ~ 72，折光率（25℃）：1.4338，分子结构见图 10 - 3。

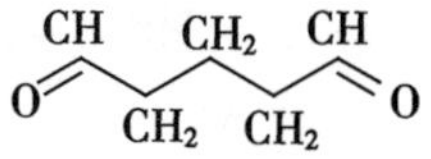

图 10 - 3 戊二醛分子结构

常用作杀菌剂，也用于毛皮鞣制。本品可燃，具强刺激性。遇明火、高热可燃。与强氧化剂接触可发生化学反应。其蒸气比空气重，能在较低处扩散到相当远的地方，遇火源会着火回燃。容易自聚，聚合反应随着温度的上升而急骤加剧。若遇高热，容器内压增大，有开裂和爆炸的危险。由于其独特的化学性能，逐渐成为无铬鞣中重要的原材料。用其鞣皮可使皮手感柔软，革身丰满不松面，使皮革具有耐碱、耐汗、耐洗涤和一定的耐湿热性能。同时，戊二醛与铬鞣剂及植物鞣剂具有相容性，也可以进行结合鞣制，因此在制革和毛皮领域得到了较为广泛的应用。

2. 戊二醛危害性

近年来戊二醛的毒性、刺激性和对环境的污染也逐渐引起人们的注意，其具有明显的黏膜毒性和皮肤刺激性，接触戊二醛的人员可出现不同程度的打喷嚏、头痛、流泪、皮疹和慢性咳嗽。它对小动物有突变异种现象，因此被视为致癌物。对环境有危害，对水体可造成污染。在欧盟日用消费品无有害物质的生态标签中，戊二醛被列为禁止使用的有毒有害物质。

四、富马酸二甲酯

（一）简介

富马酸二甲酯简称为 DMF，为白色鳞片状结晶体，稍有辛辣味，溶于醇、醚、氯仿等溶剂中，微溶于水，熔点：101 ~ 104℃，沸点：193℃，相对密度：1.37g/cm³。分子结构式见图 10 - 4。

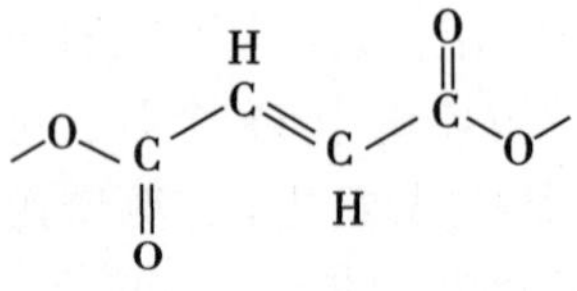

图 10 - 4 富马酸二甲酯分子结构

它具有低毒（LD_{50} 大白鼠口服为 2 240mg/kg）、高效、广谱抗菌的特点，对霉菌有特殊的抑菌效果，可应用于面包、饲料、化妆品、鱼、肉、蔬菜及毛皮的防霉，DMF 用于面包的防霉效果大大优于丙酸钙。据国内研究表明，DMF 具有较好的抗真菌能力，对于饲料的防霉效果优于丙酸盐、山梨酸及苯甲酸等酸性防腐剂，在含富马酸二甲酯500～800mg/kg 的 PDA 培养基中对许多霉菌及细菌起到完全抑制作用。富马酸二甲酯的抑菌活性体为富马酸二甲酯的分子状态，处于分子状态的富马酸二甲酯能穿透微生物的细胞膜，进入细胞中，从而发挥其抑菌作用。富马酸二甲酯进入微生物体内之后，能够抑制微生物细胞的分裂，并通过对三羧酸循环（TCAC）磷酸己糖途径（HMP）和醇解途径（EMP）的酶活性的抑制来抑制微生物呼吸作用，从而使微生物的生长繁殖被有效控制。富马酸二甲酯被用来治疗牛皮癣。在人体组织中具有亲脂性和流动性，但是因为是一种 α，β-不饱和酯，可迅速与解毒剂谷胱甘肽发生 Michael 加成反应。

(二) 富马酸二甲酯危害性

已经发现富马酸二甲酯在很低浓度时就会引起过敏，产生湿疹很难治愈，低浓度（大约 1mg/kg）就可能产生过敏反应。

(三) 国内外检测现状

从 2008 年 10 月起，欧盟方面就陆续通报了多起因消费者接触含有富马酸二甲酯的鞋、皮沙发等而产生皮肤过敏、急性湿疹及灼伤的案例，使其受到了广泛关注。欧盟也在此后进行了研究和分析，并最终出台了上述草案及限量标准。在欧盟草案通过之前，法国、比利时已采取了具体措施，禁止进口和销售含富马酸二甲酯的鞋和座椅。欧盟 REACH 法规已将富马酸二甲酯纳入到限制物质清单中，且限量要求：≤0.1mg/kg。2009 年 1 月 29 日欧盟成员国通过了"保证含有富马酸二甲酯的消费品不会投放欧洲市场"的决议草案，该决议于 2009 年 5 月 1 日正式生效。草案明确规定，如果消费品或其部件中富马酸二甲酯的含量超过了 0.1mg/kg，或者产品本身已声明了其富马酸二甲酯的含量，就将被认定为"含有富马酸二甲酯"的产品，其将禁止进入欧盟市场流通和销售。西班牙也出台规定，禁止任何接触到皮肤的产品含有富马酸二甲酯。而且已有多批中国产品因富马酸二甲酯含量超标被法国等国扣留。富马酸二甲酯在国内产品中的应用十分广泛，相当多的鞋类、皮革家具及家纺等产品都会在包装中放入含该成分的防潮袋，用于防潮防霉。而在浙江省，温州、海宁等地的皮革类产品是传统的外贸出口产品，仅温州一地，其 2008 年鞋类产品出口就达到了 2.76 亿美元。纺织品更是浙江的出口优势产品，每年约有 400 亿的出口量。因此，欧盟此次对所有含富马酸二甲酯的消费品颁布禁令，势必将给我国相关行业带来很大的不利影响。面对该禁令的巨大挑战，检验检疫部门提醒相关出口企业应及时进行调整，换用更为环保和健康的防潮防霉产品，以符合草案的要求，并积极与国外客户进行沟通，减少草案对产品出口的影响。时下检验检疫部门也将对辖区内的相关企业加强检验和监管，避免不合格产品运至欧盟后，造成更大的经济和声誉上的损失。

五、全氟辛烷磺酸盐

(一) 简介

全氟辛酸（PFOA）有 8 个碳，是具有多种工业用途的人造酸，分子结构式见图 10 - 5。呈强酸性，在水中能完全解离与强氧化剂及还原剂不起反应，有较高界面活性，与纯碱反应生成盐，与伯醇、仲醇反应生成酯，加热至 250℃时分解，并放出有毒气体，蒸气对眼睛、黏膜及皮肤有刺激性。PFOA 能够命名它自己或它的主要盐类（全氟辛酸铵）。

全氟辛烷磺酸盐是一种相关化合物，可用于表面活性剂，全氟辛烷磺酸盐（PFOS）

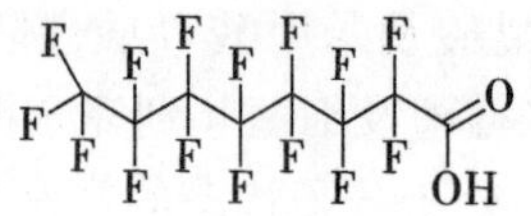

图 10-5　全氟辛酸分子结构示意图

的阴离子化学式是 $C_8F_{17}SO_3$。它是全氟辛烷磺酸的共轭碱，该阴离子盐用于表面活性剂，PFOS 可能只用在产品的某些部分、或部分涂层中，比如纺织品，但是特殊的辛烷磺酸盐是禁用的。根据经济合作与发展组织 2002 年的研究表明 PFOS 在环境中很难被降解，具有蓄积性，对人体有毒。建立危险评估以减少环境中 PFOS 对人体健康的危害。PFOS 属于全氟系表面活性剂，对于化学、热、光线（紫外线）非常稳定。它们有卓越的防污、防油和防水性。因此，PFOS 可用于包装材料、地毯、纺织品、皮革和家具的表面整饰。聚合物与基体有稳定的化学连接可防止被水洗脱（比如纺织地毯）。全氟表面活性剂也可用在化妆品、颜料、植物保护剂和灭火器中。PFOS 有机表面活性剂是氟原子取代碳骨架上的氢原子，较稳定的分子结构使得它具有较强的生物积聚性和毒性。氟和碳的化学键是最稳定的化学键之一。某些多氟化合物如 PFOS 几乎是不可能破坏的，PFOS 不是天然的，因其特殊性能而由工业化生产出来的，并用于多种产品。

（二）全氟辛烷磺酸盐的危害性

PFOS 被归为致癌物，在许多纺织品、皮革和机电产品中都有 PFOS 的身影，尤其是 PFOS 在纺织业中存在的范围很广，它是纺织品和皮革制品防污处理剂的主要活性成分。任何需要印染以及后整理的纺织品都需经过它前处理洗涤，另外如抗紫外线、抗菌等功能性整理后所使用的助剂也含有 PFOS，它还能在地毯和衣物中作为最后一道保护膜。同其他全氟化合物一样，PFOA 是一种人工合成物质，不能在环境中自然产生是目前世界上发现的最难降解的有机污染物，且具有很高的生物蓄积性和多种毒性。作为一种新出现的持久性有机污染物（Persistent Organic Pollutants，POPs，又称为持久有毒化学污染物，Persistent Toxic Substances，PTS），PFOS 已引起了国际环境保护组织、各国政府和民众的高度关注。研究表明，PFOS 可以在有机生物体内聚积。已有诸多证据表明，水生食物链生物对 PFOS 有较强的富积作用。鱼类对 PFOS 的浓缩倍数为 500~12 000 倍。研究发现，彩虹鲑鱼在受到相关浓度的 PFOS 影响后，其肝脏和血清中表现出的生物累积系数分别为 2 900 和 3 100。水中的 PFOS 通过水生生物的富积作用和食物链向包括人类在内的高位生物转移。目前，在高等动物体内已发现了高浓度 PFOS 的存在，且生物体内的蓄积水平高于已知的有机氯农药和二噁英等持久性有机污染物的数百倍至数千倍，成为继多氯联苯、有机氯农药和二噁英之后，一种新的持久性的环境污染物。对各地的主要食肉动物的数据的监测表明，全氟辛烷磺酸的含量很高，表明全氟辛烷磺酸具有很高的生物累积和生物放大的特性。各种哺乳动物、鸟类和鱼类的生物放大系数在两个营养层次之间从 22 到 160 不等。在北极熊肝脏里测量到的全氟辛烷磺酸的浓度超过了所有其他已知的各种有机卤素的浓度。据 EPA、欧洲、日本及我国研究机构的研究结果表明：PFOS 及其衍生物通过呼吸道吸入和通过饮用水、食物等途径摄入，却很难被生物体排出，尤其最终富集于人体、生物体中的血、肝、肾、脑中。有关专家对 PFOS 的毒性研究发现，PFOS 具有肝脏毒性，影响脂肪代谢，使实验动物精子数减少、畸形精子数增加；引起机体多个脏器官内的过氧化产物增加，造成氧化损伤，直接或间接地损害遗传物质，引发肿瘤；PFOS 破坏中枢神经系统内兴奋性和抑制性氨基酸水平的平衡，使动物更容易兴奋和激怒；延迟幼龄动物的生长发育，影响记忆和条件反射弧的建立；降低血清中甲状腺激素水平。大量的调查研究发现，PFOS 具有遗传毒性、雄性生殖毒性、神经毒性、发育毒性和内分泌干扰作用等多种毒性，同时美国国家环保局科学顾问委员会有关报告中将 PFOS 描述为"可能的（likely）致癌物"，被认为是一类具有全身多器脏毒性的环境污染物。

（三）全氟辛烷磺酸盐的国内外监管状况

基于 PFOS 物质具有持久性、高度生物累积性、有毒以及可以远距离环境迁移的特点等原因，2000 年，美国主要生产 PFOS 的厂家宣布禁止生产和应用该类物质，引起了公众、环境科学界及发达国家和国际组织对 PFOS 的关注，丹麦在 2001 年出台了相关的 PFOS 检测监控条例；2002 年 12 月，OECD 召开的第三十四次化学品委员会联合会议上将 PFOS 定义为持久存在于环境、具有生物储蓄性并对人类有害的物质。依据欧盟部长理事会（EEC）793/93 号《关于评估和控制现有物质危险性的法规》，英国向欧委会提交了 PFOS 危险评估报告和减少 PFOS 危害的策略以及该策略的影响评估。欧盟健康与环境危险科学委员会（SCHER）对英国提交的策略进行了科学性方面的审查，于 2005 年 3 月 18 日确认了 PFOS 的危害性。基于上述原因，欧委会于 2005 年 12 月 5 日提出了关于限制全氟辛烷磺酸基化合物销售及使用的建议和指令草案，并对该建议实施的成本、益处、平衡性、合法性等方面进行了评估。2006 年 10 月 30 日，欧洲议会通过了该草案，2006 年 12 月 12 日指令草案最终获得部长理事会批准，2006 年 12 月 27 日，欧洲议会和部长理事会联合发布《关于限制全氟辛烷销售及使用的指令》，并同时生效，过渡期为 18 个月，该指令已于 2008 年 6 月 27 日正式实施。我国目前还没有相关的毛皮中全氟辛烷磺酸盐残留的检测标准，应该尽快地制定相关的检测标准。

六、重金属

（一）简介

有些毛皮制品中含有镍、铅、镉、铬等重金属元素，这些重金属对人体健康有害。如：镍能够导致肺癌或者皮肤过敏，钴能够导致皮肤和心脏病。少量的镉和铅进入机体即可通过生物放大作用和生物沉积，对肾、肺、肝、脑、骨等产生一系列的损伤。重金属对儿童的损害尤为重要，因为儿童对重金属的吸收能力远高于成人。毛皮加工过程中使用了染料和助剂，如各种金属络合染料、阻燃剂等，都可能使毛皮中含有这些重金属。这里主要介绍铬的危害。

铬对鞣制毛皮起着很重要的作用，可以使毛皮柔软富有弹性，因此是必不可少的一种鞣剂。铬有两种价态存在，分别为三价铬和六价铬，三价铬对人没有危害，但在一定的情况下被氧化后产生的六价铬却是一种对人体有害的致癌物，六价铬的产生主要与工艺技术有关，欧洲一些国家的毛皮制造商（如意大利、西班牙）在铬处理方面做得比较好，虽然他们也会用到含铬的鞣剂，但在具体的工艺操作上控制得比较好，几乎检测不到六价铬。（金属在部份染料中的含量是各不相同的，某些金属是必不可少的，但高浓度时则对人体有相当大的危害。比如说镍超标可以导致肺癌的发生，六价铬超标可破坏人体的血液，其含量须小于 3mg/kg，tecp 小于 0.5mg/kg，其他化学物质如 Polychlorinated biphenyls，PCB 多氯化联苯基三丁基锡 TBT 是不能含有的。

六价铬为吞入性毒物/吸入性极毒物，皮肤接触可能导致敏感；更可能造成遗传性基因缺陷，吸入可能致癌，对环境有持久危险性。但这些是六价铬的特性，铬金属、三价或四价铬并不具有这些毒性。六价铬是很容易被人体吸收的，它可通过消化、呼吸道、皮肤及黏膜侵入人体。有报道，通过呼吸空气中含有不同浓度的铬酸酐时有不同程度的沙哑、鼻黏膜萎缩，严重时还可使鼻中隔穿孔和支气管扩张等，经消化道侵入时可引起呕吐、腹痛，经皮肤侵入时会产生皮炎和湿疹。危害最大的是长期或短期接触或吸入时有致癌危险。

（二）重金属的危害及国内外检测状况

目前已有人对毛皮制品中重金属含量的检测进行了研究，用石墨炉原子吸收光谱法、火焰原子吸收法、电感耦合等离子发射光谱法等，对毛皮中的铅、镉等重金属元素进行了检测。有进出口毛皮及毛皮制品相关标准中，铅、镉含量的测定—火焰原子吸收光谱法。欧盟指令规定，在裘革制品中不得含有铅盐。要求皮革涂层材料铅砷不得检出。铬鞣一直广泛应用于制革行业，铬有多种价态，其中六价铬毒性大，有强烈的致畸、致癌作用。皮革鞣制使用的是三价铬，其毒性只有六价铬的百分之一。过去人们认为三价铬十分稳定，但最近的研究发现，在毛皮的铬鞣、保存和使用过程中，都会有三价铬被氧化为六价铬。随着人们对卫生和环保的意识不断增强，毛皮中六价铬的问题越来越引起人们的关注。德国的食品、饲料、消费品法对毛皮中的六价铬做出严格的限定，限量为 3mg/kg。丹麦已致信欧洲化学品管理局（ECHA），表达了提交限制毛皮制品中六价铬化合物的申请提议。欧洲化学品管理局（ECHA）也正在考虑将六价铬在皮革领域的应用限制纳入 REACH 法规之中。

七、塑化剂

在毛皮加工过程中使用塑化剂可以增加毛皮的防紫外线、防水等作用。我国制定的《生态纺织品技术要求》中对在直接接触皮肤用品中增加了对邻苯二甲酸二（2-乙基）己脂（即塑化剂）、邻苯二甲酸丁基苄基脂和邻苯二甲酸二丁酯总量的限量值。根据要求，婴幼儿服装塑化剂的含量不得高于 0.1mg/kg。塑化剂（增塑剂）是一种高分子材料助剂，也是环境雌激素中的酞酸酯类（PAEs phthalates），其种类繁多，最常见的品种是 DEHP（商业名称 DOP）。DEHP 化学名叫邻苯二甲酸二（2-乙基己）酯，是一种无色、无味液体，工业上应用广泛。邻苯二甲酸二（2-乙基己）酯分子结构见图 10 – 6。

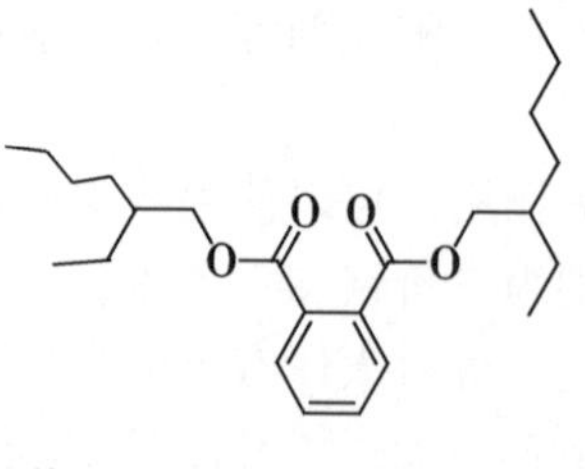

图 10 – 6　邻苯二甲酸二（2-乙基己）酯分子结构

（一）种类

塑化剂从化学结构分类有脂肪族二元酸酯类、苯二甲酸酯类（包括邻苯二甲酸酯类、对苯二甲酸酯类）、苯多酸酯类、苯甲酸酯类、多元醇酯类、氯化烃类、环氧类、柠檬酸酯类、聚酯类等多种。塑化剂产品种类多达百余种，但使用得最普遍的即是一类称为邻苯二甲酸酯类（或邻苯二甲酸盐类亦称酞酸酯）的化合物。邻苯二甲酸酯类塑化剂的常见品种包括：

（1）邻苯二甲酸二（2-乙基己）酯（DEHP）。

（2）邻苯二甲酸二辛酯（DOP）（有时亦称邻苯二甲酸二异辛酯（DiOP 或 DIOP），工业和商业上国际通行称呼 DOP 实际上特指 DEHP）。

（3）邻苯二甲酸二正辛酯（DNOP 或 DnOP）。

（4）邻苯二甲酸丁苄酯（BBP）。

（5）邻苯二甲酸二仲辛酯（DCP）。

（6）邻苯二甲酸二环己酯（DCHP）。

（7）邻苯二甲酸二丁酯（DBP）。

（8）邻苯二甲酸二异丁酯（DIBP）。

（9）邻苯二甲酸二甲酯（DMP）。

（10）邻苯二甲酸二乙酯（DEP）。

（11）邻苯二甲酸二异壬酯（DINP）。

（12）邻苯二甲酸二异癸酯（DIDP）。

（二）危害性

塑化剂种类繁多，各种塑化剂毒性数据差别很大，比较而言，氯化烃类塑化剂（氯化石蜡）因为含有感光物质（荧光物质）毒性较高，而柠檬酸酯类、环氧大豆油（ESO）塑化剂则被视为无毒塑化剂。常见的邻苯二甲酸酯（也叫酞酸酯）类中，DEHP 的毒性系数 $T = 200$，大白鼠和家兔的经口 LD_{50} 大于 3 000mg/kg 体重，因此，为低毒物质。法国癌症研究所用含本品 0.05% 的饲料饲喂四代大白鼠，结果表明本品无致畸性和致癌性。美国环境卫生署科学研究所用更大剂量 DEHP 喂养的雄性小白鼠和雄性大鼠，其输精管退化，前肢下垂体细胞肥大。猴子（猕）在多次接受含有 DEHP 的血浆后，肝组织发生病变。

其他常见邻苯二甲酸酯类塑化剂的毒性：DBP（邻苯二甲酸二丁酯）毒性系数 $T = 50$，对动物（大白鼠、家兔、狗）的经口 LD_{50} 大于 8 000mg/kg 体重，因此为无毒物质。100mg/kg 体重的剂量喂饲大白鼠五代，300mg/kg 体重和 500mg/kg 体重的剂量饲喂大白鼠三代，动物的生殖、生长曲线、组织学检查等均未出现任何异常，也无致癌性。有研究报告称，将啮齿动物暴露于 DBP 中会引起睾丸萎缩，或是生殖力下降；另有研究报告则称 DBP 有抗癌作用。DBP 在抗癌研究中具有新的药理功能，小鼠腹膜内注射 S180 细胞而不注射 DBP 时，38d 后，小鼠出现腹水肿瘤全部死亡。但注有 DBP 的 S180 细胞的小鼠存活时间延长，而且有 33.3% 的小鼠在 3 个月内很正常。骨髓悬浮液在马血清和鼠肺的培养液中加入 DBP 时，可见白血病细胞明显减少，且迅速退化。对自身移植骨髓，净化残余的癌细胞非常有效。但是其他邻苯二甲酸酯塑化剂则无此功能。

八、短链氯化烷烃

短链氯化烷烃被列为对环境有危险的物质，因为它对水生有机物是十分有害的，对水生环境有长期不利的影响。规定短链氯化烷烃浓度超过的物质不能投入市场。短链氯化烷烃多用于加脂剂中，常见的有合成牛蹄油等。欧盟指令规定，在裘革制品中不得含有氯代烷烃。含氯化合物通常用在裘革加脂阶段，由于有些加脂剂中会含有氯化石蜡，导致裘革中可能含有一些短链氯化烷烃。可利用气相色谱仪检测皮革中的短链氯化烷烃，目前我国尚未有相关的检测方法标准。

九、壬基苯酚

在毛皮浸水、脱脂和加脂剂中，有时会用到含有这类非离子表面活性剂组分的助剂，目前已经被欧盟禁用。烷基酚聚氧乙烯醚易分解为烷基酚，欧盟组织对毛皮中壬基苯酚和壬基苯酚聚氧乙烯醚做了限制。目前我国尚没有相关的标准方法制定。

十、毛皮中其他化学性能指标

（一）四氯化碳萃取物

毛皮四氯化碳萃取物是指用四氯化碳从毛皮成品中萃取出来的脂肪及其他可溶物。

（二）脂肪酸甲酯乙氧基化物

毛皮内含有油脂（R_1- COO- CH_2- CH_2- COO- R_2），特别是绵羊皮、海豹皮等多脂皮其油脂含量更是超过总毛皮重的3%。毛皮所含有的油脂，无论是在毛皮表面或是毛皮深层，都会阻碍化学品向毛皮内层的渗透，影响毛皮后续鞣制、染色及涂饰等加工的质量，而且残留的油脂在高温条件下容易水解产生的脂肪酸与后工序的 Ca^{2+}、Mg^{2+}、Si^{2+}、Cr^{3+} 等金属离子形成难溶于水的金属皂，不利于染色的均匀性，因此对于毛皮要进行彻底脱脂来保证成品的质量与等级。毛皮脱脂工艺对脱脂剂的要求越来越高，不仅要脱脂净洗效果好、低成本，而且要有较宽的使用条件范围，如要求脱脂剂具有良好的水溶性、化料简单，泡沫低、易于漂洗、减少漂洗废水，具有耐高温、耐酸碱等基本性能，以满足在不同工序中的使用。除此之外，在环保方面，还要求脱脂剂具有用量小、废水处理负荷轻、油脂易于回收等特点。净洗剂脂肪酸甲酯乙氧基化物 FMEE 是一种具有高除油脱脂力的非离子表面活性剂，其乙氧基结构存在于分子链两个不同位置，分别是由羟基和酯基同时乙氧基化获得，在同一分子式中具有酯－醚和醇－醚两种结构，具有极佳的乳化分散和渗透性能，对毛皮表面油脂以及毛皮内部汗腺和角蛋白层所含油脂的净洗性能出众。FMEE 在低温条件下（温度低于 40 ℃）具有优异的净洗性能，适用于毛皮脱脂的温度范围，FMEE 低温条件下也具有良好的水溶性、低温流动性和低泡性能，在毛皮脱脂过程中使用更加方便。

（三）pH 值

pH 值是纺织品及毛皮产品中一个涉及人体健康的有害物质限量指标，是衡量纺织品、皮革、毛皮产品安全性能的一个重要指标。人体表面呈弱酸性（pH 值约为 5.5～6.0），pH 值过高或过低都会破坏人体皮肤的酸碱平衡，破坏体表弱酸性保护层，引起皮肤瘙痒、皮炎等疾病，甚至导致皮肤溃烂。纺织产品和皮革毛皮产品的 pH 值，是通过对相关萃取液的 pH 值的测试来确定的。目前，GB/T 7573—2009《水萃取 pH 值的测定》、QB/T2724—2005《皮革 化学试验 pH 的测定》和 QB/T 1277—1991《毛皮成品 pH 的测定》三个标准分别对纺织品、皮革产品和毛皮产品 pH 值的测定作出了具体要求。

（四）总灰分

毛皮灰分是指毛皮中的固体无机物的含量，灰分一定是某种物质中的固体部分而不是气体或液体部分。在高温灼烧时，毛皮发生一系列物理和化学变化，最后有机成分挥发逸散，而无机成分（主要是无机盐和氧化物）则残留下来，这些残留物称为灰分，它标示毛皮中无机成分总量的一项指标。

我们通常所说的灰分是指总灰分（即粗灰分）包含以下 3 类灰分。

（1）水溶性灰分　可溶性的钾、钠、钙等的氧化物和盐类。

（2）水不溶性灰分　污染的泥沙和铁、铝、镁等氧化物及碱土金属的碱式磷酸盐。

（3）酸不溶性灰分　毛皮中存在的微量氧化硅等物质为各种矿物元素的氧化物。主要元素有 Ca、Mg、K、Na、Si、P、S、Fe、Al、I 等，此外，尚有微量元素，总数不少于 60 余种。进行灰分分析，可知毛皮内含有哪些无机营养元素。

第五节　动物毛皮物理性能检测方法

一、毛皮物理检测中常用的仪器

（一）毛皮、皮革厚度测定仪

厚度是国际标准 ISO 2589—1972 中规定的测试项目。该仪器主要用来测定毛皮样品的厚度。毛皮所测厚度往往随测头压力和面积的变化而变化，因此，国际标准规定用一定重量和面积的测头制造出的仪器作为标准测厚仪。目前，国内的毛皮厚度测定仪样机，完全是按国际标准规定的技术参数设计的。经试用和不断改进，此仪器目前已成为毛皮行业贯彻国家毛皮产品标准和监测毛皮产品质量不可缺少的仪器之一。这些仪器一般是用 0.01 精度的百分表在测量杆上加 370 ± 10g 的压重、然后由百分表直接读数原理制造的。仪器质轻体小，方便灵活，测厚精度可达 0.01mm，测量范围 0 ~ 10mm，只要按照皮革测试方法规定的要求去做，都可准确无误的随时测出毛皮的厚度。

（二）毛皮收缩温度测定仪

这是国际标准 ISO 3380—1975 中规定的测试项目，仪器是用来测量各种皮革及毛皮在徐徐加热的水中发生收缩时的温度，用此温度来表示皮革的鞣制特性。利用毛皮受湿热而收缩的特性，通过与试样连接的挂线和滑轮带动指针转动的原理设计了毛皮、皮革收缩温度测定仪。试制完成的样机，造型较美观，结构简单、轻便，各项技术指标符合标准规定的要求，可作为毛皮行业贯彻国家毛皮产品标准测试该项目的仪器。

（三）毛皮/皮革透水汽性测定仪

毛皮/皮革透水汽性是国际皮革化学家协会标准（IUP15）中规定的测试项目，仪器是用来测定各种类型毛皮/皮革透水汽的性能，是测定毛皮/皮革卫生性能的主要指标。本仪器是利用皮革纤维对空气中水分的吸入和排出速度很快，如果在相同的温度下，将皮革两边空气的含水量造成一定的压差，那么相对湿度较高的一边的水分就会通过毛皮/皮革进入相对湿度较低的一边的原理。

（四）毛皮/皮革颜色摩擦牢度测定仪

这是国际皮革化学家协会标准（IUP450）中规定的测试项目，仪器用来测定轻革

（毛皮）表面（粒面和涂层）颜色耐干、湿摩擦牢度，是衡量毛皮外观质量的主要指标之一。国产仪器是参照苏联的有关资料和技术参数，利用左右螺纹杆转动带动摩擦头往复运动的原理设计的，经过试用和不断改进，本仪器不仅有结构简单、体积小，重量轻，性能可靠，计数准确等优点，而且能适应整张毛皮和试样两种方法测试。

二、毛皮成品样块部位和标志

（一）技术要求

毛皮成品物理化学性能测试方法中的常用术语：

1. 毛皮成品

兽皮经过适当的软制及其他化学和物理加工后，能用于制作毛皮制品的被称为毛皮成品。

2. 生产批

同种原料皮根据生产计划的数量要求投产后，用同样的加工方法，每次所出成品的数量，即为一生产批。

3. 批样

从任何一批毛皮成品中，按规定的方法和数量取出物理化学性能测试用的整张毛皮，称为批样或样品。

4. 样块

在样品上按照规定部位、大小，切取用作物理化学性能测试的部分称为样块。

5. 试片

按照规定大小、形状用刀模截取，用作物理性能测试的毛皮小块。

6. 试样

从样块上切取下来并制成供化学分析用的小颗粒。

7. 银毛率

鉴定银黑狐毛绒品质时的专用术语。银毛率依照银黑狐身上的银色毛所占的面积而定。银色毛的分布由尾根至耳根为100%，由尾根至肩胛为75%，尾根至耳之间的一半为50%，尾根至耳之间1/4为25%。一级皮的银毛率应达到75%。

8. 黑带

鉴定银黑狐毛绒品质时的专用术语。在银黑狐脊背上针毛的黑毛尖和黑色定型毛形成的黑带。有时这种黑带虽然不明显，但用手从侧面往脊背轻微的滑动，就可看清楚。优质皮以黑带明显为宜。

9. 皮形完整

按照标准和规定皮型上唇、眼、鼻、尾和后退齐全的筒皮。

10. 正季节皮

自然饲养条件下毛被、毛质、板质均达到成熟的皮，多半是产于11月中旬至12月下旬剥取的冬皮。

（二）样块的部位

概述：样品选定后，先按规定部位切取样块。样块的表面不应有明显的各种类型的缺陷，如刮伤和剥皮伤，样块在剃毛时应注意保护粒面不受到破损。

1. 大皮类毛皮

切取样块的部位以皮的长与宽的中线的交点为中心，按图10－7所示尺寸切取 ABCD 样块。

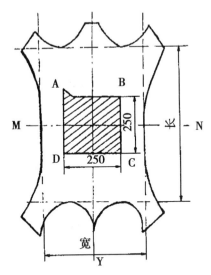

图 10－7 大皮类毛皮样块取样（单位：mm）

2. 小皮类毛皮

切取样块的部位以皮的长与宽的中线的交点为中心，按图10－8所示尺寸切取 EFGH 样块。

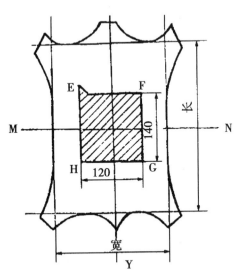

图 10－8 小皮类毛皮样块取样（单位：mm）

（三）在样块上切取试片和试样的位置

（1）大皮类毛皮按图10－9所示切取试片，余下部分供化学分析切取试样用。

（2）中皮类毛皮按图10－10所示切取试片，余下部分供化学分析切取试样用。

（3）小皮类毛皮按图10－11所示直接在样品上切取试片，皮张余下部分供化学分析

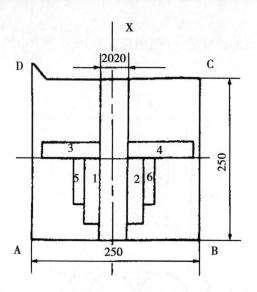

图 10 - 9   大皮类毛皮切取试片和试样（单位：mm）

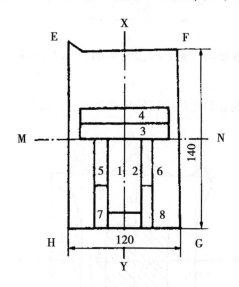

图 10 - 10   中皮类毛皮切取试片和试样（单位：mm）

切取试样用。

（四）样块的贮存

贮存样块应避免沾污。贮存的地方不应有局部热源的影响，也不应用高温调节。样块的标签应用订书器订在样块左上角上，即大皮类样块的 A 角，中皮类样块的 E 角。也可用少量浆糊、胶水贴于样块的左上角边缘，切不可涂于其他部位，以免影响测试结果的准确性。

方向的表示方法：如图 10 - 7、图 10 - 8 所示，尖角 A 及尖角 E 的方向表示头部。尖角的一边 AD 或 EH 表示左边。

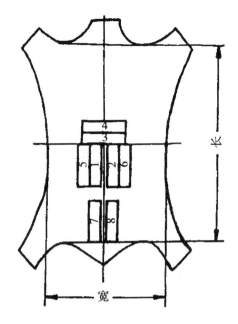

图 10 – 11　小皮类毛皮切取试片和试样（单位：mm）

三、毛皮成品抽样数量及方法

（一）毛皮抽样数

从每批毛皮成品中抽取样品的数量，大皮类按公式（1）计算，中、小皮类按公式（2）计算。

$$N = 0.2\sqrt{X} \tag{1}$$

$$N = 0.1\sqrt{X} \tag{2}$$

式中：N——取样数量（N 不足两张时，按两张取样）；

X——每批毛皮成品的数量。

（二）抽样方法

（1）抽样时，第一张样品可以从任何一张开始，顺序每隔 X/N 张取一张。如果取样时发现样品的取样部位有刀伤、虫伤或其他伤残，应取其相邻一张代替。

（2）库房存放的毛皮成品取样，可在入库后分类堆放的样品中取样。

（3）当对理化测试结果有争议时，可在同一生产批中抽取两倍原取样数 t 的皮张重新进行测定，并以第二次测试结果作为该生产批的测试数据。

四、毛皮成品物理性能测试用试片的空气调节（QB/T 1266—2012）

进行物理性能测试的试片在测试前 24 ~ 48h 内应在温度为（20 ± 2）℃，相对湿度为（65 ± 3）% 的标准空气中进行空气调节，以达到平衡，其放置应留有使空气能自由接触其表面的空隙，一般需放置 24h。

如无恒温恒湿设备，可用下述化学试剂和方法来达到所需的温湿度。

试剂：硝酸铵（化学纯）或亚硝酸钠（化学纯）的过饱和溶液或 36% 硫酸溶液。

使用方法：将上述任何一种溶液放在干燥器中，再将干燥器放入温度为（20±2）℃的恒温箱中，这样干燥器内就能达到上述的标准温度、湿度。空气调节 24h 后，将试样取出称重，然后每隔 1h 称样一次，直到连续两次所得重量差不大于样品重的 0.1%，即认为已达平衡。

注：经空气调节的试样，如不在标准空气中进行侧试，可将试样从标准空气中逐一取出检测。

五、毛皮成品试片厚度和宽度的测定（参照 QB/T 1268—2012）

（一）厚度的测定

1. 厚度测定的仪器由四个部分组成

（1）刻度表。测量范围 0~10mm，准确度 0.01mm，并有一个与刻度极为接近的指针，以减小视差。

（2）试片放置台。是一个高 3mm、直径 10mm，端面水平的圆柱体。它是直径为 50mm 圆平台中心表面上的凸出部分。

（3）压脚。是一个直径为 10mm 的圆平面，应与试片台互相平行。

（4）表架。是放置仪表的架子。

2. 测定方法

将指针对准零，压下手柄，将试片毛面向上放在试片台上，将压脚轻轻放下 5s，取读数，准确至 0.01mm.

（二）宽度的测定

采用分度为 0.5mm 的直尺或游标卡尺来测定试片的宽度。

六、毛皮色牢度的测试

毛皮色牢度的测试一般包括耐光色牢度、耐洗色牢度、耐摩擦色牢度、耐汗渍色牢度等，有时根据不同的毛皮或不同的使用环境，需要测试不同的项目。通常进行色牢度试验时，是染色物的变色程度和对贴衬物的沾色程度，对色牢度评级，除耐光色牢度为八级外，其余均为五级，级数越高，表示色牢度越好。

（一）耐日晒牢度（参照 QB/T 2925—2007）

日晒牢度是指染色的毛皮受日光作用变色的程度，其测试方法是模拟日光照晒后的试样褪色程度与标准色样进行对比，分为 8 级，8 级是最好成绩，1 级最差。日晒牢度差的毛皮切忌阳光下长时间暴晒。

1. 原理

在规定条件下，将样品放置于日晒牢度仪上晒至一定时间后，用变色灰色样卡评定其颜色变化。

2. 仪器和材料

（1）耐日晒牢度仪。

（2）灰色样卡：符合 GB/T 251 的规定。

（3）标准光源箱。

3. 实验步骤

实验条件（60±2）℃，湿度（30±3）%，测试时间20h。用黑卡纸从试样中间部位将试样不需要日晒的部分遮住，放入测试室中，开始测试。样品晒至规定时间以后，将试样取出放在阴暗处，2h后评级。使用GB/T 250规定的变色用灰色样卡目测方式在标准光源箱中判定试样的变色等级。

4. 结果评定

晒完样品置于阴暗处2h之后，对比黑卡纸遮住和未遮住部分的颜色变化，使用变色灰色样卡以目测的方式判定其等级。

（二）染色毛皮耐摩擦色牢度（参照 QB/T 2790—2006）

1. 原理

在规定压力下，用干布和湿布摩擦染色毛皮毛被，用评定沾色用灰色样卡评定摩擦布的沾色，从而判断染色毛皮耐干、湿摩擦色牢度。

2. 仪器和材料

（1）毛皮掉毛测试仪。将原毛刷换成摩擦头。摩擦头的摩擦面直径为30mm，摩擦头作直线定向运动，顺毛摩擦，往复速度26次/min，压力19 700±140 Pa，摩擦行程270mm，记数范围0～999次。

（2）灰色样卡。符合GB/T 251的规定。

（3）摩擦用布。符合GB/T 7565的规定；以及蒸馏水。

3. 试样和测试部位

试样为整张毛皮，测试整张毛皮中心部位，受摩擦部分长度：大毛皮为270mm、中毛皮为210mm，小毛皮为150mm，大、中、小毛皮的划分见QB 1263。

4. 测试步骤

染色毛皮经过摩擦后的掉色程度，可分为干态摩擦和湿态摩擦。在规定压力下，用干布和湿布摩擦染色毛皮毛被，用评定沾色用灰色样卡评定摩擦布的沾色，从而判断染色毛皮耐干、湿摩擦色牢度。

（1）干摩擦。将符合GB/T 7565的棉布裁成大小适宜的方形或圆形，包裹并固定在摩擦头上。将摩擦头代替毛刷装在DY 601型毛皮掉毛测试仪上。试样的毛被向上，平展地固定在DY 601型毛皮掉毛测试仪上，中、小皮张，选用长210mm，150mm的凸漏板固定试样。毛皮需折叠为双层的，中间用不锈钢板隔开。对于不同厚度（皮板和毛被）的毛皮，调节摩擦头架上的升降螺栓，使试验保持在同一压力下进行。校正摩擦头与试样毛被的水平，启动仪器使摩擦头在试样测试部位顺毛方向摩擦，摩擦次数为26次。

（2）湿摩擦。将摩擦布用蒸馏水浸透，使之含水量为（100±5）%，其他步骤同上，在干摩擦相邻部位进行试验。

5. 结果评定

取下干摩擦布，用灰色样卡在左侧顺光下评定摩擦布的沾色；湿摩擦待摩擦布在室温下自然干燥后，再用灰色样卡在左侧顺光下评定摩擦布的沾色。摩擦沾色不匀者，应以沾色严重处为评定标准，摩擦边圈和中间沾色有深浅显著者，应取其平均值为评定标准。

（三）耐汗渍色牢度（参照 QB/T 2924—2007）

1. 测试原理

汗渍牢度是指染色织物浸汗液后的掉色程度，将试样毛面与规定的贴衬织物缝合在一起，然后把组合试样侵泡在人工汗液中处理，放在汗渍色牢度仪中，在（37±2）℃的温度下保持 2h，再将与毛面接触的贴衬织物进行干燥。用沾色灰卡样品根据贴衬织物的沾色程度，判断毛皮的汗渍色牢度。

2. 实验仪器和材料

（1）灰色样卡。

（2）耐汗渍测试仪，负重 5N。

（3）PVC 板，60mm×60mm，厚约 6mm。

（4）烘箱，能保持（37±2）℃。

（5）贴衬织物；试液，用蒸馏水配制成汗液，配方：氯化钠（5g/L）、乳酸钠（5g/L）、甘氨酸（0.5g/L）、尿素（0.5g/L）、氨水（20%）。

3. 实验步骤

将复合样品毛面向上平铺在一块 PVC 板上，放入盛有人工汗液的汗渍色牢度仪中，使样品完全浸泡在人工汗液中，在复合样品上再放一块玻璃板，用手指均匀地轻压以除去气泡，将复合样品、玻璃板及重物固定在不锈钢样品架上。将汗渍色牢度仪移入（37±2）℃预热的烘箱中，使其恒温 2h，将复合样品移出烘箱，把试样和贴衬织物拆开，并将贴衬织物在室温下自然干燥。

4. 结果评定

使用 QB/T251 规定的沾色灰卡以目测的方式判断等级。

七、毛皮透水汽性测试方法（参照 QB/T1279—2012）

（一）测试原理

试片夹在一个内放固体干燥剂的瓶上，将瓶放在空气流速很快的空气调节室内。保持干燥剂的移动使瓶内空气循环。定时称瓶子重来测定水气通过毛皮而被干燥剂吸收的质量。试验环境条件：试验必须在温度（20±2）℃，相对湿度（65±3）%的条件下进行。

（二）仪器和试剂

（1）GJ9E1 型皮革（动态）透水汽测试仪。

（2）测试瓶。

（3）干燥剂。

GJ9E1 型皮革（动态）透水汽测试仪的结构。瓶子的大致式样如图 10－12 所示，瓶口磨成平面与瓶颈内壁垂直，瓶盖的圆洞直径和瓶颈的内径一样（30mm 左右）。

瓶夹形状像一个轮，转速（75±5）r/min，用马达带动。瓶子装在轮上，它们的轴与轮的轴相互平行并相距 67mm，见图 10－13。

在瓶口的前面装一只风扇，风扇在一个平面上有三片平的叶片，它们相互间的夹角为120°。轮轴的延长线通过叶片平面，每个叶片的尺寸为 90mm×75mm。每个叶片的 90mm 长的一边经过瓶口时，它们的最近距离不超过 15mm。风扇用马达带动，转速（1 400±100）r/min。

图 10 - 12　测定毛皮透水汽性能的瓶子式样

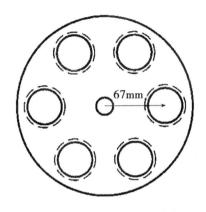

图 10 - 13　放量测定瓶的瓶夹轮子

（三）分析步骤

将一半刚干燥的硅胶放入瓶内（干燥的总量等于装满一瓶的量），将试片毛被向外固定在瓶口上，然后将瓶放进仪器的夹子里，并开动马达。用游标卡尺测出第二只瓶颈相互垂直方向的两个内径，精确到 0.1mm，标出直径的平均值 d。仪器转动 16 ~ 24h 以后，停止马达，取出第一只瓶，将留下的一半新干燥过的硅胶放入第二只瓶内，立即取下第一只瓶上的试片，毛被向外固定在第二个瓶口上。尽快称出第二个瓶（包括试片和硅胶）的重量，并记录称重时的时间，将瓶放进仪器的夹子里，开动马达，仪器转动 7 ~ 16h 以后，停止马达，取出并称重，记录称重时的时间。

（四）分析结果的计算

毛皮的透水汽性按公式（3）进行计算。

$$P = \frac{7639m}{d^2 \times t} \tag{3}$$

式中：P——透水汽性，mg/（cm^2 × h）；

　　　m——两次称重间所增加的质量，mg；

　　　t——两次称重间隔时间，min；

d——瓶内径平均值，mm。

注：用这个公式所得到的透汽性，是温度为 20℃，试片两面间的相对湿度的差是65%的透汽性，如果在恒定的温度下，改变相对湿度，大多数毛皮的透汽性的增加比例，大致与相对湿度差的比一样。在相对湿度恒定情况下，透水汽性一般随温度的增加而增加。其增加的比例与水的饱和蒸汽相同。

八、毛皮成品抗张强度的测定（参照 QB/T 1269—2012）

（一）测试原理

试片在规定温度、湿度的空气中调节后测定厚度，并在拉力机上进行伸展到断裂试验，断点单位横断面积上所承受力的负荷数，以牛顿每平方毫米表示（N/mm²）。

（二）仪器

1. 刀模

内壁表面必须光滑并与刀口所形成的表面垂直，刀模刀口锋利，并应在一个平面上，刀口部分与外表面形成的楔角应为 20 ~ 25°，如图 10 - 14 所示，其高度应大于试样厚度；

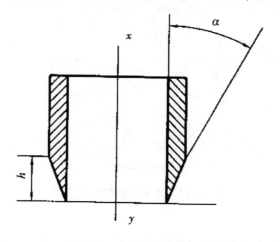

图 10 - 14　刀模

α 为楔角；h 为高程；x、y 为轴线

2. 厚度测定仪

3. 直尺

分度为 0.5mm。

4. 拉力机

最大负荷不超过 500N，夹头移动速度必须均匀，为（100 ± 10）mm/min。夹头的结构应保证试片不打滑、不位移。拉力机对试样所加的力，应落在经过校正其误差在 1% 范围以内的刻度盘上。

（三）取样

（1）大类毛皮，试样用刀模按照图 10 - 15 形状切取，进行空气调节。

（2）中、小皮类毛皮，试样用刀模按照图 10 - 16 规定形状切取，进行空气调节。

试片厚度和宽度的测定点：大皮类毛皮试片厚度和宽度的测定，测定试片中 a，b，c

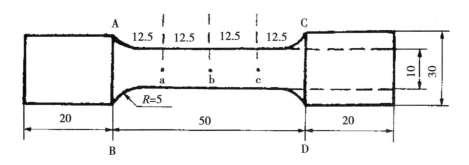

图 10 – 15　大皮类毛皮抗张强度测定取样图（单位：mm）

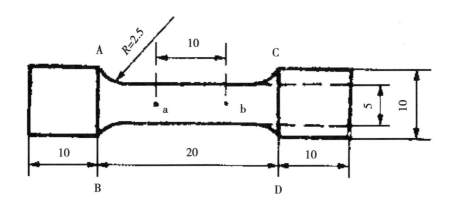

图 10 – 16　中、小皮类毛皮抗张强度测定取样图（单位：mm）

三点的厚度和宽度（见图 10 – 15）；中、小类毛皮测定 a，b 两点的厚度和宽度（见图 10 – 16）。

（四）测定方法

校正拉力机读数盘上的指针到零，将试片固定在拉力机上下夹头中，其夹口的边沿与试片对齐，使试片受力部分的长度大皮类毛皮的试片为 50mm，中小皮类毛皮的试片为 20mm，开动机器，放开制动闸，直到试片拉断为止，停止制动闸，记录断点位置及断裂负荷数。

分析结果的计算：毛皮成品抗张强度按公式（4）进行计算。

$$T = \frac{F}{S} \tag{4}$$

式中：T——抗张强度，N/mm；

　　　F——试片拉断时的读数，N；

　　　S——试片断点横断面积，mm^2。

注：断点横断面积的计算，如试样正好断在三点（大皮类毛皮）或两点（中、小类毛皮）的某一点上，则以该点的厚度计算横断面积；如果在两点之间，则以两点厚度之平均值计算横断面积。拉力机的表盘以千克（kg）表示时，其读数结果乘以 9.8，即为牛顿数（N）。

九、毛皮成品伸长率的测定（参照 QB/T 1269—2012）

（一）测试原理

规定负荷伸长率是试片在规定的温度、湿度的空气中调节后，受力部位受到 4.9N／mm^2 拉力时，受力部分所增加的长度与原长度的比，以百分率表示。断裂伸长率是试片在拉力机上被拉断时受力部分增加的长度与原长度的比，以百分率表示。试片厚度和宽度的测定同 QB/T 1269，并计算其平均值。

（二）仪器

1. 皮革拉力仪。

2. 直尺。

（三）测定方法

先计算试样横断面积在拉力为 4.9 N/mm^2 时（相当 0.5kg/mm^2）试样应承受的负荷值，将拉力机上记录用指针拨到应承受的负荷值。在测试过程中，试样受力达到 4.9 N/mm^2 时立即记录试样受力部分的长度，当试样被拉断时，立即记录两夹头之间的距离，将这一距离作为试样断裂时的长度。

（四）测定结果的计算

分析结果的计算：毛皮成品规定负荷伸长率按公式（5）进行计算。

$$E_1 = \frac{L_1 - L_0}{L_0} \times 100 \tag{5}$$

式中：E_1—— 规定负荷伸长率，%；

   L_1——试片在规定负荷时受力部位的长度，mm；

   L_0——试片受力部位原长度，mm。

毛皮成品断裂伸长率按式（6）进行计算。

$$E_2 = \frac{L_2 - L_0}{L_0} \times 100 \tag{6}$$

式中：E_2——断裂伸长率，%；

   L_2——试片受力部位断裂时的长度，mm；

   L_0——试片受力部位原长度，mm。

十、毛皮成品收缩温度的测定（参照 QB/T 1271—2012）

（一）测试原理

毛皮试片在徐徐加热的水中受热开始收缩时的温度，是表示毛皮成品耐湿热稳定性的一种特性。

（二）仪器

1. 收缩温度测定仪

其组成如图 10 - 17 所示。玻璃烧杯，容量为 500mL，直径为 10 ± 2mm；电镀铜管：直径 4mm，底端附在一根与烧杯底保持一定距离的电镀铜条上，使铜管底端封闭；半圆形刻度盘和滑轮：半圆形刻度盘直径 45mm，刻度盘上刻有分度，间隔为 1mm。另有一个直径为 10mm 滑轮，通过轴承自由转动并与半圆形刻度盘固成一体。滑轮上装有一根很轻的指针，指针在任何位置都可以保持平衡，当试片收缩，长度发生变化时，将通过滑轮带动指针转动来显示；双头钩：由铜丝制作，钩的一端用来钩住试片上端的小孔，其另一端与通过滑轮上部的线相连接。而线的另一端与装在电镀铜管内的一个重约3g的黄铜砝码相连；水银温度计：固定在烧杯上面的圆盘上，水银球位置靠近试片中间部分，不锈钢管、半圆形刻度盘及其他零件也固定在圆盘上。

2. 电热器

80～100W，具有电镀铜外套，固定在圆盘上，其下端与杯底间距离不超过30cm；

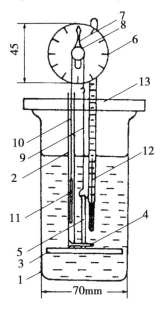

图 10－17　收缩温度测定仪

1—玻璃烧杯；2—黄铜管；3—小棍；4—小钉；5—试片；

6—刻度盘；7—指针；8—滑轮；9—双头钩；10—线；11—砝

码；12—温度计；13—盖板

3. 磁力搅拌器

要求试片上下两端的温度差不大于1℃。

（三）测试步骤

试样按 QB/T 1267 规定的部位切取试片，不同型号的仪器可以按照要求量取不同大小的试样。用收缩温度侧定仪进行测定试片尺寸为 50mm×3mm；用 SW-1 型收缩温度测定仪进行测定试片尺寸为 70mm×5mm。

将试片放入蒸馏水中浸 1h，再测收缩温度。将试片上端挂在双头钩下端，试片下端固定在小钉上，将烧杯放在磁力搅拌器上，并放入约为 30℃的（350±10）mL 蒸馏水及搅拌棒。固定好烧杯上的圆盘，开始升温，升温速度尽可能接近 20℃/min，每隔半分钟记录一次温度及相应的指针的读数，直到试片明显的收缩为止。找出指针向收缩方向移动半分度时的温度作为该试片的收缩温度，指针移动半分度相当于试片收缩约 0.3%。

注：试片预先在室温下用蒸馏水浸泡 20min，蒸馏水浴从 30℃开始升温，升速温度 4℃/min。每次测定完毕，将留点温度计甩回到 30℃左右。

十一、毛皮成品掉毛测试方法（参照 GB/T 25880—2010）

（一）原理

将试样毛被向上放在仪器上，用具有一定压力的毛刷与毛被产生定向位移摩擦，在规定次数内，其掉毛量作为毛皮试样的测量值。

（二）仪器

（1）DY 601 型毛皮掉毛测试仪：毛刷为机械传动，作直线单向摩刷运动，毛皮测试长度：270mm、210mm、150mm，毛刷往复速度：26 次/min，刷毛面积：200cm²、155.5cm²、111cm²，毛刷对毛被的压力：（$8.83 \times 10^4 \pm 40$）Pa，记数范围：1～999 次；（2）毛刷。（3）不锈钢板一块：550mm×160mm×1mm。（4）天平一台：精度0.0001g。

（1）毛刷规格。

①刷板规格：100mm×76mm×12mm；

②植毛面积：74mm×78mm；

③植毛孔径：4mm；

④植毛孔距：9（纵向）mm×5（横向）mm；

⑤每孔植毛根数：140 根；

⑥植毛孔行（列）数：纵向7行，横向15列；

⑦毛丛高度：（10±0.5）mm，毛丛质量：30～31g；

⑧猪鬃规格：黑色5英寸鬃，平均直径280μm；

⑨毛刷质量：（114±1.5）g。

（2）毛刷有下列情况之一时应立即更换。

①刷板变形；

②刷毛变形或局部脱落；

③毛刷摩刷累计达到5万次；

④新毛刷使用前应预摩2 000 次。

（三）测试技术规定

试验摩刷方向为顺毛方向。每张毛皮试验部位，如图 10－18 所示。试验时毛皮如折叠叠为双层，中间用不锈钢板隔开；摩擦次数依毛皮品种及掉毛难易而定；试验前应校正仪器和毛刷水平。更换试样时，应重新校正毛刷水平。

（四）测试步骤

试验用标准大气和调湿：温度为（20±2）℃，相对湿度为（65±3）%。测试前，将毛皮试样平铺在试验用标准大气中，调湿不少于48h。

打开仪器总开关接通电源，将计数器调至规定次数，将毛刷臂翻转向上，装上已称重量的毛刷后，向下翻转复原。抬起仪器两侧压板，固定试样。将试样平铺在工作台上，取中心位置，使顺毛方向与毛刷运动方向一致，然后放下压板将试样压紧。对于不同厚度（皮板和毛被）的毛皮的测试，调整毛刷架上的调整升降螺栓，使不同厚度的毛皮保持在同一压力下。对不足270mm 长的中、小皮张，可选用 210mm 和 150mm 长的凸漏板放在试样上，取中心位置，再进行试验。按启动开关，摩刷至规定次数时，仪器自动停止。向上翻转毛刷臂取下毛刷。将已被刷落的毛和绒收集在毛刷上合并称重，然后减去净毛刷重

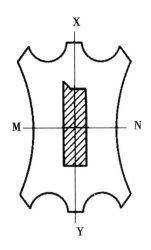

图 10 - 18 毛皮掉毛测定试验部位

即为掉毛量。

（五）分析结果

毛皮成品掉毛量按公式（7）进行计算。

$$W = \frac{W_1}{S} \times 100 \qquad (7)$$

式中：W——试样掉毛量，mg/100cm^2；

W_1——实测掉毛量，mg；

S——摩刷面积，cm^2。

十二、毛皮成品缺陷的测量和计算（QB/T 1263—1991）

（一）缺陷种类

皮板缺陷：油腻、肉渣、抓眼、破口、磨伤、硬脊、刀伤、烫伤、裂面、糟板、分层、透毛、贴板、响板、色花、脏污、掉材、张面等。

毛被缺陷：齐毛、结毛、油毛、秃毛、浮毛、粘毛、毛污、毛暗、掉色、色花、剪伤、直毛深度不足等。

（二）缺陷面积测量和计算

毛皮成品缺陷面积的计算，主要针对皮板缺陷而言。在毛被缺陷中，齐毛、秃毛、剪伤也以面积计算，其他的毛被缺陷将在成品分级中使用。测量各种缺陷面积时，以能包括缺陷的最小矩形面积计算。两个缺陷相距不超过 5cm 者，合并在一个面积内计算；缺陷宽度不足 2cm 者，按照 2cm 计算。在同一部位，有重合的两个以上缺陷，只计算缺陷较大者。

下列范围内的缺陷免予计算。

（1）大皮类（见表 10 - 1）中的一般毛皮在边沿 1cm 内的缺陷，磨铲伤面积不大于 30cm^2 者。

（2）中皮类（见表 10 - 1）中的一般毛皮在边沿 0.5cm 内的缺陷，磨铲伤面积不大于 6cm^2 者。

（3）小皮类（见表 10 - 1）中的一般毛皮磨铲伤面积不大于 $3cm^2$ 者。

（4）羊皮类毛皮。尾臀尖掉块，夹层油板和伸展、刮软操作中所产生未出破洞的制造伤。

（5）在制造过程中的扯破掉块。经修补后能保持皮形完整、毛花及毛色相遂者。

表 10 - 1 毛皮分类表

皮张分类	一般毛皮兽名称	珍贵毛皮兽名称
大皮类	绵羊、山羊、黄羊、牛犊、马驹、狗、熊、狼等	虎、豹、猞猁等
中皮类	玛瑙、青猁、黄猁、黑猁、石猫、飞鼠、旱獭、香狸、海狸、九江狸、小湖羊、狸子、猫等	三北羔、狐狸、貉子、水獭等
小皮类	树鼠、脚鼠、地鼠、兔、羔（皮）、猾（皮）、猫子等	水貂、扫雪貂、黄鼬、紫貂等

十三、毛皮阻燃性能的测定

（一）原理

对试样进行预处理，用标准火源进行表面燃烧试验，根据燃烧结果判定样品的阻燃性能。

（二）装置和材料

（1）测试箱。无顶部的立方箱体，长、宽、高均为 30.48cm，箱体板材使用厚度最少为 6.35mm 的阻燃板材，底部可移动取出，箱体用支架、螺钉等拧紧并用胶带封贴，以防气流对测试产生影响。

（2）固定框、铁板。规格 22.86cm × 22.86cm，厚度 6.35mm，中间有一圆孔，直径为 20.32cm，测试过程中将试样固定稳妥。

（3）标准火源。试剂用干燥的六次甲基四胺（乌洛托品）小球，0.149g。

注：含有少量水分的小球在刚引燃时会发生碎裂，如果碎裂较重，测定结果无效，需重新开始测试；

（4）通风烘箱。温度能够保持 105℃。

（5）干燥器。使用无水硅胶干燥剂。

（6）通风橱。每次测试过程中关闭通风装置，以防气流对测试产生影响；测试结束后开启通风装置，迅速排出烟气。

（7）吸尘器。清除试样上面的灰尘。

（8）千分尺。

（三）取样和试样的准备

1. 取样

样品应具有代表性。单张样品测试时，从皮张上截取尺寸为 22.86cm × 22.86cm 的正方形试样 4 块；批量样品测试时，随机抽取样品，使样品足够截取尺寸为 22.86cm × 22.86cm 的正方形试样 8 块。

2. 试样的准备

用吸尘器清理试样上的附着物；将试样放入烘箱中，在105℃烘干2h，用镊子将试样取出后水平放置于干燥器中。每片试样不能相互接触，冷却至室温（至少冷却1h）。

（四）测试程序

将测试箱放入通风橱内适当的位置，将试样从干燥器中取出，用干净的毛刷将正面拂拭一下，再将试样毛面向上平整地放在测试箱底部的中间位置。将固定框放置在试样上面使其刚好完全平压试样，然后在固定框圆心部位放入标准火源。用火柴或相似的火源小心在标准火源的上部引燃，从干燥器中拿出试样到开始点燃火源时间不应超过2min，否则需重新进行测定。燃烧过程结束后，开启通风装置进行通风，用千分卡尺测量固定框圆孔边缘与试样烧焦区边缘的最短距离，记录测量数据。将试样从测试箱中拿出，清理测试箱底部的残渣。在测试下一个试样前，测试箱的温度应为室温。出现下列情况之一时，试验停止。火焰或者火光熄灭并无烟冒出；火苗或闷烧位置与固定框圆孔边缘最小距离小于2.54cm.

（五）结果判定

单张样品测试，4个试样中至少有3个试样固定框圆孔边缘与试样烧焦区边缘的最短距离大于等于2.54cm，则判该样品阻燃性合格；批量样品测试，8个试样中至少有几个试样固定框圆孔边缘与试样烧焦区边缘的最短距离大于2.54cm，则判该样品阻燃性合格。

第六节　动物毛皮化学性能检测方法

一、毛皮化学试验样品的制备（参照 QB/T 1272—2012）

（一）化学分析试样的制备

样块中切取物理测试片后的剩余部分，用切粒机或剪刀将其切成长和宽均小于4mm的碎块，如数量不足，可以切取样块邻近部位补充。将切取的试样立即混合均匀，并装入清洁、干燥、密闭的磨口瓶中，并标上标签，注明试样名称、试样编号、制备时间。

（二）化学分析通则

（1）各测试项目。应同时称取两份试样，平行进行测试。

（2）各项测试的结果。应保留一位小数。

（3）平行测试的结果。在允许误差范围内时以其平均值作为测试结果，如超过允许误差时，应另取试样重作测试。

（4）报告各项测试结果时。除挥发物应为实测数据外，其余各项均以挥发物为0%进行计算。

（5）测试结果报告单。应写明各测试项目的实测含量。

二、毛皮中禁用偶氮染料的检测（参照 GB/T 19942—2005）

用于毛皮制品染色及印花工艺的部分偶氮染料可还原出对人体有致癌性的芳香胺，国家强制性标准 GB 20400—2006 列出了23种可分解有害芳香胺染料，对皮革和毛皮中的禁用偶氮染料测定按照 GB/T19942—2005 执行。毛皮中偶氮染料中间体的检验由于毛皮中存在大量脂肪，会对样品的萃取和分离产生影响，所以前处理较为复杂。在这些检测标准方法中，样品的前处理基本相同，都是加入正己烷进行超声萃取，这样就能够消除大量油脂带来的影响。一般采用气质联用仪对其进行检测，但通常会出现一些疑似结果，例如很多情况下，仪器检测到的是禁用偶氮染料的同分异构体，而非是规定的禁用偶氮染料，尤其在测量毛皮样品时，这样就影响结果判断，这时可用液相色谱仪进行检测。而使用气质联用仪检测到偶氮染料时，可用其对可疑的样品进行定性定量检测，准确地判断所检样品是否含有禁用偶氮染料，并且准确给予定量。

（一）原理

试样经过脱脂后置于一个密闭的容器，在 70 ℃温度下，在缓冲液（pH 值 6）中用连二亚硫酸钠处理，还原裂解产生的胺通过硅藻土柱的液 – 液萃取，提取到叔丁基甲基醚中，在温和的条件下，用真空旋转蒸发器浓缩用于萃取的叔丁基甲基醚，并将残留物溶解在适当的溶剂中，利用测定胺的方法进行测定。胺的测定采用具有二极管阵列检测器的高效液相色谱（HPLC/DAD），薄层色谱（TLC），气相色谱/火焰离子检测器（GC/FID）和质谱检测器（MSD），或通过带有二极管阵列检测器的毛细管电泳（CE/DAD）测定。胺应通过至少两种色谱分离方法确认，以避免因干扰物质（例如同分异构体的胺）产生的误解和不正确的表述。胺的定量通过具有二极管阵列检测器的高效液相色谱（HPLC/DAD）来完成。

（二）仪器和设备

（1）玻璃反应器。耐高温，可密封。

（2）恒温水浴或沙浴（海沙，0.1 ~ 0.3 mm）。有控温装置；

（3）温度计。在 70℃时能精确到 0.5℃。

（4）容量瓶。

（5）提取柱。聚丙烯或玻璃柱，内径 25 ~ 30 mm，长 140 ~ 150 mm，末端装有多孔的、颗粒状硅藻土（约 20 g，轻击玻璃柱，使装填结实）。

（6）聚乙烯或聚丙烯注射器。2 mL。

（7）真空旋转蒸发器。

（8）移液管。1 mL、2 mL、5 mL、10 mL。

（9）超声波浴。有控温装置。

（10）圆底烧瓶。100 mL，具有标准磨口。

（11）分析仪器。带自动显示器的 HPTLC 或 TLC；带 DAD 的毛细管电泳；GC 毛细管色谱柱，分流/不分流进样口，最好带 MSD；具有梯度控制的 HPLC，最好带 DAD 或 HPLC-MS。

（12）光密度计。

（三）试剂

（1）甲醇；叔丁基甲基醚。

（2）连二亚硫酸钠，纯度≥87%。

（3）连二亚硫酸钠溶液，200 mg/L，用时新鲜配制。

（4）正己烷。

（5）芳香胺标准品，23 种禁用芳香胺，最高纯度。

（6）芳香胺储备液，400mg/L 乙酸乙酯溶液，用于 TLC。

（7）芳香胺储备液，200mg/L 甲醇溶液，用于 GC，HPLC，CE。

（8）柠檬酸盐缓冲液，0.06M，pH 值 6 预加热至 70℃。

（9）芳香胺标准溶液，30 μg（胺）/mL（溶剂），操作控制用，根据分析方法从储备液中制备；20% 氢氧化钠甲醇溶液，20g 氢氧化钠溶于 100mL 甲醇中。

（10）蒸馏水或去离子水，符合 GB/T 6682—1992 中三级水的规定。

（四）试验方法

1. 脱脂

称取 1.0g 试样，用毛皮切粒机切碎后置于 50mL 磨口具塞玻璃反应器中，加入 20mL 正己烷，置于 40 ℃的超声波水浴中超声处理 20min，滗掉正己烷（操作动作要缓慢，不要损失试样）；再用 20mL 正己烷按同方法处理一次。脱脂后，试样在敞口的容器中放置过夜，挥干正己烷。

2. 还原裂解

待试验中的正己烷完全挥干后，加入 17mL 预热至（70±5）℃的柠檬酸盐缓冲溶液，盖紧塞子后轻轻振摇使试样充分湿润，在通风柜中将其置于已预热到（70±2）℃的水浴中加热震荡（25±5）min。用移液器加入 1.5mL 连二亚硫酸钠溶液，保持（70±2）℃，保温振荡 10min；再加 1.5mL 连二亚硫酸钠溶液，继续保温振荡 10min 取出，反应器在 1min 内冷却到室温。

3. 液液萃取

用一根玻璃棒将纤维物质尽量挤干，将全部反应溶液小心转移至硅藻土提取柱中，静置吸收 15min。加入 5mL 叔丁基甲醚和 1mL 20% 的氢氧化钠甲醇溶液于留有试样的反应容器里，旋紧盖子，充分振摇后立即将溶液转移到提取柱中（如试样严重结块则用玻璃棒将其捣散）。分别用 15mL，20mL 叔丁基甲醚两次冲洗反应容器和试样，每次洗涤后，将液体完全转移至硅藻土提取柱中开始洗提胺，最后直接加入 40mL 叔丁基甲醚至提取柱中，将洗提液收集于 100mL 圆底烧瓶中，在真空旋转蒸发器（50℃，500Mbar）上将叔丁基甲醚提取液浓缩至近 1mL。将样液转移至离心管中，随后加入 2mL 叔丁基甲醚充分清洗圆底烧瓶内壁，并全部转移至离心管中。将离心管中的样液用缓氮气吹干。直接加入 2mL 甲醇至离心管中溶解残渣，并用涡旋混匀器混匀，在 4 000r/min 的离心机上进行离心，提取上层清液于样品瓶中进行仪器分析。

（五）色谱分析

1. 高效液相色谱（HPLC）定性分析和定量分析

（1）洗提液 1。甲醇。

（2）洗提液 2。0.575g 磷酸二氢胺 + 0.7g 磷酸氢二钠，溶于 1 000 mL 水中，pH = 6.9。

（3）固定相。LiChrospher 60 RP selectB（5μm）250mm × 4.6mm。

（4）柱温。400℃。

（5）流速。0.8 ~ 1.0mL/min。

（6）梯度。起始用 15% 流动相 1，在 45min 内线性转变为 80% 流动相 1。

（7）进样量。10 μL。

（8）检测器。DAD 240nm、280nm、305nm。

2. 毛细管气相色谱（GC）定性色谱分析

（1）毛细管柱。中等极性，如 SE54 或 DB5，长 50m，内径 0.32mm，膜厚 0.5μm。

（2）进样口。分流/不分流。

（3）进样口温度。250℃。

（4）程序升温。70℃，保持 2min，以 100℃/min 的速率升温至 280℃，保持 280℃，5min。

（5）检测器。MSD，扫描 45～300amu。

（6）载气。氦气。

（7）进样量。1 μL，不分流，2min。

3. 毛细管电泳（HPCE）分析

将 250 μL 试样溶液与 50 μL 盐酸（C=0.01mol/L）混合，并通过膜过滤（0.2μm）。该溶液用于毛细管区电泳分析。

（1）毛细管 1。56cm，无涂饰，内径 50μm，具有延长的光程。

（2）毛细管 2。56cm，用聚乙烯醇（PVA）涂饰，内径 50μm，具有延长的光程。

（3）缓冲液。磷酸盐缓冲液（C=50mmol/L），pH 值=2.5。

（4）柱温。25℃；电压：30kV。

（5）进样时间。4s。

（6）淋洗时间。5s。

（7）检测器。DAD 214nm、240nm、280nm、305nm。

4. 薄层色谱（TLC）分析

薄层板（HPTLC），硅胶，含荧光指示剂 F254，20cm×10cm，应用体积：5 μL，条状，用自动点样器点样，流动相：三氯甲烷：冰乙酸=90：10（体积比）。薄层板（TLC），硅胶 60，20cm×10cm，槽饱和，应用体积：10 μL，点状，用自动点样器点样。

（1）流动相 1。三氯甲烷：乙酸乙酯：冰乙酸=60：30：10（体积比）。

（2）流动相 2。三氯甲烷：甲醇=95：5（体积比）。

（3）试剂 1。0.1%亚硝酸钠氢氧化钾溶液（C=1mol/L）。

（4）试剂 2。0.2%苯酚氢氧化钾溶液（C=1mol/L）。

（六）结果的计算和表示

芳香胺的含量通过试样溶液中各个芳香胺组分与 30 μg/mL 校准溶液比较后的峰面积进行计算，计算公式见式（8）。

$$W = \frac{A \times B \times V}{A \times E} \tag{8}$$

式中：W——样品中芳香胺的含量，单位为毫克每千克（mg/kg）；

A——单位面积中芳香胺的峰面积；

B——校准溶液中芳香胺的浓度，单位为微克每毫升（μg/mL）；

V——最终定容体积，单位为毫升（mL）；

E——试样质量，单位为克（g）。

（七）该方法的精确性

精确性数据如表 10-2，数据来自不同染色的毛皮样品的共同试验。数据通过具有二极管阵列检测器的高效液相色谱（HPLC/DAD）获得。

表 10 – 2　方法的精确性

毛皮样品	被测出的胺	平均值 （mg/kg）	重复性 r （mg/kg）	再现性 R （mg/kg）
A	联苯胺	13.5	5.4	8.4
	3，3′-二甲氧基联苯胺	15.4	4.4	6.4
B	3，3′-二甲基联苯胺	20.5	7.1	9.5
	联苯胺	12.9	3.8	8.9
C	邻甲苯胺	37.5	15.4	38.5
	3，3′二甲基联苯胺	25.6	8.0	17.0
D	邻甲苯胺	50.1	20.2	42.1
	联苯胺	16.5	3.0	7.1

三、毛皮和毛皮制品中五氯苯酚残留量的测定方法（参照 QB/T 22808—2008）

（一）原理

目前，五氯苯酚测定的标准主要有行业标准 SN0193.1—93、SN0286—93 以及德国标准 DIN53313。原理：首先将试样用水蒸气蒸馏，然后将五氯苯酚（PCP）用乙酸酐乙酰化，再将五氯苯酚乙酸酯萃取至正己烷中。用带有电子捕获检测器（ECD）或质量选择检测器（MSD）的气相色谱对五氯苯酚乙酸酯进行分析，外标法定量，同时用内标物校准。

（二）试剂和材料

（1）在分析中仅使用确认为分析纯的试剂和蒸馏水或去离子水或相当纯度的水。

（2）五氯苯酚（PCP）溶液以五氯苯酚的含量表示的浓度可以包括五氯苯酚及其盐和酯。五氯苯酚标准溶液，100 μg/mL，用五氯苯酚标准品和丙酮配制。

（3）五氯苯酚乙酸酯标准储备溶液，10 μg/mL，用五氯苯酚乙酸酯标准品和正己烷配制。

（4）五氯苯酚乙酸酯标准溶液，0.04mg/L，用正己烷配制（相当于每升溶液中含 0.0346mg 五氯苯酚）。

（5）四氯邻甲氧基苯酚（TCG）标准溶液，100 μg/mL，用四氯邻甲氧基苯酚标准品和丙酮配制，内标物，熔点 118~119℃。

（6）硫酸，1mol/L。

（7）正己烷，残留分析用。

（8）碳酸钾，K_2CO_3。

（9）乙酸酐，$C_4H_6O_3$。

（10）无水硫酸钠。

（11）三乙胺。

（12）丙酮。

（三）仪器和装置

（1）气相色谱仪，带电子捕获检测器（ECD）或质量选择检测器（MSD）。

（2）分析天平，精确至 0.1mg；合适的水蒸气蒸馏装置。

（3）振荡器。

（4）容量瓶：50mL、500mL。

（5）锥形瓶，100mL。

（6）分液漏斗，250mL，或其他能分离有机相和水相的合适容器，能密封并剧烈振荡。

（7）单标移液管，刻度移液管，合适的自动移液器。

（8）带玻璃纤维滤器的过滤装置 GF8 或玻璃纤维过滤器 G3，直径 125mm。

（四）检测

1. 水蒸气蒸馏

称取约 1.0g 试样（精确至 0.001g），置于蒸馏器中，加入 20mL 1mol/L 硫酸和 0.1mL 四氯邻甲氧基苯酚标准溶液，用合适的水蒸气蒸馏装置对蒸馏器中的内容物进行水蒸气蒸馏。用装有 5g 碳酸钾的 500mL 容量瓶作为接收器。蒸馏出约 450mL 溶液，用水稀释至刻度。如果蒸馏时过度沸腾，应降低蒸馏温度。

2. 液液萃取和乙酰化

将上面所得的馏出物 100mL 转移至 250mL 分液漏斗中。加入 20mL 正己烷、0.5mL 三乙胺和 1.5mL 乙酸酐，在机械振荡器上充分振荡 30min。两相分层后，将有机层转入 100mL 锥形瓶中，水相中加入 20mL 正己烷烧再萃取一次。合并正己烷层，在 100mL 锥形瓶中用无水硫酸纳脱水约 10min。用过滤器将正己烷层全部滤入 50mL 容量瓶中，并用正己烷洗涤残渣，洗涤液并入 50mL 容量瓶中。用正己烷稀释至刻度，此溶液用气相色谱仪分析。

（五）乙酰化 PCP 和 TCG 混合校准溶液的制备

用于回收率试验的 PCP 和 TCG 标准溶液的衍生化：为计算回收率，用与试样相同的方法处理 PCP/TCG 标准混合液。量取 100 μL PCP 标准溶液和 100 μL TCG 标准溶液，置于蒸馏器中，并加入 20mL 硫酸。用与试样相同的方法处理该溶液，回收率应大于 90%。

PCP 乙酸酯标准溶液（外标溶液）：将 PCP 乙酸酯标准溶液直接用气相色谱分析，该溶液浓度为 0.04mg/L。TCG 标准溶液的衍生化：将 20 μL TCG 标准溶液加入到 30mL 浓度为 0.1mol/L 的 K_2CO_3 溶液中，用与试样相同的方法乙酰化，并将有机层转移到 50mL 容量瓶中。用与试样相同的方法分析该标准溶液。

（六）毛细管气相色谱（GC）

1. 毛细管色谱柱

熔融石英毛细柱（中等极性），长 50m，内径 0.32mm，膜厚 0.25μm。如 95% 二甲基硅油 –5% 二苯基硅油。

2. 检测器/测试温度

ECD/280℃。

3. 进样系统

分流/不分流，60s。

4. 进样量

2 μL。

5. 进样口温度

250℃。

6. 载气

氮气；补偿气：氩气（95%）/甲烷（5%）。

7. 柱温

80℃保持1min，6℃/min升温至280℃，保持10min。

（七）结果的表述

PCP含量的计算，将试样溶液的峰面积与同时进样的标准溶液的峰面积进行比较。按式（9）计算样品中的PCP含量 w_{pcp}：

$$w_{pcp} = \frac{A_{pcp} \times c \times V \times \beta \times f}{A \times m} \tag{9}$$

式中：w_{pcp}——样品中PCP的含量（以样品实际质量计算），单位为毫克每千克（mg/kg）；

A——峰面积；

c——PCP标准溶液浓度，单位为微克每毫升（μg/mL）（0.04mg PCP乙酸酯相当于0.034 6mg游离PCP）；

m——试样原量，单位为克（g）；

V——试样最终定容体积，单位为毫升（mL）；

β——稀释倍数；

f——内标物（TCG）的校正系数。

（八）方法的可靠性

该方法PCP定量检测限0.1mg/kg；PCP回收率96%～107%；PCP乙酸酯标准溶液回收率80%。本方法用3个不同的毛皮样品（A、B、C）在实验室间进行了验证，结果见表10－3。

表10－3 实验室间试验

毛皮	平均值（mg/kg）	重现性标准偏差（Sr）	重现性限（r）	再现性标准偏差（S_R）	再现性限（R）
A	6.7	0.4	1.2	0.8	2.3
B	16.8	0.5	1.4	2.1	5.8
C	5.0	0.3	0.9	0.6	1.5

四、毛皮中甲醛含量的测定（参照 GB/T 19941—2005）

毛皮的强制性标准 GB 20400—2006《皮革和毛皮有害物质限量》对甲醛含量检测进

行了具体要求。GB/T 19941—2005《皮革和毛皮化学试验 甲醛含量的测定》中对甲醛方法检测提供两种方法：色谱法与分光光度法。

（一）色谱法具体方法

1. 检测原理

通过液相色谱从其他醛和酮类中分离出萃取液中游离的和溶于水的甲醛，进行测定和定量。本方法具有选择性。在40℃条件下萃取试样，萃取液同二硝基苯肼混合，醛和酮与其反应产生各自的腙，通过反相色谱法分离，在350nm处测定和量化。

2. 甲醛原液的配制和标定

试剂：

（1）在分析中仅使用确认为分析纯的试剂和蒸馏水或去离子水或相当纯度的水，水应符合GB/T 6682—1992中三级水的规定。

（2）甲醛溶液，浓度37% ~40%。

（3）碘液，0.05M（12.68g/L）。

（4）氢氧化钠溶液，2 M。

（5）硫酸溶液，1.5 M。

（6）硫代硫酸钠溶液，0.1 M。

（7）1% 淀粉溶液。

甲醛原液的制备：将5.0mL甲醛溶液移入装有100mL蒸馏水的1 000mL容量瓶中，用蒸馏水稀释至刻度，该溶液为甲醛原液。从甲醛原液中吸10mL溶液到250mL锥型瓶中，加入50mL碘溶液，混合，加入氢氧化钠溶液，直到变成黄色为止。在18 ~26℃的环境中放置15min，然后加入50mL硫酸溶液，振荡。随后加入2mI淀粉溶液，过量的碘用硫代硫酸钠溶液滴定到颜色发生变化（蓝色消失）。平行测定3次。用同样的方式对空白溶液进行滴定。

甲醛原液浓度的计算：按式（10）计算甲醛原液浓度。

$$C_{FA} = \frac{(V_O - V_1) \times C_1 \times M_{FA}}{2} \quad (10)$$

式中：C_{FA}—— 甲醛原液浓度，单位为毫克每10毫升（mg/10mL）；

V_O—— 用于滴定空白溶液的硫代硫酸钠的体积，单位为毫升（mL）；

V_1—— 用于滴定样品溶液的硫代硫酸钠的体积，单位为毫升（mL）；

M_{FA}—— 甲醛分子量，30.08g/mol；

C_1—— 硫代硫酸钠溶液的浓度，M。

3. 色谱法（HPLC）

试剂和材料：

（1）在分析中仅使用确认为分析纯的试剂和蒸馏水或去离子水或相当纯度的水，水应符合GB/T 6682—1992中三级水的规定。

（2）十二烷基磺酸钠溶液，0.1%（1g十二烷基磺酸钠溶于1 000mL水中）。

（3）0.3%二硝基苯肼（DNPH）溶于浓磷酸（85%）中（DNPH从25%的乙腈水溶液中重结晶）。

（4）乙腈。

仪器和设备：

（1）带有玻璃纤维的过滤器，GF8（或者玻璃过滤器 G3，直径 70mm ~ 100mm）。

（2）水浴锅，具有搅拌或微波装置，能控制温度在 40 ± 0.50℃。

（3）温度计，20 ~ 50℃，最小刻度 0.10℃。

（4）液相色谱系统（HPLC），具有紫外检测器（UV），350 nm。

（5）聚酰胺过滤膜，0.45μm。

（6）分析天平，精确到 0.1mg。

4. 测试方法

萃取：精确称取试样 2g（精确至 0.1mg），放入 100mL 的锥形瓶中，加入 50mL 已预热到 40℃的十二烷基磺酸钠溶液，盖紧塞子，在 40 ± 0.5℃ 的水浴中轻轻振荡烧瓶 60 ± 2min 温热的萃取液立即通过真空玻璃纤维过滤器过滤到锥形瓶中，密闭在锥形瓶中的滤液被冷却至室温（18 ~ 26℃）。

注：试样/溶液比例不能改变，萃取和分析应在当日完成。

与二硝基苯肼（DNPH）反应：将 4.0m 乙腈，5mL 过滤后的萃取液和 0.5mL 二硝基苯肼（DNPH）移入 10mL 的容量瓶中，用蒸馏水稀释至刻度，并用手充分摇动，放置 60min，但最多不能超过 180min，经过滤膜过滤后，进行色谱测定。如果样液浓度超过标定的范围，应调整试样的称重量。

色谱（HPLC）条件（推荐）：

（1）流速 1.0mL/min。

（2）流动相，乙腈：水，60：40。

（3）分离柱 Merk100，CH 18.2（高涂布，12% C）+ 预处理柱（1cm PR18）。

（4）紫外（UV）检测波长 350nm。

（5）注射体积 20μL。

甲醛标准曲线的制作：将 0.5mL 已准确知道含量的甲醛原液，移入装有 100mL 蒸馏水的 500mL 容量瓶中，振荡摇匀，用蒸馏水稀释至刻度（含量接近于 2 μg/mL），该溶液即是标准溶液。在 6 个 10mL 容量瓶中，分别加入 4mL 乙腈，然后分别加入 0.5mL、1.0mL、2.0mL、3.0mL、4.0mL、5.0mL 的标准溶液，立即加入 0.5mL 二硝基苯肼（DNPH）溶液，摇匀，用蒸馏水稀释至刻度，放置 60 ~ 180min，经过滤膜过滤后，进行色谱测定，并制作甲醛标准曲线。

5. 计算样品中的甲醛含量

按式（11）计算样品中的甲醛含量

$$C_F = \frac{C_s \times F}{E_W} \tag{11}$$

式中：C_F——样品中的甲醛含量，单位为毫克每千克（mg/kg），精确至 0.01mg/kg；

C_s——从标准曲线中查得的甲醛含量，单位为微克每 10 毫升（μg/10mL）；

F——稀释倍数；

E_w——试样质量，单位为克（g）。

6. 回收率的测定

分别将 2.5mL 过滤后的萃取液移入两个 10mL 容量瓶中，一个容量瓶中加入适量的甲醛标准溶液，使加入的甲醛标准溶液中的甲醛含量与样品中的甲醛含量几乎相等。每个容量瓶中加入4.0mL乙腈和0.5mL二硝基苯肼（DNPH），用蒸馏水稀释到刻度。按上面的方法进行测定，添加了甲醛标准溶液的样液中的甲醛含量记作 C_{s2}，未添加甲醛标准溶液的样液中的甲醛含量记作 Cs。平行测定两次，在试验报告中记录两次平行试验的结果和平均值，按公式（12）计算回收率。

$$RR = \frac{(C_{S2} - C_S) \times 100}{C_{FA1}} \qquad (12)$$

式中：RR——回收率，%（准确至0.1%）；

C_{S2}——添加了甲醛标准溶液的样液中的甲醛含量，单位为微克每10mL（μg/10mL）；

Cs——未添加甲醛标准溶液的样液中的甲醛含量，单位为微克每10mL（μg/10mL）；

C_{FA1}——添加的标准溶液中的甲醛含量，单位为微克每10mL（μg/10mL）。

（二）分光光度法

1. 检测原理

用水萃取试样，通过分光光度法对萃取液中游离的和溶于水的甲醛进行测定和定量。本方法不仅能测定游离的甲醛，而且也能测定萃取液中溶于水的甲醛。在40℃条件下萃取试样，萃取液同乙酰丙酮混合 反应后产生黄色化合物（3，5-二乙酰-1，4-二氢二吡啶），在412nm处测定和量化。试样的吸光度值与甲醛含量相对应，可从相同条件下得到的标准曲线上获得。

2. 试剂和材料

（1）在分析中仅使用确认为分析纯的试剂和蒸馏水或去离子水或相当纯度的水，水应符合GB/T 6682—1992中三级水的规定。

（2）十二烷基磺酸钠溶液，0.1%（1g十二烷基磺酸钠溶于1 000mL水中）。

（3）乙酰丙酮溶液（纳氏试剂）：在1 000mL，容量瓶中加入150g乙酸铵，用800mL蒸馏水溶解，然后加3mL冰乙酸和2mL乙酰丙酮，用蒸馏水稀释至刻度，用棕色瓶保存在暗处。贮存开始12h颜色逐渐变深，为此，用前应贮存12h，试剂6星期内有效。经长时间贮存后其灵敏度会稍起变化，故每星期应画一校正曲线与标准曲线校对为妥。

（4）乙酸铵溶液：乙酸铵150g + 冰乙酸3mL，溶1 000mL水中。

（5）双甲酮（5.5-二甲基-环己二酮，CAS126-81-8），5g，溶于1 000mL水中，双甲酮不易溶于纯水中，这种情况下，可先用少量乙醇溶解，再用蒸馏水稀释至1 000mL。

3. 仪器和设备

（1）碘量瓶（或带盖三角瓶），250mL。

（2）容量瓶，50mL、250mL、500mL、1 000mL。

（3）移液管，1mL、5mL、10mL和25mL单标移液管，5mL刻度移液管。

（4）量筒，10mL、50mL。

（5）2号玻璃漏斗式滤器。

（6）试管及试管架。

（7）水浴锅，能控制温度在40±0.5℃。

（8）分析天平，精确到 0.1mg 分光光度计，波长 412nm，配有合适的比色皿。推荐使用 20mm 的比色皿。

4. 检测步骤

（1）萃取。精确称取试样 2g 精确至 0.1mg，放入 100mL 的锥形瓶中，加入 50mL 已预热到 40℃ 的十二烷基磺酸钠溶液，盖紧塞子，在 40 ± 0.5℃ 的水浴中轻轻振荡烧瓶 60 ± 2min，温热的萃取液立即通过真空玻璃纤维过滤器过滤到锥形瓶中，密闭在锥形瓶中的滤液被冷却至室温（18 ~ 260℃）。试样/溶液比例不能改变，萃取和分析应在当日完成。

（2）与乙酰丙酮显色。移取 5mL 滤液于 25mL 锥形瓶中，加入 5mL 乙酰丙酮溶液，盖上塞子。在 40 ± 1℃ 水浴中轻轻的振荡锥形瓶 30 ± 1min，在避光条件下冷却，以 5mL 十二烷基磺酸钠溶液和 5mL 乙酰丙酮溶液的混合液作为空白，在 412nm 处测定吸光度值，吸光度值记作 E_P。为了测定萃取液自身的吸光度，将 5mL 过滤液移入 25mL 锥形瓶中，加入 5mL 乙酸铵溶液，然后按测定样品的方法进行测定，其吸光度值记作 E_e。当甲醛含量较高时（ >75mg/kg），可减少试样的称取量，移取的过滤液不足 5mL 时，用蒸馏水补足至 5mL。

（3）乙酰丙酮溶液中不存在甲醛的验证。以 5mL 十二烷基磺酸钠溶液和 5mL 水混合液为空白，用 20mm 比色皿在 412nm 处，测定 5mL 十二烷基磺酸钠溶液和 5mL 乙酰丙酮溶液的混合液的吸光度，测定的吸光度值不能大于 0.025，证明乙酰丙酮溶液中没有甲醛成分存在。

（4）同乙酰丙酮显色的其他化合物的检验。在试管中加入 5mL 过滤液和 1mL 双甲酮溶液，混合并摇动，把试管放入 40 ± 1℃ 的水浴中 10 ± 1min，加入 5mL 乙酰丙酮溶液，摇动，继续放在 40 ± 1℃ 的水浴中 30 ± 1min，取出试管，冷却至室温（18 ~ 26℃），以蒸馏水为空白，用 20mm 比色皿在 412 nm 处测定吸光度，测定的吸光度值应低于 0.05。

（5）校准。将 3mL 已准确知道甲醛含量的甲醛原液，移入装有 100mL 蒸馏水的 1 000mL 容量瓶中，振荡混合，并用蒸馏水稀释至刻度，摇匀。该溶液即是用于校准目的的标准溶液（标准溶液中的甲醛浓度 6 μg/mL），分别吸取 3mL、5mL、10mL、15mL、25mL 的标准溶液到 50mL 容量瓶中，用蒸馏水稀释到刻度，这些溶液包含的甲醛浓度范围从 0.4 ~ 3.0 μg/mL（在给出的条件下，相当于样品中甲醛浓度范围 9 ~ 75mg/kg）。对于甲醛浓度较高的样品，应取较少的萃取液进行测试。从上述 5 个溶液中，各吸取 5mL，分别移入 255mL 锥形瓶中，加入 5mL 乙酰丙酮试剂，混合，剧烈振荡，并在 40 ± 10℃ 温度下保温 30 ± 1min，在避光条件下冷却至室温。以 5mL 乙酰丙酮溶液和 5mL 蒸馏水的混合液作为空白，用分光光度计在 412 nm 处测定吸光度值。在测量之前，用空白溶液调整分光光度计的零点，空白液与校准溶液应在同样条件下处理。绘制浓度 – 吸光度标准曲线，X 轴 – 浓度（μg/mL），Y 轴 – 吸光度。

（6）分析结果的计算：毛皮中甲醛含量按下式（13）进行计算。

$$C_p = \frac{(E_{P\text{甲}} - E_e) \times V_O \times V_f}{F \times W \times V_a} \tag{13}$$

式中：C_p——样品中的甲醛含量，单位为毫克每千克（mg/kg）（准确至 0.1mg/kg）；

E_p——萃取液与乙酰丙酮反应后的吸光度；

E_e——萃取液的吸光度；

V_o——萃取液体积，单位为毫升（mL）（标准条件：50mL）；

V_a——从萃取液中移出的体积，单位为毫升（mL）（标准条件：5mL）；

V_f——显色反应的溶液体积，单位为毫升（mL）（标准条件：10mL）；

F——标准曲线斜率（Y/X），mL/μg；

W——试样的质量，单位为克（g）。

（7）回收率的测定。分别将2.5mL萃取液移入两个10mL容量瓶中，一个容量瓶中加入适量的甲醛标准溶液，使加入的甲醛标准溶液中的甲醛含量与样品中的甲醛含量几乎相等，将两个容量瓶用蒸馏水稀释到刻度。将容量瓶中的溶液转移至25mL锥形瓶中，加入5mL乙酰丙酮试剂混合，并在（40±1）℃温度下搅拌（30±1）min。在避光条件下冷却至室温。以5mL十二烷基磺酸钠溶液和5mL乙酰丙酮试剂的混合液作为空白，在412nm处测定吸光度值，添加了甲醛标准溶液的样液的吸光度值记作E_A，未添加甲醛标准溶液的样液的吸光度值记作E_P，如果试样中甲醛含量低于20mg/kg应加入5mL萃取液代替2.5mL。如果试样中甲醛含量为30mg/kg，推荐使用5mL甲醛标准溶液。回收率按照公式（14）计算。

$$RR = \frac{(E_{A} - E_P) \times 100}{E_{ZU}} \tag{14}$$

式中：RR——回收率，%（准确到0.1%）；

E_A——添加了甲醛标准溶液的样液的吸光度；

E_P——未添加甲醛标准溶液的样液的吸光度；

E_{zu}——添加的甲醛标准溶液的吸光度（从标准曲线上得到）。

如果回收率不在80%~120%之间，应重新分析检验。

5. 方法的可靠性

色谱法可靠性，同10个实验室协作，对不知道甲醛含量水平的毛皮样品检测得到数据见表10-4。

表10-4　色谱法的可靠性数据

毛皮样品	平均甲醛含量（mg/kg）	重现性 r（mg/kg）	再重现性 R（mg/kg）	回收率（%）
A	7.65	1.27	3.13	94
B	17.69	3.82	7.97	96
C	28.69	5.40	11.42	91
D	102.16	20.82	64.33	94

分光光度法的可靠性，同15个实验室协作，对不知道甲醛含量水平的毛皮样品检测得到数据见表10-5。

表 10 – 5 分光光度法的可靠性数据

毛皮样品	平均甲醛含量 （mg/kg）	重现性 r （mg/kg）	再重现性 R （mg/kg）	回收率 （%）
A	9.49	1.74	3.86	96
B	19.14	2.23	7.10	94
C	30.41	2.94	8.52	98

五、毛皮中戊二醛含量的测定（参照 QB/T 4200—2011）

（一）原理

在 40℃下，利用十二烷基磺酸钠溶液萃取试样，萃取液同二硝基苯肼混合后，发生衍生化反应生成腙，通过液相色谱将各种反应物分开，并对萃取成分中的戊二醛含量进行测定。

（二）试剂和材料

（1）戊二醛原液。

（2）磷酸。

（3）十二烷基磺酸钠溶液，0.1%（1g 十二烷基磺酸钠溶于 1 000mL 水中）。

（4）0.3% 二硝基苯肼（DNPH）溶于浓磷酸（85%）中（DNPH 从 25% 的乙腈水溶液中重结晶）。

（5）乙腈，色谱纯。

（三）仪器和设备

（1）带有玻璃纤维的过滤器，GF8（或者玻璃过滤器 G3，直径 70~100mm）；水浴锅，具有搅拌或微波装置，能控制温度在 40±0.50℃。

（2）液相色谱系统（HPLC），具有紫外检测器（UV），360nm。

（3）聚酰胺过滤膜，0.45μm。

（4）分析天平，精确到 0.1mg。

（四）检测步骤

1. 萃取

准确称取剪碎的样品（2.0±0.05）g 到 100mL 锥形瓶中，移取 50mL 预热到 40℃ 的 0.1% 十二烷基磺酸钠溶液到锥形瓶中，盖紧塞子，在（40±0.5）℃ 的水浴中轻轻振荡（60±2）min。温热的萃取液立即通过玻璃过滤器过滤，密闭在锥形瓶中的滤液被冷却至室温。

2. 与二硝基苯肼衍生化

分别取 5.0mL 过滤后的萃取液、4.0mL 乙腈、0.5mL 的 3.0g/L DNPH 移入到 10mL 的容量瓶中，用水稀释到刻度，充分摇匀，在 60℃ 加热 30min 后冷至室温，用滤膜过滤，然后用液相色谱测定。

（五）色谱条件

（1）色谱柱 Dikma C18。

（2）流速，1.0mL/min。

（3）进样量，10 μL。

（4）检测波长，360nm。

（5）流动相，超纯水和乙腈。

（六）戊二醛标准曲线的制作

将 1.0mL 已准确知道含量的甲醛原液，移入装有 100mL 蒸馏水的 500mL 容量瓶中，振荡摇匀，用蒸馏水稀释至刻度（含量接近于 2 μg/mL），该溶液即是标准溶液。在 6 个 10mL 容量瓶中，分别加入 4mL 乙腈，然后分别加入 0.5mL、1.0mL、2.0mL、3.0mL、4.0mL、5.0mL 的标准溶液，立即加入 0.5mL 二硝基苯肼（DNPH）溶液，摇匀，用蒸馏水稀释至刻度，放置 60~180min，经过滤膜过滤后，进行色谱测定，并制作戊二醛标准曲线。

（七）回收率的测定

分别将 2.5mL 过滤后的萃取液移入两个 10mL 容量瓶中，一个容量瓶中加入适量的戊二醛标准溶液，使加入的戊二醛标准溶液中的甲醛含量与样品中的戊二醛含量几乎相等。每个容量瓶中加入 4.0mL 乙腈和 0.5mL 二硝基苯肼（DNPH），用蒸馏水稀释到刻度。按上面的方法进行测定，添加了戊二醛标准溶液的样液中的戊二醛含量记作 C_{s2}，未添加戊二醛标准溶液的样液中的戊二醛含量记作 Cs。平行测定两次，在试验报告中记录两次平行试验的结果和平均值。

结果计算：按式（15）计算戊二醛的含量。

$$c_F = \frac{c_s \times V}{M_W} \tag{15}$$

式中：C_F——样品中游离水解的戊二醛的含量，单位为毫克每千克（mg/kg）；

C_S——从标准曲线上查得的戊二醛的含量，单位为微克每毫升（μg/mL）；

V——萃取体积，单位为毫升（mL）；

M_W——试样质量，单位为克（g）。

回收率的计算公式（16）：

$$RR = \frac{(C_{S2} - C_S) \times 100}{C_{FA1}} \tag{16}$$

式中：RR——回收率，%（准确至 0.1%）；

C_{S2}——添加了戊二醛标准溶液的样液中的甲醛含量，单位为微克每 10mL（μg/10mL）；

Cs——未添加戊二醛标准溶液的样液中的甲醛含量，单位为微克每 10mL（μg/10mL）；

C_{FA1}——添加的标准溶液中的戊二醛含量，单位为微克每 10mL（μg/10mL）。

（八）方法的可靠性

按上述分析步骤进行分析，该方法的回收率应为 80%~110%；检出限：方法的检出低限为 5.0mg/kg；测量结果的重现性见表 10-6。

表 10 - 6 测量结果的重现性 （RSD）

样品号	样品中戊二醛含量，mg/kg（测量次数 =6）						RSD（%）
	1	2	3	4	5	6	
1	43.7	37.6	39.2	38.5	41.2	40.5	5.4
2	21.3	19.6	24.6	23.4	22.4	20.0	9.0
3	11.2	11.8	9.8	11.5	9.9	10.4	7.8

六、毛皮中富马酸二甲酯含量的测定 （参照 GB/ T 26702—2011）

（一）原理

在超声波作用下，用乙酸乙酯萃取出试样中的富马酸二甲酯，萃取液净化后，用气相色谱质谱仪 （GC/MS） 检测，外标法定量。毛皮应按照 QB/T1266 的规定进行，取样过程应避免毛被损失，保持毛被完好。

（二）试剂和材料

（1）乙酸乙酯，色谱纯，或使用分析纯试剂，经分子筛脱水。

（2）中性氧化铝小柱，6mL，1g 填料。

（3）无水硫酸钠，使用前在 400℃ 下处理 4h，在干燥器中冷却，备用。

（4）富马酸二甲酯 （CAS 号：624 - 49 - 7）标准品，纯度≥99%。

（三）标准溶液的配制

称取富马酸二甲酯标准品约 0.02g（精确至 0.000 1g）于具塞容量瓶中，用乙酸乙酯溶解并定容至刻度，作为标准储备溶液。用乙酸乙酯逐级稀释标准储备溶液，配制成浓度分别为 0.1μg/mL、0.2 μg/mL、0.5 μg/mL、1 μg/mL、2 μg/mL、5 μg/mL 的标准工作溶液，于 0～4℃ 冰箱中保存备用。

（四）仪器和设备

（1）分析天平，感量 0.0001g。

（2）具塞锥形瓶 100mL。

（3）超声波提取器。

（4）梨形烧瓶，150mL，或氮吹仪管。

（5）旋转蒸发仪或氮吹仪。

（6）容量瓶，25mL；容量瓶，5mL。

（7）有机滤膜，0.45μm。

（8）气相色谱 - 质谱联用仪 （GC/M S）。

（五）试样制备

取样按照 QB/ T 1267 的规定进行，取样过程应避免毛皮损失，保持毛被完好。

（六）分析步骤

1. 萃取

称取 5g 样品与具塞锥形瓶中，加入 40mL 乙酸乙酯，在超声波提取器中萃取 15min 后，将具塞锥形瓶中的萃取液经滤纸过滤到梨形烧瓶中，再加入 15mL 乙酸乙酯于具塞锥形瓶中，摇动 1min，使试样与乙酸乙酯充分混合，并将滤液过滤到梨形烧瓶中，最后加入 10mL 乙酸乙酯与锥形瓶中，重复上述操作，合并滤液。

2. 浓缩

可选用下述两种方法之一浓缩萃取液。

（1）旋转蒸发浓缩，在 45℃ 下，用旋转蒸发仪将梨形烧瓶中的萃取液浓缩至约 1mL。

注：操作中注意不能暴沸或蒸干。

（2）氮吹仪浓缩，在 50℃ 下，用氮吹仪将氮吹仪管中的萃取液浓缩至约 1mL。

3. 净化

试验前往中性氧化铝小柱上添加约 0.5cm 厚的无水硫酸钠，再用约 5mL 的乙酸乙酯将中性氧化铝小柱润湿，待用。用吸管将浓缩后的萃取液注入中性氧化铝小柱内，流出液收集到 5mL 容量瓶中。用少量乙酸乙酯多次洗涤梨形烧瓶。洗涤液依次注入中性氧化铝小柱内，流出液合并收集于该容量瓶中，并用乙酸乙酯定容到刻度，摇匀后用聚酰胺滤膜过滤制成试液，用气相色谱/质谱联用仪（GC/MS）测试。

（七）GC-MS 分析条件

（1）色谱柱，DB-5MS，30m×0.25mm×0.25μm，或相当者色谱柱。

（2）色谱柱温度：初始温度 60℃，以 5℃/min 升温至 100℃，再以 25℃/min 升温至 280℃，保持 10min。

（3）进样口温度，250℃。

（4）气相和质谱传输线温度，280℃。

（5）离子源温度，230℃。

（6）四极杆温度，150℃。

（7）电离方式 EI，能量 70eV。

（8）数据采集，SIM；载气：氮气，纯度大于等于 99.999%，流量 1.0mL/min。

（9）进样方式：不分流，1min 后开阀；进样量，1μL。

（10）定性离子（m/z），113，85，59（其丰度比为 100∶60∶30）；定量离子（m/z），113。

（八）结果计算

按式（17）计算富马酸二甲酯的含量。

$$X = \frac{(C - C_0)V}{m} \qquad (17)$$

式中：X——试样中富马酸二甲酯含量，单位为毫克每千克（mg/kg）；

C——由标准工作曲线所得的试液中富马酸二甲酯的含量，单位为毫克每升（mg/L）；

C_0——由标准工作曲线所得的空白试液中富马酸二甲酯的含量，单位为毫克每升（mg/L）；

V——试液的定容体积，单位为毫升（mL）；

m——试样质量，单位为克（g）。

（九）回收率

在阴性样品中添加适量标准溶液，然后按上述校分析步骤进行分析，该方法富马酸二甲酯的回收率应为80%～120%；检出限：方法的检出低限为0.1mg/kg；精密度：在重复性条件下获得的两次独立测定结果的绝对差不超过算术平均值的10%。结果表示：样品中富马酸二甲酯的含量以mg/kg表示，以两次平行试验结果的算术平均值作为结果，精确至0.1mg/kg。富马酸二甲酯的总离子流见图10－19，富马酸二甲酯的质谱图见图10－20。

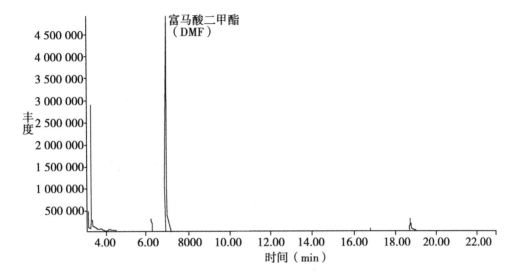

图10－19 富马酸二甲酯的总离子流图

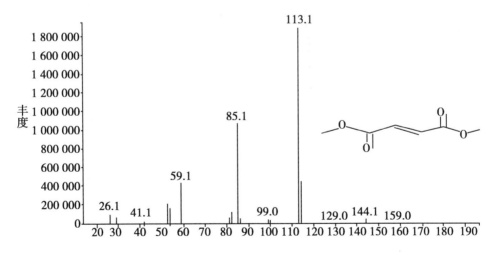

图10－20 富马酸二甲酯的质谱图

七、毛皮中全氟辛烷磺酸盐（PFOS）和全氟辛酸盐（PFOA）的测定液相色谱－串联质谱法（参照 DB33/T 749—2009）

（一）原理

毛皮样品用甲醇索氏提取，提取液经固相萃取柱净化后用液相色谱串联质谱仪测定，外标法定量。

（二）试剂

（1）除非另有说明，所用试剂均为分析纯，所用水均为超纯水。

（2）乙腈：色谱纯。

（3）甲醇：色谱纯。

（4）乙酸铵：优级纯。

（5）乙酸铵溶液：5mmol/L。称取0.385g乙酸铵，用水溶解，并定容至1 000mL，摇匀，过0.22μm滤膜。

（6）定容液：乙腈＋乙酸铵溶液（5mmol/L）＝40＋60（v/v）。

（7）1%氨水甲醇溶液：取1mL氨水，加入100mL容量瓶中，用甲醇稀释至刻度，摇匀。

（8）2%甲酸溶液：取2mL甲酸，加入100mL容量瓶中，用水稀释至刻度，摇匀。

（9）全氟辛烷磺酸钠标准物质：纯度大于99%。

（10）全氟辛酸钠标准物质：纯度大于99%。

（三）仪器和设备

（1）液相色谱串联四极杆质谱仪，配有电喷雾（ESI）离子源。

（2）分析天平：感量0.0001g和0.01g各一台。

（3）涡旋混合器。

（4）超声波清洗器：控温精度±1℃。

（5）高速台式离心机：转速≥8 000r/min。

（6）氮吹仪。

（7）旋转蒸发仪。

（8）索氏提取装置。

（9）固相萃取装置。

（10）固相萃取柱：复合式弱阴离子交换柱Oasis WAX 3mL，60mg或相当者。

（11）直尺：最小分度1mm。

（12）鸡心烧瓶：150mL。

（四）测定步骤

1. 毛皮样品的提取

称取剪碎（2mm×2mm）后的毛皮样品2.5g（精确至0.01g），放入纤维素套管，然后将其放至索氏提取装置，加入1.5倍虹吸管体积的甲醇到接收瓶中，提取3h，控制每秒流速1~2滴。提取液转移至100mL容量瓶中，用甲醇定容至刻度，摇匀，然后移取1mL提取液至50mL聚丙烯离心管中，加入20mL水，涡旋混匀，待净化。

2. 净化

先后用2mL甲醇和2mL水活化固相萃取柱，将样液过柱，依次用1mL 2%甲酸溶液和2mL甲醇淋洗萃取柱，淋洗液弃去，再用2.5mL1%氨水甲醇溶液洗脱，收集洗脱液，经45℃氮吹至约1mL，然后用定容液定容至5mL，过0.22μm滤膜，待测。

色谱条件：

（1）色谱柱，C18柱（100mm×2.1mm，1.7μm）或相当者。

（2）柱温，40℃。

（3）进样量，10μL。

（4）流动相及流速，见表10-7。

表10-7 液相色谱梯度洗脱条件

时间（min）	流速（μL/min）	5mmol/L乙酸铵溶液（%）	乙腈（%）
0.00	200	58	42
1.50	200	58	42
2.50	200	5	95
4.00	200	5	95
4.50	200	58	42
6.00	200	58	42

质谱条件：

（1）离子源，电喷雾离子源（ESI）。

（2）扫描方式，负离子扫描。

（3）检测方式，多反应监测（MRM）。

（4）雾化气、锥孔气为高纯氮气，碰撞气为高纯氩气。

使用前应调节各气体流量以使质谱灵敏度达到检测要求，喷雾电压、去簇电压、碰撞能量等电压值应优化至最优灵敏度。定性离子对、定量离子对、采集时间、锥孔电压、碰撞能量见表10-8。

表10-8 PFOS、PFOA的监测离子对质谱条件

化合物名称	定量离子对（m/z）	定性离子对（m/z）	采集时间（s）	锥孔电压（V）	碰撞能量（eV）
PFOS	498.6/79.7	498.6/98.8	0.20；0.100	50	45；40
PFOA	412.7/368.8	412.7/168.9	0.20；0.100	15	11；15

（五）液相色谱－串联质谱测定

定性测定：在相同试验条件下，样品中待测物与同时检测的标准物质具有相同的保留时间，且样品图谱中各组分定性离子的相对丰度与浓度接近的混合标准溶液谱图中对应的定性离子的相对丰度进行比较，若偏差不超过表10-9规定的范围，则可判定为样品中存

在对应的待测物。

定量测定：外标法定量，对样品和混合标准工作溶液进样，以峰面积为纵坐标、标准溶液浓度为横坐标，绘制标准工作曲线，用标准工作曲线对样品进行定量。样品溶液中待测物的响应值均应在仪器测定的线性范围内。PFOS 标准物质多反应监测（MRM）见图 10 - 21，PFOA 标准物质多反应监测（MRM）见图 10 - 22，PFOS、PFOA 标准物质总离子流（TIC）见图 10 - 23。

表 10 - 9 定性确证时相对离子丰度的最大允许偏差

相对离子丰度	> 50	> 20 ~ 50	> 10 ~ 20	≤ 10
允许的最大偏差	± 20	± 25	± 30	± 50

结果计算：按式（18）计算全氟辛烷磺酸盐的含量。

$$X = \frac{c \times v \times f}{m \times 1\,000} \tag{18}$$

式中：X ——毛皮样品中被测组分残留量，单位为毫克每千克（mg/kg）；

c ——从标准工作曲线得到的被测组分溶液浓度，单位为微克每升（μg/L）；

v ——试样溶液定容体积，单位为毫升（mL）；

m ——样品的质量，单位为克（g）；

f ——稀释倍数。

（六）方法检测限和精密度

检测限：毛皮及其制品中全氟辛烷磺酸盐、全氟辛酸盐的检出限均为 0.5mg/kg。

精密度：本方法的相对标准偏差 RSD 小于 15%。

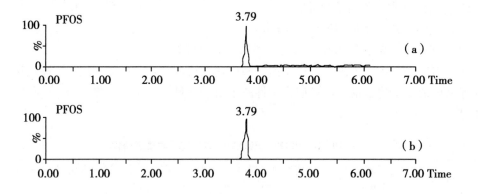

图 10 - 21 PFOS 标准物质多反应监测（MRM）

(a) m/z = 498.6/98.8；(b) m/z = 498.6/79.7

八、毛皮成品三氧化二铬的测定（参照 QB/T 1275—2012）

（一）测试原理

毛皮灰分用氯酸钾氧化，用碘量法测定六价铬的含量。

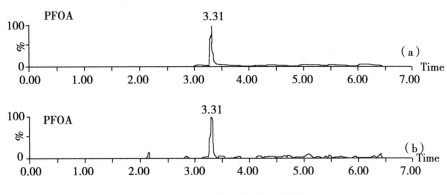

图 10－22　PFOA 标准物质多反应监测（MRM）

（a）m/z = 412.7/368.8；（b）m/z = 412.7/168.9

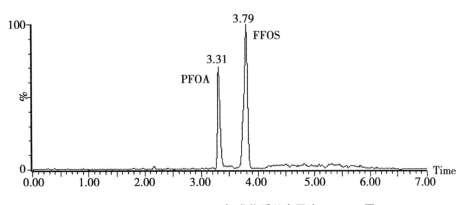

图 10－23　PFOS、PFOA 标准物质总离子流（TIC）图

（二）试剂

（1）氯酸钾，化学纯，研成粉末。

（2）浓盐酸，碘化钾溶液（或固体碘化钾）。

（3）0.1N 标准硫代硫酸钠溶液。

（4）0.1% 淀粉溶液。

（三）仪器

（1）分析天平。

（2）高温炉。

（3）电炉。

（4）瓷坩埚。

（5）250mL 锥形瓶。

（6）滴定管。

（7）漏斗。

（四）测试步骤

称取 2～3g 试样，准确至 0.001g，放入瓷坩埚内灰化，冷却 3～4min，将氯酸钾粉末（约 1g）均匀盖满灰化好的样品上，在通风橱内用小火加热，然后强烈灼烧大约 30min，至坩埚内容物全部熔融呈黄色。冷却后，将坩埚放在盛有 100～150mL 蒸馏水的烧杯中，在水浴上加热，直至熔融物完全溶解为止。将溶液转移到锥形瓶中，用蒸馏水洗净坩埚及烧杯，其洗液也转入锥形瓶。待溶液在室温下冷却后，小心加入过量的盐酸及 10% 碘化钾溶液 10mL（或固体碘化钾 1g）摇匀后在暗处放置 10min，以 0.1N 硫代硫酸钠溶液滴定至溶液呈淡黄色，加入淀粉指示剂 1mL，继续滴至淡绿色。

（五）分析结果的计算

毛皮中三氧化二铬按下式（19）进行计算。

$$X = \frac{N \times V \times 0.025\ 34}{M} \times 100 \tag{19}$$

式中：X——三氧化二铬的百分含量，%；

N——硫代硫酸钠标准溶液的当量浓度；

V——滴定消耗硫代硫酸钠标准溶液的体积，mL；

M——试样的重量，g；

0.025 34——每毫克当量三氧化二铬的克数。

允许误差，平行双份测定结果相差不得超过 0.1%。三氧化二铬含量的测定也可用侧定总灰分的残渣来进行测定。

九、毛皮中六价铬的测定（参照 GB/T 22807—2008）

铬鞣是制革工业目前应用最广泛的鞣制方法，毛皮中含有的三价铬在生产、使用及存储、运输过程中，会转化为高毒性的 Cr（Ⅵ）。基于此，国内外均对毛皮中的 Cr（Ⅵ）含量进行限制，例如，美国规定毛皮中的 Cr（Ⅵ）含量低于 10mg/kg，欧盟要求家具用毛皮中 Cr（Ⅵ）含量低于 3mg/kg、手套用皮革中 Cr（Ⅵ）含量低于 2mg/kg。目前，皮革及毛皮中 Cr（Ⅵ）含量的检测主要采用 GB/T22807—2008，该方法基于二苯卡巴肼显色的分光光度法进行测定。

（一）原理

用 pH 值在 7.5～8.0 之间的磷酸盐缓冲液萃取试样中的可溶性六价铬，需要时，可用脱色剂除去对试验有干扰的物质。滤液中的六价铬在双形体条件下与 1，5-二苯卡巴肼反应，生成紫红色的络合物，用分光光度计在 540nm 处测定。

（二）试剂和材料

（1）磷酸氢二钾缓冲溶液，将 22.8g 磷酸氢二钾溶解在 1 000mL 蒸馏水中，用磷酸调节 pH 值到 8.0 左右，再用氮气和氩气排斥空气。

（2）1，5-二苯卡巴肼溶液，称取 1，5-二苯卡巴肼 1.0g 溶解在 100mL 丙酮当中，加一滴冰醋酸酸化。

（3）磷酸溶液，将浓度为 85%、密度为 1.71g/mL 的磷酸 70mL 用蒸馏水稀释到 1 000mL。

（4）重铬酸钾标准品，在 102℃ 下干燥 16h；六价铬标准储备液，称取 0.2829g（精确至 0.0001g）重铬酸钾标准品，用蒸馏水溶解、转移、洗涤、定容到 1 000mL 容量瓶中，每 1mL 该溶液含有 0.1mg 铬。

（5）六价铬标准溶液，用移液管取 10mL 六价铬标准储备液到 1 000mL 容量瓶中，用磷酸氢二钾缓冲溶液稀释到刻度。

（6）氩气，纯度大于99.998%。

（三）装置和设备

（1）容量瓶，25mL、100mL、1 000mL。

（2）移液管，0.5mL、1mL、5mL、10mL、20mL 和 25mL。

（3）机械振荡器，作水平振荡。

（4）250mL 锥形瓶。

（5）水浴锅，能控制温度在 40±0.5℃。

（6）分析天平，精确到 0.1mg。

（7）分光光度计，波长540nm，配有合适的比色皿。推荐使用20mm 的比色皿。

（8）pH 计。

（四）测试步骤

磷酸盐萃取是在充氮气的条件下，用磷酸氢二钾缓冲溶液萃取皮革中的六价铬。具体操作如下：将毛皮样品切碎后，称取 2.00g 于250mL 碘量瓶中，加入 100mL 0.1mol/L 的 K_2HPO_4 缓冲溶液（用磷酸溶液调 pH 值8.0±0.1），充氮气后盖紧塞子振荡 3h，过滤，滤液 pH 值应控制在 7.5～8.0 之间。

称取 1.0g 二苯卡巴肼溶解于 100mL 丙酮中，加一滴冰醋酸酸化，所得溶液为 1g/100mL 二苯卡巴肼丙酮溶液。将该显色剂放于棕色瓶中并于冰箱中保存，有效期 14d。显色：取提取液 10mL 于50mL 容量瓶中，然后加 1mL 显色剂和 1mL 磷酸溶液（1:1），用水定容至刻度线，摇匀。同时作试剂空白（不加滤液）和试样空白（不加显色剂）试验，放置 15±5min 后，以试剂空白试验作参比，用紫外可见分光光度计于 540nm 处测定空白试样和样品显色后的吸光度。

六价铬标准曲线的测定：分别取 0、1、3、5、8、10、15、20mL 的 1 μg/mL 的六价铬溶液于 50mL 容量瓶中，按照操作测定六价铬标准液的吸光度，以铬质量浓度（μg/50mL）为 X 轴，吸光度为 Y 轴作标准曲线。

（五）分析结果的计算

毛皮中六价铬含量按下式（20）进行计算：

$$w = \frac{(E_1 - E_2) \times V_0 \times V_1}{A_1 \times m \times F} \qquad (20)$$

式中：w——样品中可溶性六价铬含量，单位为毫克每千克（mg/kg）；

E_1——加二苯卡巴肼的试样溶液的吸光度；

E_2——不加二苯卡巴肼的试样溶液的吸光度；

V_0——萃取液体，单位为毫升（mL）；

V_1——稀释后的体积，单位为毫升（mL）；

A_1——试样萃取液移取的体积，单位为毫升（mL）；

m——称取试样的质量，单位为克（g）；

F——校准曲线斜率（Y/X），单位为毫升每微克（mL/μg）。

（六）结果表示

两次平行试验的结果测试的差值与平均值之比应该小于 10%，该方法的检出限

0.01mg/kg。

十、毛皮化学试验有机锡化合物的测定（参照 GB/T 22932—2008）

（一）原理

用酸性汗液萃取试样，在 pH 值 4.0 ± 0.1 的酸度下，以四乙基硼化钠为衍生化试剂，正己烷为萃取剂，对萃取液中的二丁基锡（DBT）和三丁基锡（TBT）直接萃取衍生化。用气相色谱质谱仪（GC-MS）测定，外标法定量。

（二）试剂和材料

1. 在分析中仅使用确认为分析纯的试剂和符合 GB/T 6682 的三级水或相当纯度的水。

2. 正己烷。

3. 酸性汗液，根据 GB/T 3922 的规定配制酸性汗液，试液应现配现用。

4. 乙酸钠。

5. 冰乙酸。

6. 乙酸盐缓冲液：1mol/L 乙酸钠溶液，用冰乙酸调至 pH 值 = 4.0 ± 0.1。

7. 四乙基硼化钠溶液。称取 0.2g 四乙基硼化钠于 10mL 棕色容量瓶中，用水溶解，定容，此溶液浓度为 20g/L（质量浓度）。

8. 有机锡标准储备溶液，各有机锡标准储备溶液用纯度大于或等于 99% 的有机锡标准物质配制，浓度以有机锡阳离子浓度计，配制方法如下：

①三丁基锡标准储备溶液（1 000μg/mL）：准确称取氯化三丁基锡标准品 0.112g，用少量甲醇溶解后，转移至 100mL 容量瓶中，用水稀释至刻度。

②二丁基锡标准储备溶液（1 000μg/mL）：准确称取氯化二丁基锡标准品 0.130g，用少量甲醇溶解后，转移至 100mL 容量瓶中，用水稀释至刻度。

注：有机锡标准储备溶液宜保存在棕色试剂瓶中，4℃条件下保存期为六个月。

有机锡混合标准溶液：分别移取一定体积的三丁基锡标准储备溶液和二丁基锡标准储备溶液，置于同一个棕色容量瓶中，用水稀释至刻度，摇匀，混合标准溶液的浓度可根据实际需要配制。

（三）仪器和装置

1. 气相色谱质谱仪（GC-MS）。

2. 恒温水浴振荡器，可控温度（37 ± 2）℃，振荡频率可达 60 次/min。

3. 旋涡振荡器，振荡频率可达 2 200r/min。

4. 离心机，转速可达 2 000r/min。

5. 天平，精确至 0.1mg。

（四）试验步骤

萃取液制备：称取约 4.0g 试样（精确至 0.01g），置于 150mL 具塞三角烧瓶中，加入 80mL 酸性汗液，盖上塞子后轻轻摇动使样品充分浸湿，放入恒温水浴振荡器中于（37 ± 2）℃，60 次/min 振荡 60min，冷却至室温。

标准工作曲线的制作：准确吸取浓度为 1、5、25 和 100 μg/mL 的混合标准溶液 1mL 置于一个 50mL 具塞试管中，加入酸性汗液至总体积为 20mL，衍生化。

气相色谱 - 质谱测定（GC-MS）：由于测试结果与使用的仪器和条件有关，因此不可能给出色谱分析的普遍参数，采用下列参数可以提供参考。

（1）色谱柱，DB-5MS，30m×0.25mm×0.25μm，或相当者色谱柱。

（2）温度：初始温度70℃，以20℃/min升温至280℃，保持3min；进样口温度，270℃。

（3）气相和质谱传输线温度，270℃。

（4）离子源温度，230℃。

（5）四极杆温度，150℃。

（6）电离方式EI，能量70eV。

（7）数据采集，SIM。

（8）载气，氮气，纯度大于等于99.999%，流量1.0mL/min。

（9）进样方式，分流，分流比1∶10。

（10）进样量，1μL。

二丁基锡和三丁基锡衍生物的保留时间、选择离子特征；二丁基锡和三丁基锡衍生物的保留时间、选择离子特征见表10-10。

表10-10　二丁基锡和三丁基锡衍生物的保留时间、选择离子特征

序号	有机锡名称	化学文摘编号	衍生物名称	保留时间（min）	特征离子	
					定性	定量
1	氯化二丁基锡	683-18-1	二乙基二丁基锡	5.84	207	149 179 263
2	氯化三丁基锡	1461-22-9	乙基三丁基锡	6.79	207	235 263 291

（五）分析结果的计算

毛皮中有机锡化合物含量按下式（21）进行计算：

$$w_i = \frac{c_i \times V \times 4}{m} \qquad (21)$$

式中：w_i——试样中有机锡化合物i的含量，单位为毫克每千克（mg/kg）；

c_i——由标准工作曲线所得的试样溶液中有机锡化合物的浓度，单位为微克每毫升（μg/mL）；

V——试样最终定容体积，单位为毫升（mL）；

m——试样称取的质量，单位为克（g）。

（六）方法准确性

本方法的检出限为0.5mg/kg。本方法空白加标回收率：二丁基锡、三丁基锡加标浓度为1~10μg/mL时，回收率为96.9%~110.4%。

十一、毛皮化学试验增塑剂的测定（参照GB/T 22931—2008）

（一）原理

试样经三氯甲烷超声波萃取，萃取液经氧化铝层析柱净化、定容，用气相色谱-质谱联用仪（GC-MS）测定，外标法定量。毛皮需要检测的常见种邻苯二甲酸酯类增塑剂见表10-11。

表 10 – 11 6 种邻苯二甲酸酯类增塑剂

序号	邻苯二甲酸酯类增塑剂名称	英文名称	化学文摘编号	化学分子式
1	邻苯二甲酸二丁酯	dibutyl phthalate（DBP）	000084-74-2	$C_{16}H_{22}O_4$
2	邻苯二甲酸丁基苄基酯	benzylbutyl phthalate（BBP）	000085-68-7	$C_{19}H_{20}O_4$
3	邻苯二甲酸二（2-乙基）己酯	di（2-ethylhexyl）phthalate（DEHP）	000117-81-7	$C_{24}H_{38}O_4$
4	邻苯二甲酸二异壬酯	diisononyl phthalate（DINP）	000117-84-0	$C_{26}H_{42}O_4$
5	邻苯二甲酸二辛酯	dinoctyl phthalate（DNOP）	028553-12-0	$C_{24}H_{38}O_4$
6	邻苯二甲酸二异癸酯	diisodecyl phthalate（DIDP）	026761-40-0	$C_{28}H_{46}O_4$

（二）试剂和材料

（1）在分析中仅使用确认为分析纯的试剂和符合 GB/T 6682 的三级水或相当纯度的水。

（2）三氯甲烷，重蒸备用。

（3）正己烷，重蒸备用。

（4）丙酮，重蒸备用。

（5）丙酮正己烷洗脱液，10mL 丙酮和 100mL 正己烷混合配制。

（6）氧化铝，层析用中性氧化铝，100～200 目，105℃ 干燥 2h，置于干燥器中冷却至室温，每 100g 中加入约 2.5mL 水降活，混匀后密封，放置 12h 后使用。不同厂家和不同批号氧化铝的活性有差异，降活时应根据具体购置的氧化铝产品略作调整。氧化铝层析柱，在直径约 1cm 的玻璃层析柱底部塞入一些脱脂棉，干法装入氧化铝约 2cm 高，轻轻敲实后备用。

（7）标准品，6 种邻苯二甲酸酯类增塑剂，纯度大于等于 98%；标准储备溶液，分别准确称取适量的每种邻苯二甲酸醋类增塑剂标准品，用正己烷分别配制成浓度为 1mg/mL 的标准储备液。该溶液可在 0～4℃ 冰箱中保存，有效期为 12 个月。

（8）混合标准溶液，根据需要用正己烷将标准储备溶液稀释成合适浓度的混合标准溶液。

（三）仪器和装置

（1）气相色谱—质谱联用仪（GC-MS）。

（2）分析天平，精确至 0.1mg。

（3）旋转蒸发仪。

（4）超声波发生器，工作频率 50kHz。

（四）试验步骤

1. 氧化铝活性试验

取氧化铝层析柱，先用 5mL 正己烷淋洗，然后将 1mL 混合标准溶液加入到层析柱中，用 30mL 正己烷分多次淋洗，弃去淋洗液。再用 30mL 丙酮正己烷洗脱液分多次洗脱，收集洗脱液于 100mL 平底烧瓶中，于旋转蒸发仪中（60±5）℃低真空浓缩至近干，缓氮气流吹干，准确加入 1mL 正己烷溶解残渣。用 GC-MS 测定，计算回收率，回收率应大于90%。淋洗和洗脱时，每次加液宜等上一次溶液即将流尽但尚未流尽时进行，整个过程不宜使层析柱干涸。

2. 萃取

称取约 1.0g 试样（精确至 0.001g），置于 100mL 具塞三角烧瓶中，加入 20mL 三氯甲烷，于超声波发生器中常温萃取 15min。将萃取液用定性滤纸过滤至圈底烧瓶中，残渣再用相同方法萃取两次，合并滤液。滤液于旋转蒸发仪中（60±5）℃低真空浓缩至近干，加 2mL 正己烷溶解残渣。

3. 净化

取氧化铝层析柱，先用 5mL 正己烷淋洗，然后将样品萃取液加入到层析柱中，用少量正己烷洗涤容器，洗涤液并入层析柱中。用 30mL 正己烷分多次淋洗，弃去淋洗液。再用 30mL 丙酮正己烷洗脱液分多次洗脱，收集洗脱液于 100mL 平底烧瓶中，于旋转蒸发仪中（60±5）℃低真空浓缩至近干，缓氮气流吹干，准确加入 1mL 正己烷溶解残渣，供气相色谱-质谱测定和确证。溶解残渣时，可根据实际需要确定加入正己烷的体积，但注意正己烷的体积对检测限的影响。

4. 标准工作曲线的制作

将混合标准溶液用正己烷逐级稀释成适当浓度的系列工作液，以峰面积为纵坐标，增塑剂浓度为横坐标，绘制工作曲线。

（五）测定

气相色谱—质谱分析条件：由于测试结果与使用的仪器和条件有关，因此不可能给出色谱分析的普遍参数。采用下列参数已被证明对测试是合适的。

（1）色谱柱：DB-5 MS，30m×0.25mm×0.25μm 或相当者。

（2）色谱柱温度：90℃（0min）→260℃（20min）；进样口温度：270℃。

（3）色谱—质谱接口温度：270℃。

（4）离子源温度：230℃。

（5）四极杆温度：150℃。

（6）电离方式：EI，能量 70 eV。

（7）数据采集：SIM；载气：氮气，纯度≥99.999%，流量 1.0mL/min。

（8）进样方式：分流，分流比 1:10。

（9）进样量：1 μL。

（六）结果计算

增塑剂含量的计算，试样中增塑剂含量按式（22）计算：

$$w_i = \frac{c_i \times V}{m} \tag{22}$$

式中：W_i——试样中增塑剂含量，单位为毫克每千克（mg/kg）；

C_i——由标准工作曲线所得的试样溶液中增塑剂的浓度，单位为微克每毫升（μg/mL）；

V——试样最终定容体积，单位为毫升（mL）；

M——试样称取的质量，单位为克（g）。

以绝干质量计算试样中增塑剂含量的换算，公式如（23）：

$$w_{i-dry} = w_i \times D \quad\quad\quad (23)$$

式中：W_{i-dry}——以绝干质量计算的试样中增塑剂含量，单位为毫克每千克（mg/kg）；

W_i——试样中的增塑剂含量（以试样实际质量计算），单位为毫克每千克（mg/kg）；

D——转换成绝干质量的换算系数。

十二、我国及世界上毛皮及制品中部分有毒有害物质限量值

目前我国涉及毛皮及制品中有害物质限量要求的技术标准只有 GB 20400—2006《皮革和毛皮有害物质限量》。

（一）芳香胺

我国强制性国家标准 GB 20400—2006《皮革和毛皮有害物质限量》规定皮革和毛皮产品可分解有害芳香胺≤30mg/kg。

（二）五氯苯酚

世界卫生组织已经将其列为高危险度农药并逐渐禁用，德国消费品法限制五氯苯酚的应用，限量为 5mg/kg。四氯苯酚是五氯苯酚合成过程中的副产品，对人体和环境同样有害，我国现没有相关的限量标准。

（三）六价铬

德国的食品、饲料、消费品法对毛皮中的六价铬做出严格的限定，限量为 3mg/kg。我国没有相关的限量标准。

（四）甲醛

日本的 112 法案对家庭用品中甲醛含量进行了严格限制，一般婴儿鞋：≤20mg/kg；其他鞋：≤75mg/kg。欧盟生态鞋类标准规定，鞋类皮革部件中的游离或可部分水解的甲醛含量不得超过 150mg/kg。

我国标准根据皮革和毛皮的用途以及人的健康需要，将有害物质可分解有害芳香胺染料和游离甲醛限量分为三个等级，即：A 类，婴幼儿用品；B 类，直接接触皮肤的产品；C 类，非直接接触皮肤的产品。有害物质限量值如表 10-12，产品分类典型示例见表 10-13。

表 10-12　有害物质限量值

项目	限量值（mg/kg）		
	A 类	B 类	C 类
可分解有害芳香胺染料（mg/kg）	≤30		
游离甲醛（mg/kg）	≤20	≤75	≤300（白羊剪绒≤600）

表 10 – 13　产品分类典型示例

分类	典型示例
A 类：婴幼儿用品	内衣、手套、袜子、外衣、帽子、床上用品
B 类：直接接触皮肤的产品	内衣、无衬里手套、袜子、皮凉席、无衬里直接贴身穿着的衣物
C 类：非直接接触皮肤的产品	皮衣、裤子、裙子、挂毯、装饰

十三、毛皮成品中四氯化碳萃取物的测定（参照 QB/T 1276—2012）

（一）测试原理

将已经制备好的试样用四氯化碳连续萃取。

（二）试剂和仪器

（1）四氯化碳，化学纯。

（2）索氏抽提器（包括大小合适的萃取烧瓶、萃取管和一个冷却管）。

（3）分析天平。

（4）多孔电炉或多孔水浴锅。

（5）干燥箱，能保持在（102 ± 2）℃范围内。

（6）尺寸大小合适的滤纸筒。

（三）测试步骤

将仪器洗净烘干，萃取瓶需预先在（102 ± 2）℃干燥箱烘至恒重。称取试样 3 ~ 4g，准确至 0.001g，装入已经用四氯化碳浸润 1 ~ 2h 的干燥的滤纸筒内，筒内上下两端覆盖一层薄的事先用四氯化碳脱过脂的脱脂棉，将纸筒放入萃取管内，试样在筒内的高度不得超过虹吸管的高度。在萃取瓶中注入四氯化碳，装好全套仪器后将萃取烧瓶放在电炉或水浴上，打开冷却水然后加热。控制虹吸回流速度 8 ~ 12min 一次，回流萃取时间为 4 ~ 5h，回流溶剂应滴在滤纸筒中央，萃取结束后，取出滤纸筒。继续加热萃取瓶中的溶剂与萃取物的混合液，使瓶中的溶剂蒸馏到萃取管内，依次倾出回收。待瓶内溶剂将尽时，将萃取瓶放入（102 ± 2）℃的干燥箱内烘 4h，如在烘干前看到有水珠，可加入 1 ~ 2mL 乙醇，取出，在干燥器内冷却 30min，称重，复烘 1h，冷却，称重至恒重。

（四）分析结果的计算

毛皮中四氯化碳萃取物按下式（24）进行计算：

$$X = \frac{M_1}{M_0} \times 100 \tag{24}$$

式中：X——四氯化碳萃取物的百分含量，%；

　　　M_0——试样的重量，g；

　　　M_1——萃取物的重量，g。

平行双份测定结果相差不得超过 0.2%。

注：样品中的水分、样品的切碎程度、萃取温度对萃取结果都有影响，应严格控制制样、萃取温度和回流速度，对于水分过多的试样须经烘干。若测试时用水浴锅，水浴锅中的水应使用蒸馏水。

几种常见毛皮中四氯化碳萃取物指标的标准要求见表 10 – 14。

表 10 – 14　毛皮中四氯化碳萃取物指标的标准要求

毛皮名别	四氯化碳萃取物（%）
绵羊皮	7 ~ 19
羔羊皮	7 ~ 14
山羊皮，猾子皮	5 ~ 12
兔皮	2.5 ~ 15
染色兔皮	5 ~ 15
羊剪绒皮	6 ~ 12
染色羊剪绒皮	8 ~ 16

十四、毛皮中游离脂肪酸的测定（参照 GB/T 22933—2008）

（一）原理

用二氯甲烷对样品进行萃取，萃取物经乙醚—乙醇混合溶剂溶解后，用氢氧化钠溶液滴定，以酚酞作指示剂判断滴定终点。根据消耗氢氧化钠溶液的量，计算游离脂肪酸的含量（以油酸为基准物）。

（二）试剂和材料

（1）所用试剂均为分析纯，水为符合 GB/T 6682 规定的三级水。实验中所用的标准滴定溶液，在没有注明其他要求时，均按照 GB/T 601 规定的制备与标定。

（2）乙醚。

（3）乙醇，95%。

（4）氢氧化钠标准溶液（0.05mol/L）。

（5）酚酞指示剂（10g/L），用 95% 乙醇配制，pH 值范围 8.2 ~ 10.0，从无色至淡红色。

（6）混合溶剂，乙醚—95% 乙醇的混合液（体积比 1∶1），临用前每 40mL 混合溶剂中加入 0.5mL 酚酞指示剂并用氢氧化钠溶液准确滴定至中性（呈现微红色）。

（三）仪器和设备

（1）分析天平，精度为 0.1mg。

（2）水浴锅，可控制温度 90 ~ 95℃。

（3）碱式滴定管，25mL，最小刻度为 0.05mL。

（4）磁力搅拌器。

（四）分析步骤

按照 QB/T 2716 的规定进行样品的制备。如果不能从标准部位取样，应在试验过程中，尽可能地剪去毛被，保留皮板。称量样品之前，试样按照 QB/T 2707 的规定进行调节。准确称量 10g 样品（准确至 0.1mg），按照 QB/T 2718 操作进行索氏抽提，最后将二氯甲烷溶液完全转移到萃取用的蒸馏烧瓶中。将蒸馏烧瓶在水浴锅上加热，蒸干二氯甲烷。加入 40mL 乙醚－乙醇混合溶剂于蒸馏烧瓶中，充分振荡烧瓶，使残余物完全溶解。

注：若残余物不能完全溶解，可加入 45 ~ 50℃ 的热乙醚－乙醇混合溶剂溶解、混匀，自

来水中冷却 1min 后迅速滴定。用氢氧化钠标准溶液滴定蒸馏烧瓶中的混合溶液，并用磁力搅拌，使烧瓶中的物质混合均匀（或强烈振荡以混匀烧瓶中的物质）。滴定终点颜色为微红色，且保持 15s 不变。

（五）计算

游离脂肪酸的含量以其在被萃取物（样品）中的质量分数表示，按照式（25）计算：

$$X = \frac{28.2 \times V \times c}{100m} \qquad (25)$$

式中：X——游离脂肪酸（FFA）的含量，%；

V——滴定过程所消耗氢氧化钠标准溶液的体积，单位为毫升（mL）；

c——氢氧化钠标准溶液的浓度，单位为摩尔每升（mol/L）；

m——被萃取物（样品）的质量，单位为克（g）。

两次平行测定结果的相对偏差应小于 10%。以两次测定结果的算术平均值作为最终结果，保留到小数点后一位。

十五、毛皮成品 pH 值的测定（参照 QB/T 1277—2012）

（一）检测原理

pH 值衡量水溶液氢离子活度的尺度，pH 值稀释差是指溶液的 pH 值和将该溶液稀释 10 倍所测的 pH 值的差，是衡量酸和碱强度的尺度，稀释差不会超过 1。如果稀释差在 0.7~1.0 之间，那么溶液中含有游离的强酸或强碱。原理：用毛皮试样制备水萃取液，用 pH 计测定萃取液的 pH 值。

（二）试剂和仪器

（1）水：要求 pH 值在 6~7，在 20℃时电导率不大于 2×10^{-6}s/cm。

（2）标准缓冲溶液：校正电极系统用，最好是购买测量用的标准缓冲溶液。

（3）振荡器：振荡频率应调节至（50±10）次/min。

（4）pH 计：测量范围 0~14，刻度为 0.05 单位，具有玻璃电极。电极系统应经常用标准缓冲溶液校正。

（5）天平：准确到 0.05g。

（6）具磨口玻塞的广口瓶。

容量 200mL 以上。

（7）量筒：容量 100mL，刻度为每分度 1mL。

（8）容量瓶：100mL。

（9）移液管：10mL。

（三）测试步骤

称取 2.5g 试样置于广口瓶中，加入 100mL（20±2）℃水，用手摇荡 30s。试样均匀湿润后，在振荡器上振荡 6h，倾取萃取液前应先使试样沉降。将萃取液温度调至（20±1）℃，测定萃取液的 pH 值，读数应在电极浸入萃取液中 30~60s 内读取。pH 值稀释差的测定：用移液管吸取液 10mL 于 100mL 容量瓶内，用水稀释至刻度，摇匀，用稀释液先洗涤电极，测定稀释液的 pH 值。所得数值与所测萃取液的 pH 值之差即为稀释差。

注：缓冲溶液的准确度必须进行控制，应准确至 0.02 pH 单位之内，缓冲溶液的误差

会转变为测试结果误差，用过的缓冲溶液应弃去。如果萃取液呈现浆状，倾泻不出来，可用清洁干燥无吸附力的筛网（如尼龙布或粗孔玻璃滤器）离心分离。

十六、毛皮成品总灰分的测定（参照 QB/T 1274—2012）

（一）原理

毛皮试样经（600±25）℃高温灼烧后所剩余的无机物残渣。

（二）试剂和仪器

（1）2N 硝酸。

（2）电热高温炉。

（3）分析天平。

（4）30mL 瓷坩埚。

（5）干燥器。

（三）测试步骤

前后两次重量的差不超过原始重量 0.1％时，即为恒重。预先将坩埚在（600±25）℃高温炉中灼烧、冷却、称重，再灼烧至恒重。称取试样 2～3g，准确至 0.001g，于已恒重的坩埚中，将盖微开，在温度较低的电炉上加热，使试样缓缓炭化至烟全部除尽，移入高温炉中，将坩埚盖半开于（600±25）℃下灼烧 4h，直至灰内碳素所呈现的光亮小点消失，停止灼烧。将坩埚取出，先在空气中降至微热，再放入干燥器中冷却 30min，称重，复灼烧 1h，再冷却称重至恒重。

（四）分析结果的计算

毛皮成品总灰分按下式（26）进行计算：

$$X = \frac{M_1}{M_0} \times 100\% \qquad (26)$$

式中：X——总灰分的百分含量，％；

M_0 ——试样的重量，g；

M ——总灰分的重量，g。

允许误差，测定平行双份结果相差不得超过 0.1％。结果试样是铬鞣毛皮，灰分可留作测试三氧化二铬含量用。灰化温度不宜超过（600±25）℃，以防易挥发性盐类损失。温度过高，灰分易与坩埚融熔黏结。炭化样品时，坩埚内不应发生火焰，以免损失。如灼烧过程中灰化慢或有未烧尽的硫粒，可将其冷却后加入几滴 2 N 硝酸，先用低温加热，蒸去多余硝酸，再进行灼烧至灰化完全。几种毛皮总灰分指标的标准要求见表 10－15。

表 10－15　毛皮总灰分指标的标准要求

毛皮名称	总灰分（％）
绵羊毛、羔羊皮、兔皮、羊剪绒皮、染色羊剪绒皮	≤7
山羊皮	≤10
獾子皮	≤6
染色兔皮	≤8

十七、毛皮成品挥发物含量的测定（参照 QB/T 1273—2012）

（一）仪器

（1）磨口带盖称量瓶。

（2）干燥箱，能控制在（102±2）℃范围内。

（3）分析天平。

（4）干燥器。

（二）实验步骤

挥发物含量是毛皮试样在（102±2）℃条件下干燥至恒重时所失去的重量。分析步骤：将称量瓶洗净，在（102±2）℃的干燥箱里烘到恒重。称重试样 2～3g，准确至 0.001g，放入称量瓶中，再放入干燥箱，在（102±2）℃条件下烘于5h。取出称量瓶，将盖盖好，放入干燥器中。冷却30min，称重、复烘1h，再冷却30min称重，直到恒重为止。

（三）分析结果的计算

毛皮中挥发物含量按下式（27）进行计算：

$$X = \frac{M_0 - M_1}{M_0} \times 100\% \tag{27}$$

式中：X——挥发物含量，%；

　　　M_0——干燥前试样的重量，g；

　　　M_1——干燥后试样的重量，g。

测定平行双份结果相差不得超过0.20%。

注：烘干过程中，不应中途打开干燥箱，也不应与其他物品同放一干燥箱内。

称量应迅速，如第一天烘干时未能恒重，须将称量瓶盖紧，置于干燥器内过夜，次日须待干燥箱温度升至100℃后，再将称量瓶放入复烘。

附录1 主要毛皮动物名称与商品名对照

因历史和贸易原因，我国对毛皮动物除有习惯叫法外，还形成一些商业名称，同名异物和同物异名者较多，见附表F1－1。

表 F1－1 主要毛皮动物名称与商品名称对照表

动物名	毛皮名
黄鼬	元皮、黄狼皮
貉	貉子皮
石貂	扫雪皮
兔狲	玛瑙皮
香鼬	香鼠皮
金猫（原猫）	红春豹皮
水貂	水貂皮
海狸鼠	狸獭皮
青鼬（黄喉貂、蜜狗）	黄猺皮
麝鼠	麝鼠皮（青根貂皮）
花面狸（果子狸）	青猺皮
毛丝鼠	绒鼠皮
巨松鼠	黑猺皮
豹猫	狸子皮
椰子狸	香猺皮
石獾（食蟹獴）	石獾皮
鼬獾	猢子皮
红颊獴	树鼠皮
獾	狗獾皮
鼯鼠	飞鼠皮
猪獾	猪獾皮
大灵猫	九江狸皮
艾鼬	艾虎皮

（续表）

动物名	毛皮名
长颌带狸	八卦猫皮
水獭	水獭皮
漠猫	草猫皮
赤狐	狐狸皮
斑灵狸	彪皮（彪鼠皮）
北极狐	蓝狐皮
小灵猫	香狸皮
沙狐	东沙狐皮
红腹松鼠	松鼠皮
藏狐	西沙狐皮
长吻松鼠	松鼠皮
紫貂	貂皮
岩松鼠	松鼠皮
猞猁	猞猁皮
灰鼠（松鼠）	灰鼠皮

附录 2 部分毛皮动物名称中、英、拉丁文对照（表 F2-1）

表 F2-1 部分毛皮动物名称中、英、拉丁文对照表

名称	英文	拉丁文
鼹鼠（鼹）	Mole	*Talpa* spp.
金丝猴	Golden monkey	*Rhinopithecus rexllanae*
短尾猴	Stump-tailed monkey	*Macaca arctoides*
蒿兔（鼠兔）	Pika. Wistling-hare	*Ochotona* spp.
草兔、草原兔	Brown hare/Cape hare	*Lepus apensis*
山兔（华南兔）	Mountain hare	*Lepus inensis*
雪兔	Snow hare. Varying hare	*Lepus timidus*
家兔	Rabbit	*Oryotolagus cuniculus var. domesticus*
獭兔/力克斯兔	Beaver rabbit	
青紫蓝兔	Chinchilla rabbit	
安哥拉兔	Angora rabbit	
灰鼠（松鼠）	Squirrel/Fur squirrel	*Sciurus vulgaris*
红腹松鼠	Red-bellied Squirrel/Pine Squirrel	*Callosciurus erythraeus*
长吻松鼠	Long-nosed Squirrel	*Dremomy pernyi*
花松鼠	Swinhoe's stieped Squirrel	*Tamiops rwinhoei*
岩松鼠	Chinese rock squirrel/David's rock squirrel	*Sciurotamias daridianus*
花鼠	Chipmunk	*Tamias sibiricus*
大飞鼠（大鼯鼠）	Giant flying squirrel	*Petaurista* spp.
小飞鼠	Flying squirrel	*Pteromys volans*
地鼠（鼢鼠）	Zokor	*Myospalax* spp.
麝鼠	Musk-rat/Ondatra zibethicus	*Ondatra zibethica*
竹鼠	Bemboo rat	*Rhizomys* spp.
旱獭	Marmot	*Marmota* spp.
河狸	Beaver	*Castor* spp.

（续表）

名称	英文	拉丁文
黑瑶（巨松鼠）	Black giant squirrel	*Ratufa bicolor*
毛丝鼠	Chinchilla	*Chinchilla laniger*
海狸鼠	Coypus/Nutria	*Myocastor coypus*
狼	Wolf	*Canis lupus*
豺	Jackal/wild red dog	*Cuon alpinus*
狗	Dog	*Canis familiaris*
狐（红狐）	Fox	*Vulpes/ vulpes* spp.
内蒙狐	Inner Mongolian fox	
西北狐	Northwest China fox	
西南狐	Southwest China fox	
华北狐	North China fox	
华南狐	South China fox	
银狐	Silver fox	*Vulpes agentatis*
蓝狐或白狐（北极狐）	Blue fox or White fox	*Slopex Lagopus*
灰狐	Grey fox	*Urocyon cinereoargententeus*
十字狐	Cross fox	*Vulpes fulva*，*varcruciatus*
西沙狐（藏狐）	Tibetan fox/Tibetan sand fox	*Vulpes ferrilata*
沙狐	corsac fox	Vulpes corsac
貉子（貉）	Raccoon Dog/Raccoon	*Nycterutes procyonoides*
金狗（小熊猫）	Red panda/ Lesser panda	*Ailurus fulgens*
棕熊	Brown bear	*Ursus arctos*
白鼬	Stoat ermine	*Mustela erminea*
水貂	Mink	*Mustela* spp.
银鼠（伶鼬）	Snow weasel	*Mustela nivalis*
扫雪（石貂）	Stoat marten	*Martes foina*
香鼠（香鼬）	Alpine wesel	*Mustela altaica*
黄狼（黄鼬）	Weasel/Kolinsky	*Mustela sibirica*
艾虎（艾鼬）	Fitch/Masked polecat	*Mustela eversmanni*
花地狗（虎鼬）	Tiger weasel/Marble polecat	*Vormela peregusna*
紫貂	Sable	*Martes zibellin*
青鼬	Yellow-throated marten	*Martes flavigula*

名称	英文	拉丁文
獾	Badger	*Meles meles*
猪獾	Hog badger/Sand badger	*Arctonyx collaris*
狸子（鼬獾）	Pahmi/Chinese ferret-badger	*Melegale moschata*
海龙（海獭）	Sea otter	*Ennylra lutris*
水獭	Otter	*Lutra* spp.
松狼（黄腹鼬）	Yellow-bellied wessel	*Mustela kothian*
狼獾（貂熊）	Wolverine	*Gulo gulo*
香狸（笔猫）	Civet cat	*Viverricula indica*
九江狸（灵猫）	Jiukiang civet cat/Lange civet	*Viverra zibetha*
彪（班林狸）	Spotted linsang/Spotted tiger-civet	*Prionodon paradicolor*
石獾（食蟹獴）	Crab-eating mongoose	*Herpested urva*
树鼠（红颊獴）	Small Indian mongoose	*Herpested auropunctatus*
家猫	Domestic cat	*Felis libyca domestica*
草猫	Jungle cat	*Felis chaus*
玛瑙（兔狲）	Pallas's cat /Steppe cat	*Felis manul*
猞猁	Lynx	*Felis lynx*
红春豹（金猫）	Golden cat	*Felis temnincki*
狸子	Leopard cat/ Tiger cat	*Felis bengalensis*
土狸子（草原班猫）	African wild cat	*Felis Libyca*
草狸（荒漠猫）	Chinese desert cat	*Felis bieti*
豹	Leopard	*Felis pardus*
艾叶豹（雪豹）	Ounce /Snow leopard	*Felis uncia*
龟文豹（云豹）	Clouded leopard	*Felis nebulos*
虎	Tiger	*Felis Tiger*
狮	Lion	*Felis Leo*
海豹	Harbor seal/ Spotted seal	*Phoca vutilina*
驼、驼狗（骆驼）	Camel	*Camelus* spp.
花鹿（梅花鹿）	Sika deer	*Cervus nippon*
獐	River deer（Chinese river deer）	*Hydropotes inermis*
狍	Roe deer	*Capreolus capreolus*
香獐（麝）	Musk deer	Moschus spp

（续表）

名称	英文	拉丁文
麂	Muntjac	*Muntjacus* spp.
牛、牛犊（畜牛）	Cattle / Calf	*Bos taurus domstica*
牦牛	Yak	*Bos giuniens*
斑羚	Goral	*Naemornedus goral*
盘羊	Argali	*Ovis ammon*
黄羊	Mongolian gazelle	*Procaprs gutturosa*
石羊（岩羊）	Bharal/Blue sheep	*Pseudois　nayaur*
羚羊	Gazelle	*Gazelle* spp.
山羊	Goat	*Capra hircus*
青山羊、青猾	Gley goat/Gley kid	
奶山羊	Milk goat	
绵羊	Sheep	*Ovis aries*
粗毛绵羊	Coarse wool sheep	
细毛绵羊	Fine wool sheep	
半细毛绵羊	Seml fine wool sheep/Cross-fred sheep	
羔	Lamb	
胎羔	Unborn lamb/Abortive lamb	
湖羊	Zhekiang sheep/Hu-Yang	
寒羊	Slink sheep	
同羊	Tung-Yang	
卡拉库尔羊	Karakul/ Persian sheep	
滩羊	Tibet sheep	
蒙古羊	Mongolian sheep	
西藏羊	Tibetan sheep	
哈萨克羊	Kazak sheep	
美利奴羊	Merino sheep	
马驹	Foal	*Eguns caballus orientalis*

附录 3　毛皮名词术语

1　毛皮术语的适用范围

1991 年，轻工业部对毛皮原料皮、生产操作工序、毛皮半成品及成品种类术语、毛皮成品质量及毛皮制品等主要质量术语进行了规定。

2　毛皮原料皮

2.1　原料皮术语确定原则

原料皮术语的确定按下列排列顺序。

2.1.1　原料皮路分

例如华北路、四川路、济宁路等。

2.1.2　原料皮的保藏或加工方式

例如盐干、冷冻、撑板、筒状、洗净、药（药品处理）等。

2.1.3　原料皮特征

a. 颜色：例如黑白、杂色、花（斑）等。

b. 品种：例如细毛、半细毛等。

c. 兽畜性别与生长情况：公、母、羔、胎（流胎）。

2.1.4　兽畜标准名称

例如家兔、山羊、绵羊、狐、獭等。

2.1.5　最后加"皮"，字

以上各项根据具体需要选择列出。

原料皮为淡干皮的，不列保藏方法。刚从兽体剥下来未经干燥的皮加"鲜"字。

术语举例：内蒙红狐皮（指内蒙古路淡干的红狐皮）；东北（路）筒状公黄狼皮；济宁青獭皮；洗羔皮（即经洗净处理的绵羊幼仔皮）；山东钉板羔皮；新疆盐干黑花半细毛绵羊皮。

2.2　原料皮术语

2.2.1　原料皮

未经任何化工方法加工处理的皮，即皮张在鞣制加工以前的皮，统称为生皮，或称原料皮。

2.2.2　路分

同一种兽畜因产地不同，皮的结构有差异，因此常按产地分为各种路分。

2.2.3　板皮

适宜供制革使用的原料皮。

2.2.4　绒皮

适宜供制作毛皮用的原料皮，例如山羊分山羊板皮和山羊绒皮。

2.2.5　鲜皮（血皮、湿皮）

从动物体剥下，未经干燥方法处理过的皮。

2.2.6　干皮（干板、甜干皮）

鲜皮直接进行干燥的皮。

2.2.7　冷冻皮（冻板）

用冷冻方法保存的鲜皮。

2.2.8　盐湿皮（盐腌皮）

鲜皮用盐腌制保存未经干燥的皮。

2.2.9　盐干皮（盐干板、盐板皮）

鲜皮经盐处理后干燥了的皮。

2.2.10　片状皮（张子皮）

剥皮时从喉、胸、腹线剖开，剥成张片状态的皮。

2.2.11　筒状皮（筒子皮）

剥皮时如脱袜状态剥下，整个皮成中空的圆筒形。

2.2.12　皮板

从兽体剥下的皮，除毛以外的皮称之为皮板。

2.2.13　板质

皮板的质量情况，如肥瘦、厚薄、新陈、伤病等。

2.2.14　嫩板

兽龄较小，皮纤维组织比较细嫩的皮板。

2.2.15　中板

兽龄近于壮年期，皮纤维组织粗壮的皮板。

2.2.16　老板

兽龄近于衰老，皮纤维组织粗糙松弛。

2.2.17　肥板

从肥壮兽体剥下的皮，油脂充足，皮质较好。

2.2.18　新板

剥皮后不久经干燥，皮板尚属新鲜。

2.2.19　毛被

兽皮上生长的毛层，包括针毛和绒毛。

2.2.20　针毛（盖毛）

毛被中比较粗壮且长的毛，弹性较强，覆盖在绒毛之上。

2.2.21　绒毛（底毛）

毛被中的细毛，对兽畜体表起保温作用。

2.2.22　毛性

毛被的性质。如毛被的软硬、弹性、光泽、疏密、灵活（毛与毛不黏连）。

2.2.23 毛型

毛的形状，直曲情况、组合成毛被的花形，如波浪形、大卷花、小卷花等。

2.2.24 裘皮

兽皮带毛经过鞣制处理，使皮变成柔软耐用，合乎制裘成品的带毛原料皮。

2.2.25 松散灵活

抖动或用嘴吹，毛绒容易分散摇动，迅速复原，灵活自如。

2.2.26 厚薄不匀

皮板的相邻部位或对称部位，其厚度差别显著。

2.3 毛皮原料皮缺陷术语

2.3.1 病死皮

兽畜久病或因而死亡的皮，皮板不油润而瘦薄，毛粘乱、光泽差。

2.3.2 疫菌皮（有菌皮）

带有病菌、病毒的皮。

2.3.3 缺材皮（皮形不完整）

原料皮缺少了应该保留的有用部位。

2.3.4 枪伤皮（打伤皮）

受枪击而致伤的皮。

2.3.5 铗伤皮

用铗具捕兽，毛和板受了伤害。

2.3.6 空薄皮（空板）

毛空疏皮板薄的皮。

2.3.7 虫蛀皮（虫咬皮、虫食皮）

保藏期间兽皮滋生小虫，蛀坏了毛和皮板，如果仅伤皮的可称"虫蛀板"。

2.3.8 发霉皮（长霉皮、生霉皮）

兽皮保存不当，长期受潮、生霉、皮受损害、变色甚至腐烂的皮。

2.3.9 血污皮（血渍皮）

皮上带有血渍的皮。

2.3.10 记号皮

毛被上作上了难以除去的记号或烙印等。

2.3.11 毛松皮（口松皮、毛口松）

由于原料皮保管不善，毛根受损伤，制出的毛皮易掉毛。

2.3.12 母子肷（抢窝毛、抢窝皮）

母兽在哺乳期，腹肷部大而毛稀。

2.3.13 顶绒皮（浮绒皮）

换毛季节，绒毛与皮板分离，但仍缠结留在毛被中。

2.3.14 陈板（旧板、旧皮）

存放时间过久或保藏不善皮板变黄变质。

2.3.15 秃板（秃毛、秃皮）

因伤、病、热等原因，毛被局部脱落裸露皮板。在毛皮中也有因制造过程中化学处理不当而引起光板。

2.3.16 折裂板（断板）

皮板晾干后，被强力折叠，使皮板产生了折裂痕。

2.3.17 折皱

由于原皮缺陷或剥皮、绷皮时用力过大，使皮的粒面发生断裂。

2.3.18 皮病板

即有皮肤病的皮板。包括癣疥板、痘疔板、癞病板。

2.3.19 冻糠板（冻干皮、糠皮）

鲜皮遇冷冻后风干，皮板空松，发白发糠。

2.3.20 油煎板（油烧板、油烩板、油浸板）

皮板油脂量多，储存时油脂渗入皮纤维间，使皮板变质，影响制成品质量。

2.3.21 烫伤板（烫坏皮、胶化板）

皮板因受热烫伤变性，轻者制得的成品皮板发硬，重者收缩或胶化。

2.3.22 硬块板（过干板）

皮板在干燥过程中，因温度高，干燥过快，出现皮板局部硬块。

2.3.23 虱叮板（虱咬板）

兽畜受虱子叮咬，皮板上出现伤痕。

2.3.24 描刀或刀洞

剥皮或初加工时，用刀将板面划成未透的破口称描刀；将皮割穿的称刀洞。

2.3.25 撕破板（撕裂板）

剥皮时或处理原料皮过程中，将皮撕开了裂口。

2.3.26 孔洞板

剥皮不当，或其他原因，使皮产生了孔洞。

2.3.27 伤痕板（刺伤板）

兽皮受刺伤、咬伤而愈合后的皮板伤痕。

2.3.28 皱缩板（缩板皮）

晾皮时未将皮板适当地展开干后形成皱缩的皮板。

2.3.29 肥皱板

肥胖兽畜，身体两侧皮板易生肋条状的条纹。

2.3.30 毛空

毛被中毛的数量较一般正常同类的皮少。

2.3.31 鸡啄毛

毛被上凹凸不平，似被鸡嘴啄过的样子。

2.3.32 火燎毛（火烧毛）

毛被上有被火烧坏了的痕迹。

2.3.33 焦针毛（焦针皮）

皮上针毛呈现焦枯状态。

2.3.34 圈黄毛（尿黄）

兽畜毛被长期受粪便污染，毛被产生了不易除去的黄色。

2.3.35 剪伤毛（剪坏毛）

由于剪毛不当，局部剪得过多，剪坏了毛被。

2.3.36 蹲裆毛

兽体臀部坐地而受到损坏的毛。

2.3.37 擦伤毛

毛被因受摩擦，毛受到损坏。

2.3.38 次脖毛（塌脖毛）

换毛季节，脖头部位毛绒不足。

2.3.39 咬伤毛

兽体被咬后，毛被上留下的损坏。

2.3.40 杂毛

在毛被中夹杂生长有特殊颜色或形状的毛。

2.3.41 浮毛

毛被中夹带着已脱离皮板不固定的毛。

2.3.42 死毛（枯毛、白毛）

髓质发达的毛，纤维粗，色较白而脆，不易染色，常见于羊毛中。

2.3.43 结毛（擀针、锈花）

毛被之毛，相互缠结成团，虽经梳理，有时亦不易散开。

2.3.44 龟盖毛（龟盖皮）

换毛季节，毛绒未长齐，背部呈特殊形状的一块。

2.3.45 露毛根

皮板肉面有毛根露出，容易导致制成的毛皮掉毛。

2.3.46 掉毛（掉针）

毛与皮板结合不牢，经规定方法检查，落毛较多，落针毛的称掉针。

2.3.47 毛峰钩曲

因动物营养不良，或换毛期日粮中含钙量过高，取皮过晚，以及在高原地区受过量紫外线照射等原因，使针毛光泽减弱，毛尖钩曲，严重影响毛皮质量。

2.3.48 缺针（秃针）

毛被上针毛脱落过多。

2.3.49 断针

有些针毛，毛尖已经断落，影响外观。

3 生产操作工序

3.1 毛皮生产工序术语

3.1.1 分路（选皮、挑皮、组批）

挑选适于用同一方法加工生产工艺的原料皮组成生产批投产。

3.1.2 割头腿（剁头腿）

不使用头腿部位的毛皮，先将头腿割去。

3.1.3 回潮（喷水、洒水、回软）

加水于干皮，使其均匀地吸水变软，以便下工序操作。

3.1.4 缝破口（缝破皮、缝口皮、缝口）

用线缝好皮的破口。

3.1.5 刮毛（打毛、除杂、打羊污、除杂）

用手工或机器刮去毛被上脏物。

3.1.6 抓毛（梳毛、刮草刺）

用工具将毛被梳理通顺松散。

3.1.7 剪毛

用机器或手工将皮上的毛剪短。

3.1.8 浸水（泡水、浸软）

用水或加入渗透剂浸泡使原料皮快速充水变软，接近鲜皮状态。

3.1.9 洗皮（水洗、洗涤）

用水或添加碱、洗涤剂等将皮洗净。

3.1.10 开筒（割筒、挑筒）

将筒状皮割开，使皮成片状。

3.1.11 揭里（去肉里、撕肉膜、剥膜）

揭去皮板肉面的肉膜。

3.1.12 去肉（去油、贴铲、水铲）

用机器或工具除去皮板上的油膜、肉渣。

3.1.13 割边（割边腿、净边）

割去边胈及腿等无用部分。

3.1.14 脱脂（洗油脂、去脂）

用碱液或添加洗涤剂处理皮以减少皮的脂肪（以有机溶剂乳化液脱脂者称"乳液脱脂"）。

3.1.15 水洗（洗皮、冲洗）

用水将皮洗净。

3.1.16 甩水（摔水、绞水）

使用离心机将皮的附着水分甩去。

3.1.17 挤水（压水）

用辊式或螺旋式挤水机挤出皮中水分。

3.1.18 控水（搭马）

将皮放置堆叠，或搭在木马上使水分流去。

3.1.19 称重（称量、称皮）

用衡器称出物料的重量。

3.1.20 酶软化（霉软、软化、酶软）

利用酶的作用，改变皮中一些蛋白质和脂肪等物质的结构使其松散或易于洗去，使成品获得柔软的性能。

3.1.21 酸肿（酸肿胀）

用酸性物质使皮在水中肿胀。

3.1.22 消肿（去肿胀）

以加盐或中和方法，使皮板肿胀状态消除。

3.1.23 浸酸（打酸汤、打盐汤）

将皮在盐及酸的溶液中进行处理。

3.1.24 预鞣（前鞣）

用低浓度的鞣料，对皮预先处理，以后再进一步鞣制。

3.1.25 铬鞣（红矾鞣）

用铬化合物鞣制皮。

3.1.26 铝鞣（明矾鞣）

用铝化合物鞣制皮。

3.1.27 锆鞣

用锆化合物鞣制皮。

3.1.28 油鞣

用鱼油或其他不饱和油类鞣皮。

3.1.29 醛鞣

用醛类化合物鞣皮。用甲醛鞣的可称甲醛鞣，用戊二醛鞣制的，称戊二醛鞣，余类推。

3.1.30 结合鞣

使用两种或两种以上的鞣料进行鞣皮的方法。

3.1.31 硝面熟皮（硝面鞣、米粉鞣、面鞣、硝皮）

用食盐、芒硝、米粉和水酸化发酵，以制毛皮。因此法无实际鞣制作用，故称硝面熟皮。

3.1.32 复鞣（重鞣、再鞣）

对鞣制过的皮，再进行补充鞣制。

3.1.33 静置（放置、停放）

经过化学材料处理后的皮（例如铬鞣或加油染色等），静止放置使皮与材料进一步作用、固定。

3.1.34 中和

皮经铬鞣或其他方法处理之后，其中含有过多的酸或碱，用碱或酸以除去之。

3.1.35 加油

用乳化或其他方法使油脂渗透分布入纤维间，增加毛皮柔软和光泽。

3.1.36 干燥（晾皮、晾干）

用各种方法，除去皮中多余水分，以达到在制品或成品对水分含量的要求。

3.1.37 伸展（推皮）

用手工或机械将皮板伸开，使之平展。

3.1.38 铲软（铲干皮）

用大铲或铲皮机把皮板铲软。

3.1.39 磨里（磨皮、砂皮）

用砂纸轮等机械将毛皮肉里磨干、磨薄、磨匀。

3.1.40 修整（修边、割皮）

用剪子或刀，对皮进行修剪，除去不合适部分，修好破皮，使皮张整齐好看。

3.1.41 溶剂脱脂（干洗）

使用有机溶剂，除去毛皮中过多的油脂。

3.1.42 滚软（摔软）

置皮于转鼓中转动，使皮板摔软，有时亦有增加毛被光泽的作用。

3.1.43 除尘（除灰、去灰）

除去附于毛皮上的灰尘和锯末等物，使毛被松散灵活。

3.1.44 绷皮（绷板、钉板）

将皮钉于板或绷在框架上，使皮面积增加，平展定形。

3.1.45 吹汽（喷汽、汽吹）

用水蒸汽将毛绺吹开吹散。

3.1.46 梳毛

将毛梳开，使毛被松散通顺。

3.1.47 刷酸

在毛皮上刷上酸液。

3.1.48 刷固定剂（刷甲醛）

刷上固定直毛溶液，使烫直后的毛不再恢复弯曲。

3.1.49 去酸醛（撤酸、中和）

除去毛和皮板上的酸和醛。

3.1.50 媒染处理（媒介）

采用媒染染料染色前，先用媒染剂处理。

3.1.51 染色（上染、上色）

用染料溶液将毛皮染色。

3.1.52 刷染（刷色）

用刷涂方法将染液刷于被染物上。

3.1.53 吊染

悬吊毛皮，让毛被与染液接触。

3.1.54 防染（遮染）

用防染剂处理毛被，而后再染色。

3.1.55 喷染（喷色）

将染液喷洒于毛皮之上。

3.1.56 印花（刷花、漏花、漏板）

用花板放在毛被上，刷染或喷染出花纹。

3.1.57 仿染

以各种染色方法，将低档毛皮仿制成高档毛皮的颜色或花纹。

3.1.58 漂白（漂色、漂皮）

用漂白药品处理白色毛被，增加毛被白度。

3.1.59 增白

用增白剂处理毛被，使其白度增加。

3.1.60 褪色（漂白、扒色）

用化学材料处理，使毛被颜色减退。

3.1.61 洗浮色（去净色）

洗去染物上未固定的染料成分。

3.1.62 削匀

用机器将皮肉里削薄，并使其厚度均匀。

3.1.63 磨绒（起绒）

将皮里磨起细致的毛绒。

3.1.64 片皮

用快刀把皮板过厚的部位片薄。

3.1.65 拔针

拔去毛被上的针毛。

3.1.66 上光

用光泽剂处理毛被，使毛的光泽增加。

3.1.67 滚锯末（转锯末）

把毛皮与锯末等物共同放入容器中滚动，使毛被松散光亮，皮板变柔软。

3.2 毛皮衣（裤）筒、片等制品工序术语

3.2.1 量尺（量皮、打尺）

量出毛皮面积尺寸的大小。

3.2.2 选料

根据制品对毛皮质量的要求，选出适用的皮张。

3.2.3 配制（配皮）

按要求把毛皮若干张配合成整件制品的用料。

3.2.4 考活

检验配制好的毛皮是否合适。

3.2.5 吹缝（删皮、剪补）

将锈结毛、光板、齐毛、乳盘等缺陷剪除，缝好，使毛面不显缺陷。

3.2.6 回潮

见3.1.3。

3.2.7 平皮

把毛皮皮板伸平、伸开，以便裁剪制品。

3.2.8 裁制

按制品的式样要求，裁剪毛皮。

3.2.9 检验（印活）

检查裁制加工质量。

3.2.10　缝制

把裁制好的毛皮裁件缝合起来。

3.2.11　刮浮毛（刮毛、去浮毛）

把没有固着的浮毛刮去，并将毛被刮松散。

3.2.12　抓衣（搔皮）

用抓子将毛被梳通顺，同时除去锈毛。

3.2.13　水花

以浆水施于毛被表面，使之结出好看的毛绺花形。

3.2.14　绷皮

见 3.1.45。

3.2.15　复样

按照标样的要求，对制品进行检查。

3.2.16　除尘

见 3.1.44。

3.2.17　仿染

见 3.1.58。

3.2.18　走刀（拔刀）

为了适应在制品尺寸、形状的需要，通过切割皮张，变动割开皮块的位置再缝合起来，既能符合尺寸要求，又能符合毛被的自然外观。

3.2.19　串刀

串刀是按一定方法，将毛皮裁开成条状，再按一定规律拼缝起来，使制出的反穿外衣毛面具有特殊的形式。

3.2.20　加革条

将毛皮裁开为条状，与革条交替排列缝合起来，既可以减薄毛被厚度，又可以使毛被显出层次花纹。

3.2.21　入相

把几张同一品种的兽皮，按各部位的情况，分别裁开成小块，再将各皮相似的部位拼缝在一起，以组成一张体型较大的兽皮，供作使用。

3.2.22　方做

将毛皮裁成方或长方形制做。

3.2.23　暗缝

缝制板面向外穿用的毛皮大衣，皮板缝口便隐藏在毛被内。

3.2.24　镶头

制成具有兽体外表形状的毛皮，带有头部、五官、腿、爪等，装饰逼真、美观（如陈设用的虎皮，围脖用的镶头水貂毛皮）。

3.3　毛皮服装吊制工序术语

3.3.1　整平

将衣片领片袖片或皮筒等材料整理铺平。

3.3.2 齐边（旋边）

将衣片袖片领片按纸样把边缘处用刀裁齐。

3.3.3 划线

按样板大小用划粉划定线印，以便缝制。

3.3.4 缝皮缝

按划粉划定的线印缝顺缝好。

3.3.5 缝牵条

在皮衣较吃力的地方，加缝上小布带，并可在此工序中绗上衬料。

3.3.6 手针攘袖

以手工方法用针线在几个位置上将袖子定位，以便缝得正确。

3.3.7 绱领袖

将毛皮领子、袖子按划粉线印缝上。

3.3.8 缉开线（嵌线、绱牙子、滚条）

在毛皮衣里的沿边，缝上裹有小绳线的布条。

3.3.9 扳开线（扳边、扳滚条、绊边）

用手针将缝上的开线、布条扳倒并缝在皮板上。

3.3.10 附里

以手工方法用针线把衣里固定贴附在皮板上（即用线绷上）。

3.3.11 签边（扦边）

将毛皮大衣绸缎里子与开线缝在一起。

4 毛皮半成品及成品种类术语

4.1 毛皮半成品术语

4.1.1 湿皮（水皮）

原料皮经浸水完全又经控水之后的皮称湿皮。

4.1.2 浸酸皮

浸酸处理后未经干燥之皮。

4.1.3 浸酸带毛干皮

皮经浸酸，又经干燥带毛之皮。

4.1.4 铬鞣湿毛皮

铬鞣后未经干燥的湿毛皮。

4.1.5 胚毛皮（闷子皮）

鞣制后干燥了的毛皮，可存贮待进一步加工成毛皮成品。

4.2 毛皮成品术语

4.2.1 毛皮（毛革、熟皮、皮革、裘皮）

兽皮经鞣制及机械处理使皮变成柔软、稳定耐久、合乎实用要求带毛被的革。

4.2.2 本色毛皮（原色毛皮）

制成的毛皮，其毛被颜色为兽畜生长本来的颜色。

4.2.3　染色毛皮

用染料染上了颜色的毛皮。

4.2.4　剪绒毛皮

毛皮的毛被，经剪毛机加工将毛剪短使毛被变得平齐（此种毛皮多以绵羊皮加工制成）。

4.2.5　拔针毛皮（绒皮、绒毛皮）

毛皮经拔去针毛、毛被余下细密柔软的绒毛。

4.2.6　毛革两用毛皮（革面毛皮）

此种毛皮用以制造板面向外的服装。板面磨起绒的称绒面毛革两用毛皮，板面肉里用涂饰剂加工成光亮革面的称为光面毛革两用毛皮。

4.3　毛皮成品术语确定原则

毛皮成品术语的确定按下列排列顺序：

4.3.1　加工特点

例如铬鞣、染黑、增白、梳、剪、熨、拔针等（在命名时具有两项加工特点的，可依工序先后排列）。

4.3.2　原料皮特征：

a. 路分、品种：例如华北路、新疆路细毛绵羊皮。

b. 颜色：指本来毛被生长的颜色。例如白、黑、花（花斑）、棕等。

c. 兽畜生长情况：例如大毛、二毛、胎（羔），但亦可按习惯置于兽名之后。例如马驹、狗崽（仔）等。

4.3.3　兽畜标准名称

例如绵羊、水貂、山羊等。

4.3.4　最后加"毛皮"二字。

以上各项根据具体需要选择列出。

术语举例：绵羊毛皮。

新疆细毛绵羊毛皮。

拔针山羊毛皮（地方俗称山羊绒皮）。

铬鞣染黑梳剪熨东北（路）细毛绵羊毛皮（染色毛皮）。

铬鞣梳剪熨东北路（色）细毛绵羊毛皮（本色毛皮）。

5　毛皮半制品及制品的种类术语

5.1　毛皮半制品术语

5.1.1　衣片（衣料）

用毛皮经过配制、裁制、缝制等上作制成一件衣服的几片部件，以此可用以制成整件毛皮衣服，衣片一般供制反毛外衣之用。

5.1.2　衣筒（楼筒）

衣筒是用毛皮缝制成整件衣服的样子，添上衣面（吊面）即成服装用品。

5.1.3　裤筒

与5.1.2同义，作毛皮裤用。

5.1.4 褥子

将毛皮按一定要求，缝制成约为 $122 \times 61cm$ 的方块，可供作垫褥或改制其他用品。

5.1.5 领子（领头）

供制作衣领的材料（大衣反领之用）。

5.1.6 帽扇（帽料）

供制造毛皮帽子的毛皮材料（部件）。

5.1.7 鞋里（鞋衬）

用毛皮制的鞋内衬里，以供制保暖鞋子之用。

5.2 毛皮制品术语

5.2.1 大衣

用毛皮制成，毛被向内穿用（毛被向外的可称反毛大衣）。

5.2.2 帽子

用毛皮制成的帽子。

5.2.3 披肩

是披在肩背上的毛皮服饰，不带袖子，防风吹保暖，或装饰之用。

5.2.4 背心（坎肩、马甲）

是没有袖子的上衣（与西装配套用的称西装背心）。

5.2.5 靠垫（靠背、背垫）

用于坐位靠背上的垫子。

5.2.6 毯子

面积比一般褥子大些，尺寸大小不一，可分挂毯和垫毯。

5.2.7 手笼（手筒）

为两端开口的圆筒形，手从两端放进手笼内，得以保暖（常与毛皮大衣配套制成）

5.3 毛皮半制品及制品术语确定原则

毛皮半制品及制品术语的确定按下列顺序：

5.3.1 制品所用毛皮的名称，例如内蒙狐毛皮。

5.3.2 制品的加工特点，例如加革条、串刀。

5.3.3 制品名称或半制品名称，例如大衣、衣片等。

术语举例：内蒙狐毛皮加革条大衣片。

绵羊毛皮大衣筒。

铬鞣染棕（色）华北（路）绵羊毛皮军（用）大衣。

6 毛皮成品质量术语

6.1 毛皮皮板观感质量术语

6.1.1 丰满（饱满、结实）

皮板纤维饱满而分散，皮板软而不空虚。

6.1.2 柔软（软和）

皮板纤维松散，不僵硬。

6.1.3 平展（平坦、平整）

皮板无鼓包、凹凸、折痕、全皮基本上舒展平坦。

6.1.4 洁净（清洁、干净）

皮板无颜色及脏物的沾污，无附着灰土杂物。

6.1.5 细致（细腻）

皮板肉面纤维绒头细而且细密。

6.1.6 厚薄均匀（厚度均匀）

皮板各部位的厚度差别不大，合乎规定或适于使用要求。

6.1.7 延展性（延伸性、可塑性、随和）

皮板能随外力而容易改变其形状，除去外力仍能保持改变后的形状。

6.1.8 弹性（弹力）

皮板随外力改变其形状，除去外力以后，能恢复原来形状的性质。

6.1.9 掉材（缺材、掉料）

生产毛皮加工不慎，将皮撕破而未缝上，皮形不完整（参见2.3.3）。

6.2 毛皮皮板缺陷术语

6.2.1 油脊（油背）

皮板脊骨线部位，皮内含油多，有渗油现象。

6.2.2 油板（大油皮）

皮板内大部分含油脂过多，或有渗油现象。

6.2.3 油块（油片、油渍）

皮板局部有油腻。

6.2.4 肉渣（油渣）

皮板肉面的皮下组织未除净，仍留在皮板上。

6.2.5 抓眼（抓洞、抓伤、招眼）

用抓子梳毛时，不慎抓穿皮板，显出并排的几个洞眼。

6.2.6 磨伤（磨坏）

皮板在磨里的操作中磨出了伤痕。

6.2.7 破口（开口）

操作不当，或用力过火，使皮产生开口破裂。

6.2.8 刀伤（刀花、跳刀）

削皮时操作不当，皮板肉面呈并排的条纹。

6.2.9 硬脊（硬背）

毛皮皮板背脊部位发硬。

6.2.10 硬边

毛皮皮板边沿发硬。

6.2.11 硬板（硬皮）

毛皮成品，皮板明显发硬。

6.2.12 响板

加工不当，皮板发硬，抖动时皮板发出响声。

6.2.13 糟板 (烂板)

毛皮皮板部分或整张，强度甚低，线缝的缝眼容易拉破或针孔撕裂强度不足规定。

6.2.14 贴板 (黄沙里)

皮板未经鞣制，干后发硬发青。

6.2.15 色花板 (花板)

加工操作不当使皮板上产生了颜色斑痕，如铬斑、染料花斑等。

6.2.16 脏污

毛皮皮板被弄脏，附着上了影响外观和卫生的东西。

6.2.17 异味 (臭味、臭气)

皮板上带有不快的气味，例如腥臭、酸臭等。

6.2.18 烫伤

皮板因遭受高温，皮蛋白质收缩变性，毛皮皮板因而变硬或发皱（参见2.3.21）。

6.2.19 裂面 (炸面、断面)

用力绷张皮板，并以手指或小木棍刮顶肉面，皮之粒面发生轻微破裂响声。

6.2.20 透毛 (露毛根)

铲皮或磨皮过度，致使肉面毛根露出，容易引起掉毛（参见2.3.45）。

6.2.21 分层 (层板)

皮板上的粒面和网状层连结松弛，容易分开为两层。

6.2.22 张面 (张板、翻面)

铲皮时不慎，将真皮层铲坏，而粒面层未破。

6.2.23 皮形完整

各种毛皮加工应按要求保留有用部位，对头、腿、边等处不应割去过多，否则就有掉材缺陷。

6.2.24 制造伤

加工过程中各种人为损伤，如抓眼、刀伤、磨伤等。

6.2.25 不耐洗涤 (翻生、不熟)

毛皮经洗涤检验干后明显变硬。

6.2.26 裂浆 (爆浆)

光面毛革两用毛皮，革面涂饰层经不起检验而破裂。

6.2.27 光板 (秃毛)

在制造过程中，因化学处理不当或过热影响引起脱毛露出皮板。

6.3 毛皮毛被观感质量术语

6.3.1 光泽 (光亮、亮光)

毛被的毛光滑，能较好地反光而发亮。

6.3.2 洁白 (发白)

毛被洁净而且颜色白度好。

6.3.3 洁净 (干净、清洁)

毛被无尘土、油腻、杂物、污迹、异味等。

6.3.4 松散灵活

抖动毛被或用嘴吹气，毛绒容易分散摇动、灵活自如。

6.3.5 平整

毛被平顺整齐、无局部高低、杂乱、歪斜、弯曲、结毛、齐毛等缺陷。

6.3.6 花穗毛（花弯）

例如滩羊的毛被、毛成束结成穗状弯曲的毛型花式。

6.3.7 毛峰齐全

针毛整齐，毛峰不弯不缺。

6.3.8 弹性

毛被的毛能保持松散灵活整齐美观的外形，用手压毛被放手后也较容易恢复原来外形。

6.3.9 颜色均匀不花

染色的毛被，各部位颜色达到一定标准，不应有过于明显的花斑或不同之处。

6.4 毛皮毛被缺陷术语

6.4.1 漏剪毛（剪漏）

剪毛时有部分的毛遗漏未剪到。

6.4.2 阶梯毛

剪毛不当，毛被产生高低的阶梯状。

6.4.3 凹凸毛

剪毛时因皮张铺不平，毛面有的剪得过多或过少，毛被剪得凹凸不平。

6.4.4 机啃毛（剪伤毛）

剪毛不当容易将头尾部位毛被剪得过多。

6.4.5 手剪伤毛

手工剪毛，不慎将局部剪得过多，留下的伤痕。

6.4.6 齐毛

毛被上有小部分的毛被截短了。

6.4.7 絮毛（虚毛）

因剪毛刀不快，有少量毛绒未剪到，高于周围的毛。

6.4.8 浮毛

与皮板脱离了的毛，分散地夹在毛被内，经抖动或用手掌顺毛摩擦毛被，毛容易分离出来。

6.4.9 油毛

毛上有油腻，毛与毛容易粘连不灵活。

6.4.10 绿毛（挂铬）

因铬鞣不当，毛被上显出较深的三氧化二铬的颜色。

6.4.11 掉浮色（脱色）

染色着色不牢，当与其他物料接触摩擦，毛被容易将颜色转移到其他物料之上。

6.4.12 根尖颜色不遂

经过染色的毛、毛尖与其下部颜色差别太大，不协调。

6.4.13　直毛深度不足（直毛不够）

剪绒毛皮用酸醛将弯曲的毛烫直固定，当直毛部分长度太短，不合要求时，称为直毛深度不足。

6.4.14　酸醛味

毛被留存过多直毛剂的酸醛气味。

6.4.15　直毛不稳定（直毛回缩）

经直毛后的剪绒毛皮受到规定方法的水洗检查，直毛部分回缩弯曲。

6.4.16　色锈（熨花）

因染色物过多，沉积毛上，产生铜锈色泽，影响美观。

6.4.17　熨变色（熨花）

熨毛时温度过高，使毛变色发花。

6.4.18　抓空毛

抓毛操作太重，使毛脱落，毛被中的毛明显减少。

7　毛皮制品主要质量术语

7.1　毛皮制品主要观感质量术语

7.1.1　添材适当（添材相遂、添材相当）

制作毛皮制品所添加配用的毛皮材料，毛性毛色相遂，等级恰当合乎要求。

7.1.2　线缝正直

线缝处缝得正直，不歪曲。

7.1.3　线缝适当

线缝处针码密度均匀，深浅合适。

7.1.4　配制均匀（配制合理、配料合理）

配在一起的毛皮材料，毛性、毛色、路分相遂，搭配合适。

7.1.5　用料合理

根据制品档次的高低及制品各部位原料要求的优劣，选用适当的材料，做到物尽其用。

7.1.6　路分相遂

制作制品时，所使用的各个毛皮，其路分相同，或很接近。

7.1.7　毛性相遂（毛质相遂）

所用制造成品的毛皮毛性相互配合（参见2.2.22）。

7.1.8　毛色相遂

配制毛皮制品，所使用的毛皮，毛色相同或相互配合。

7.1.9　前后身相遂

配制毛皮衣料，其前身和后身所使用的毛皮协调。

7.1.10　花弯相遂

制品所用的毛皮块，其毛穗的弯曲花形一致协调。

7.1.11　克毛平顺

拼缝在一起的毛皮块，缝接处毛被的毛、毛绒的疏密、长短、针毛粗细相遂，且顺向平服，似属同一张皮。

7.1.12　脊线正直（脊子直、脊骨正直）

所用各个皮张脊线均正直、拼缝在一起时脊线串起来也不歪斜。

7.1.13　部位对称

用多块毛皮合制成的制品，其对称部位毛性毛色协调对称。

7.1.14　腿印对正

在制品中的毛皮腿印能放置在对称部位，高低一致，左右不偏离。

7.1.15　板面平整

缝成制品后的毛皮皮板，铺开检查皮板平整。

7.1.16　周边整齐（四边整齐）

有些半制品，例如褥子，其周边要求整齐好看，不应参差不一。

7.2　毛皮制品主要缺陷术语

7.2.1　跳线

机器缝皮时，机针在皮板刺了孔，但线一时未缝上，隔了若干步再缝上，未缝上的间隔就为跳线。

7.2.2　重缝

未缝好的线缝，未将旧线消除，再行缝合，新旧线在一起即为重缝。

7.2.3　针码不足（针码过虚）

缝皮时的针孔距离过大，在一定长度内，针码数达不到要求。

7.2.4　漏缝（缺缝、落口、脱缝）

缝接皮块，应该缝起来的接口却没有缝上。

7.2.5　线头

线缝处留下一段伸出来较长的线端。

7.2.6　针码过深（缝口过紧）

缝合两块毛皮，线缝针孔距离皮块边沿太远而产生了楞子。

7.2.7　线松（松线、缝线不紧）

线合毛皮块的缝线不够紧，缝结松动。

7.2.8　缝偏（缝侧）

缝口两侧，吃针一张皮距边沿深，另一张浅，线缝偏于一边。

7.2.9　拴毛（口毛、缠毛、裹毛）

缝好的毛皮制品，皮板的肉面线缝上缠压有毛，露在皮板上。

7.2.10　露毛（透毛）

因制品上的缝线过松，经整理之后，皮板线缝处露出了毛。

7.2.11　走刀脱节

经过走刀操作处理的毛被，看来不似同一张皮的自然状态。

7.2.12　腿印不对

制品上毛被的两个腿印不在对称部位。7.1.14 之反义词。

7.2.13　板面不平整

制品上所用毛皮应该平展，线缝应该平整，不应有明最高低、发皱，否则使制品成为不平整。

附录4　中国主要野生毛皮物种识别检索表

为了更加方便、准确地鉴定毛皮，东北林业大学杨淑慧等根据东北林业大学毛皮标本室收藏的标本，编制了毛皮形态学检索表，该表可以准确鉴定食肉目和啮齿目 8 个科的 58 个物种的毛皮。检索表尽量采用可以明显确认的动物或毛皮形态特征进行编制，并尽量避免使用在剥皮鞣制过程中容易丢失的特征。表中绝大多数物种的特征是从 5 张以上的皮张总结而来，主要适用于未经染色、剪绒、拔针等处理的生皮或鞣制过的皮张。见附表 F4 - 1。

表 F4 - 1　中国主要野生毛皮动物识别检索表

序号	特征描述	转到	确认动物种类
1	皮张长度大于 100cm，且具清晰斑纹	2	
	不具上述特征	5	
2	体被具数条与体轴垂直的清晰黑色或黑褐色条状纹		虎 Panthera tigris
	体被不与体轴垂直的清晰条纹	3	
3	背部具清晰的云状大斑块，规则镶嵌排布，额部具点状斑，颊部具纵纹		云豹 Neojelis nebulosa
	背部具散在分布的小环状斑或点斑，头部仅有点状斑	4	
4	毛被厚密，呈青灰色，额部斑点细小而密集，体被环状斑点不清晰		雪豹 Uncia uncial
	毛被疏薄，呈草黄色或棕黄色，额部斑点大而稀疏，体被环状斑点清晰		豹 Panthera pardus
5	通体毛被颜色单一，背腹颜色基本一致（有的具喉斑），针毛无明显色节	6	
	通体毛被 2 种以上颜色，或针毛具明显色节	15	
6	毛被咖啡色	7	
	毛被非咖啡色	12	
7	绒毛弯曲且成束分布	8	
	绒毛不弯曲，不成束分布	10	
8	针毛长度大于 4cm，针毛/绒毛长度比不小于 3		河狸 Castorfiber
	针毛长度小于 2.5cm，针毛/绒毛长度比小于 2	9	

（续表）

序号	特征描述	转到	确认动物种类
9	毛绒短而平齐，尾部被毛极短且紧伏于皮板上，几无底绒		江獭 Lutra perspicillata
	毛绒较长且稍蓬松，尾部被毛长而蓬松，且底绒较为厚密		水獭 Lutra lutra
10	不具喉斑，尾毛紧密		小爪水獭 Aonyx cinerea
	具喉斑，尾毛蓬松	11	
11	喉斑向下延伸至胸部，针毛较短，并有白色针毛零星分布		紫貂 Martes zibellina
	喉斑向下延伸至前肢处，针毛较长，无白色针毛零星分布		石貂 Martesfoina
12	毛被纯白色，尾尖黑色	13	
	毛被黄色，尾尖黄色	14	
13	皮张长度小于20cm，仅尾尖黑色		伶鼬 Mustela nivalis
	皮张长度大于25cm，尾部黑色近尾长的1/2		白鼬 Mustela erminea
14	针毛长度小于1.5cm		香鼬 Mustela altaica
	针毛长度大于2cm		黄鼬 Mustela sibirica
15	腹部与体侧或背部颜色具明显差别，且界限清晰	16	
	腹部与体侧或背部颜色无明显差别，或界限不清晰	25	
16	背部具明显斑纹	17	
	背部不具明显斑纹	20	
17	尾具环纹，体背黑色斑纹	18	
	尾不具环纹，体背斑纹非黑色	19	
18	头背部至肩部2个"八"形斑纹，背部具4块规则大墨斑，仅尾基部1/2有环纹		长颌带狸 Chrotogale owstoni
	背部具清晰黑色斑点，尾具多个环纹，直达尾尖		斑灵狸 Prionodon pardicolor
19	背部棕灰色，腹部白色，顶部至肩部有一白色纵纹，短而不连续，其他部位无斑纹		鼬獾 Melogalemoschata
	背部黄白色，腹部棕褐色，背部满布清晰的棕色斑点		虎鼬 Vormela peregusna

（续表）

序号	特征描述	转到	确认动物种类
20	头部具两条清晰黑褐色纵纹，腹部毛绒较背部明显疏薄，黑褐色		狗獾 Melesmeles
	头部不具斑纹，背腹毛绒密度差别不大，腹部非黑色	21	
21	背部灰黑色、黑色或青灰色，尾长几乎等于皮张长	22	
	背部沙黄色、棕褐色，尾长远小于皮张长	24	
22	耳尖具簇毛，被毛灰黑色，腹部白色		灰鼠 Sciurus vulgaris
	耳尖无簇毛，被毛不具上述特征	23	
23	背部青灰色，腹部棕红色，针毛色节明显		赤腹松鼠 Callosciurus erythraeus
	背部黑色，腹部亮黄色，针毛无色节		巨松鼠 Ratufa bicolor
24	背部棕褐色，腹部黄色，背腹均无斑点		黄腹鼬 Mustela kathiah
	背部沙黄色，腹部白色，体侧及臀部被毛铅灰色		藏狐 Vulpesferrilate
25	背部具一条或数条纵纹	26	
	背部无斑纹，或具其他形状斑纹，不清晰暗纹	32	
26	背腹深棕褐色，仅背中部具一条白色纵纹，细长而连续		纹鼬 Mustela strigidorsa
	无上述特征	27	
27	皮张长度小于20cm，背部具5条褐色纵纹		花鼠 Eutamias sibiricus
	皮张长度大于50cm，背部具多条纵纹	28	
28	尾具环纹	29	
	尾不具环纹	31	
29	面部无任何斑点，数条棕红色纵纹自背中部始清晰，背中线两侧具棕红色小斑点		小灵猫 Viverricula indica
	面部具数条清晰纵纹，且与背部纵纹连接，直达尾基	30	
30	背部及体侧具规则环状斑		金猫 Feils temmincki
	通体具清晰黑色点斑，或模糊褐色斑点		豹猫 Felis bengalensis
31	面部具条纹，背部具5条纵行墨纹，体侧散布不清晰斑点		椰子狸 Paradoxurus ermaphroditus
	面部无斑点，背部具3条纵行墨纹，体侧无斑点		小齿狸 Arctogalidia trivirgata
32	背中部具一列黑色鬃毛，颌下至颈侧具黑白相间的环形宽纹	33	
	不具上述特征	34	

（续表）

序号	特征描述	转到	确认动物种类
33	鬃毛自枕部延伸至尾中部，体侧具清晰的斑点		大斑灵猫 Viverra megaspila
	鬃毛自枕部延伸至尾基部，体侧斑点不清晰		大灵猫 Viverra zibeiha
34	毛绒厚密，尾毛蓬松，尾尖圆锥形，尾基部明显变细，体被不具清晰斑纹	35	
	不具上述特征	39	
35	面部具颊毛，颈部至尾基部具一条模糊黑色宽纹，外观针毛明显成簇分布		貉 NyctereutesProcyonoides
	面部无颊毛，颈部至尾基部无纵纹，或纵纹不明显，针毛不明显成簇分布	36	
36	耳背、腕部及跗蹠部背面为黑色，尾尖白色		赤狐 Vulpes vulpes
	耳背、腕部及跗蹠部背面非黑色，尾尖非白色	37	
37	毛被青灰色，肩背部针毛延长形成前后 2 个"V"形图案，背部绒毛具污白色毛尖		狼 Canis lupus
	毛被非青灰色，肩背部无"V"形图案，背部绒毛具棕红色毛尖	38	
38	毛被赤棕色，腹部底绒浅灰色，针毛无色节		豺 Cuon alpinus
	毛被灰褐色，腹部底绒白色，针毛具色节		沙狐 Vulpes corsac
39	体背具清晰斑纹	40	
	体背无斑纹或具不清晰暗纹	41	
40	体侧和臀部具一半圆形大白斑，其他部位无斑点		貂熊 Gulo gulo
	背部和尾部布满黑色不规则斑纹，或背部具云状斑纹		云猫 Felismarmorata
41	皮张黑色，几无底绒，针毛黑色或毛尖黄白色，一些针毛毛尖分叉		熊狸 Arctictis binturong
	无上述特征	42	
42	具明显突出于毛被的锋毛	43	
	不具锋毛	46	
43	耳尖具黑色簇毛，尾长短于体长的 1/5，尾尖 1/3 黑色，四肢具规则大量小点斑		猞猁 Felis lynx
	耳尖无簇毛，或簇毛非黑色，尾长超过体长的 1/4，尾尖少许黑色或非黑色，四肢无斑纹或具不连续暗纹	44	

（续表）

序号	特征描述	转到	确认动物种类
44	额部具明显的黑色点斑，尾尖黑色，颌下部深褐色，与身体其他部位明显分界		兔狲 Felismanul
	不具上述特征	45	
45	耳背具暗黄色触毛，仅尾尖处具少数不明显环纹		漠猫 Felis bieti
	耳背不具触毛，体背部、四肢及尾部具模糊不连续横纹		野猫 Felis lybica
46	面部有清晰条纹或不清晰暗纹	47	
	面部无条纹	49	
47	头部具两条清晰黑褐色纵纹，尾白色		猪獾 Arctonyx collaris
	不具上述特征	48	
48	毛被黑色、灰色或棕红色，面部具数条纵纹或暗纹，针毛无色节		金猫 Feils temmincki
	颈部、肩背部青黑色，颜色明显与其他部位不同，针毛具多个色节		花面狸 Paguma larvata
49	针毛不具明显色节	50	
	针毛具明显色节	53	
50	通体毛被颜色比较一致	51	
	通体毛被具两种以上颜色	52	
51	针毛毛尖褐色，针毛、绒毛长度比约为2		麝鼠 Ondatra zibethicus
	针毛毛尖白色，针毛、绒毛长度比约为1.2		中华竹鼠 rhizomys sinensis
52	皮张长度大于60cm，毛被暗黄色，头部、肩部、后臀部及尾部黑色，具鲜艳的金黄色喉斑		青鼬 Martesflavigula
	皮张长度小于50cm，毛被橙黄色，颌部、胸部、鼠鼷部及四肢黑色，具黑色腹中线和背中线		艾鼬 Mustela eversmanni 或小艾鼬 Mustela amurensis
53	针毛明显突出于毛被，针毛、绒毛长度比例大于3，绒毛成束且弯曲		海狸鼠 Myocastorpsilurus
	不具上述特征	54	
54	耳背具黑色触毛，被腹颜色不同，腹部白色		丛林猫 Felis chaus
	耳背不具黑色触毛，被腹颜色基本相同，腹部非白色	55	
55	针毛具4个以上色节	56	
	针毛具3个色节	57	

（续表）

序号	特征描述	转到	确认动物种类
56	针毛长度大于5cm，明显突出于毛被，针毛具4个色节，毛尖白色		食蟹獴 Herpestes urva
	针毛长度小于3cm，不明显突出于毛被，针毛具6个色节，毛尖黑色		红颊獴 Herpestes javanicus
57	针毛色节为"黑–白–黑"，底绒下部黑褐色，上部草黄色，分界明显		灰旱獭 Marmota baibacina
	针毛色节为"白–棕灰–白"，底绒下部灰色，上部灰褐色，逐渐过渡		银星竹鼠 Rhizomypruinosus

参考文献

［1］朴厚坤，李育红，许燕.毛皮加工及质量鉴定 2 版.北京：金盾出版社，2009.

［2］程凤侠，张岱民，王学川.毛皮加工原理与技术.北京：化学工业出版社，2005.

［3］邢声远.纺织纤维鉴别方法.北京：中国编织出版社，2004.

［4］李维红.毛皮动物毛纤维超微结构图谱.北京：中国农业科学技术出版社，2011.

［5］刘君君，卢亚楠，金礼吉，等.中国毛皮动物养殖现状及发展趋势［J］.中国皮革，2007，36（11）：18 – 21.

［6］李正军.值得重视的国际贸易技术壁垒［J］.本部皮革，2008（10）：43 – 45.

［7］郑策，张旭，全颖，等.中国毛皮产业发展历程与现状分析［J］.特产研究，2013，（3）：65 – 69.

［8］牛春娥，李维红.我国皮革、毛皮质量标准现状与制修订建议［J］.畜牧兽医科技信息，2007，（6）：9 – 10.

［9］陈育红.我国毛皮产品存在的质量问题与对策［J］.中国皮革，2003，5（32）：13 – 14.

［10］钱晓晓，陈卫琴，唐旭东.HPLC 法同时检测皮革和毛皮中游离甲醛、戊二醛［J］.中国皮革，2013，42（17）：17 – 27.

［11］高雅琴，王宏博，席斌，等.毛皮成品鉴定中常见缺陷分析［J］.畜牧与饲料科学，2009，30（4）：98 – 100.

［12］王亚平，程凤侠，李书卿，等.毛皮产品游离甲醛含量测定若干问题探讨［J］.皮革科学与工程，2011，21（45）：58 – 61.

［13］马令坤，马建中，张震强，等.皮革收缩温度的检测与实现［J］.中国皮革 2004，33（21）：43 – 46.

［14］刘晓玲，龚英，陈武勇.皮革中六价铬的分析检测［J］.西部皮革，2009，31（17）：19 – 23.

［15］袁霞，何有节.毛皮鞣剂的研究进展［J］.皮革与化工，2012，29（13）：19 – 21.

［16］林志勇，陈绍华，程群，林碧芬.我国皮革、毛皮及制品中部分有毒有害物质限量及检出［J］.皮革科学与工程，2013，23（1）：60 – 64.

［17］GB/T22807—2008 皮革毛皮 化学实验 六价铬含量的测定［S］.

［18］GB/T22808—2008 皮革毛皮 化学实验 五氯苯酚含量的测定［S］.

［19］GB/T22932—2008 皮革毛皮 化学实验 有机锡含量的测定［S］.

［20］GB/T4200—2011 皮革毛皮 化学实验 戊二醛含量的测定［S］.

［21］GB/T22933—2008 皮革毛皮 化学实验 游离脂肪酸含量的测定［S］.

［22］GB/T22807—2008 皮革毛皮 化学实验 六价铬含量的测定 ［S］.

［23］GB/T1266—2012 毛皮物理和机械试验试样的准备和调节 ［S］.

［24］GB/T2924—2007 毛皮 耐汗渍色牢度 ［S］.

［25］GB/T2925—2008 毛皮 耐日晒色牢度 ［S］.

［26］QB/T 1268—1991 毛皮成品试片 厚度和宽度的测定 ［S］.

［27］QB/T 1273—1991 毛皮成品挥发物含量的测定 ［S］.

［28］QB/T2925—2008 毛皮 耐熨烫色牢度 ［S］.

［29］QB /T 1279—1991 毛皮透水气性测试方法 ［S］.

［30］QB/T 1277—1991 毛皮成品 pH 值的测定 ［S］.

［31］QB/T 1275—1991 毛皮成品掉毛测试方法 ［S］.

［32］QB/T 1275—1991 毛皮成品三氧化二铬的测定 ［S］.

［33］QB/T 1271—1991 毛皮成品收缩温度的测定 ［S］.

［34］QB/T 1276—1991 毛皮成品四氯化碳萃取物的测定 ［S］.

［35］QB/T 1274—1991 毛皮成品总灰分的测定 ［S］.

［36］QB/T 1269—1991 毛皮成品抗张强度的测定 ［S］.

［37］QB/T 1270—1991 毛皮成品伸长率的测定 ［S］.

［38］QB/T 1279—1991 毛皮透水气性测试方法 ［S］.

［39］GB/T20400—2008 皮革毛皮 有害物质限量 ［S］.

［40］DB33/T749—2009 纺织品、皮革中全氟辛烷磺酸盐（PFOS）和全氟辛酸盐（PFOA）的测定液相色谱－串联质谱法 ［S］.

［41］GB/T 19942—2005 皮革和毛皮化学试验禁用偶氮染料的测定 ［S］.

狗獾皮

南狸皮

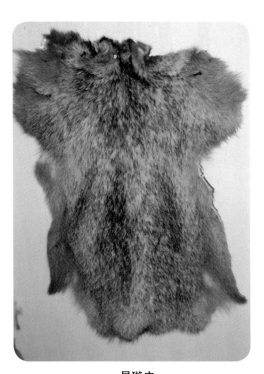

旱獭皮

河狸皮

青根貂皮

美洲貉皮

银狐皮

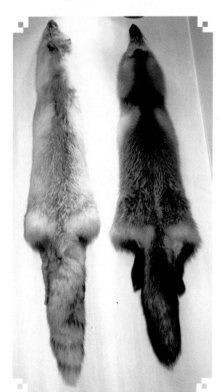

左赤狐皮，右十字狐皮

水貂皮（黑色、咖啡色、白色）

艾虎皮

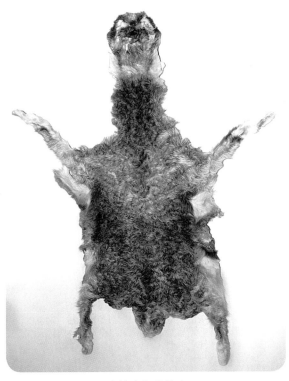

卡拉库尔羔羊皮

滩二毛皮

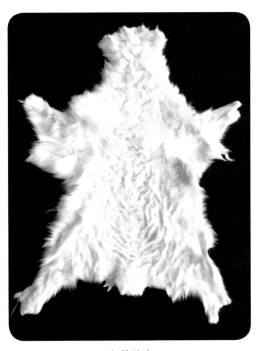

湖羊羔皮

白猾子皮

青猾子皮

珍珠羔皮

家兔皮

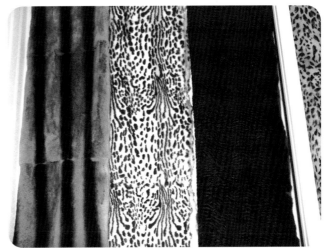

兔皮和羊皮制作的褥子

獭兔皮

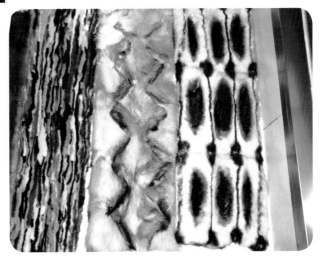

貂、狐、兔皮拼接的褥子

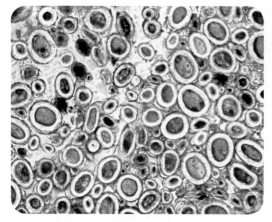

北狸针毛横切

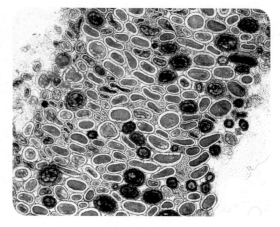

西沙狐针毛横切

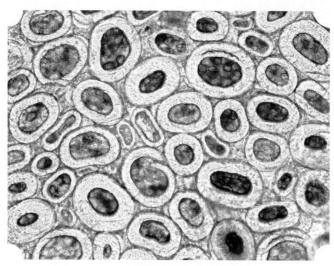

北貉针毛横切

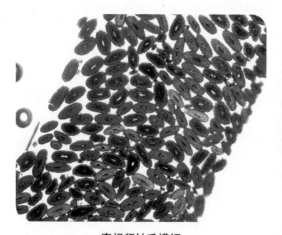

青根貂针毛横切

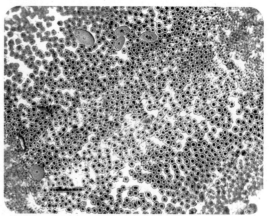

青根貂绒毛横切

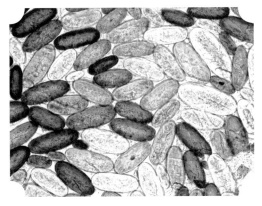

河狸针毛横切

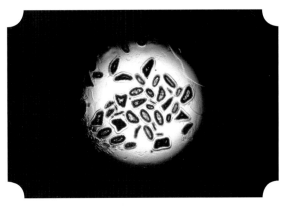

水貂针毛横切

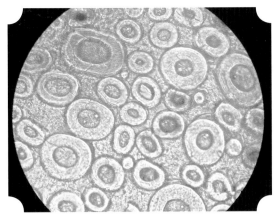

狼毛针毛横切

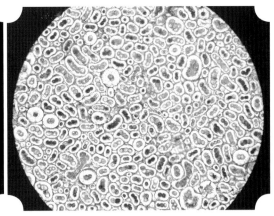

安哥拉兔毛

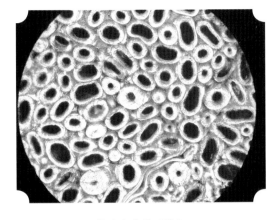

柴达木山羊毛横切

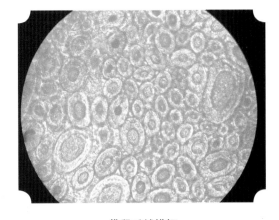

袋鼠毛绒横切

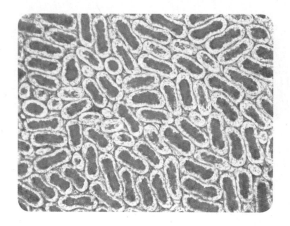

湖羊毛横切

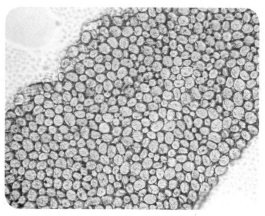

半细羊毛横切

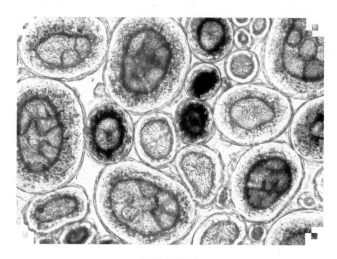

银狐毛横切

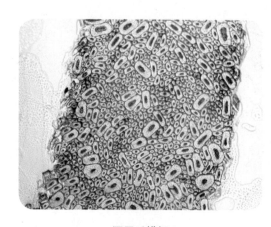

猸子毛横切

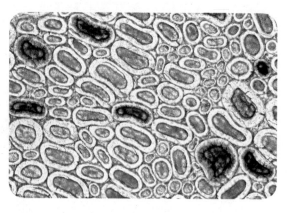

蓝狐毛横切